国家出版基金项目
NATIONAL PUBLICATION FOUNDATION

风电场建设与管理创新研究丛书

海上风电场全生命周期
降本增效途径与实践

陆忠民　李健英　林毅峰 等　编著

U0217406

中国水利水电出版社
www.waterpub.com.cn
·北京·

内 容 提 要

  本书是《风电场建设与管理创新研究》丛书之一，主要讨论了我国海上风电场建设降本增效的途径以及具体实践。本书详细论述了海上风电场建设的前期工作、建设管理、运行维护、风电场全生命周期的成本组成及降低各环节成本的措施，还详细论述了风能资源条件、机型选择、选址及布置、运维保障等增效方法和优化措施，是目前国内首次全面论述海上风电降本增效的专业丛书。

  本书既适合从事风电工程的技术人员借鉴参考，也适合作为高等院校相关专业的教学参考用书。

图书在版编目（CIP）数据

海上风电场全生命周期降本增效途径与实践 / 陆忠民等编著. -- 北京：中国水利水电出版社，2021.4
（风电场建设与管理创新研究丛书）
ISBN 978-7-5170-9572-9

Ⅰ．①海… Ⅱ．①陆… Ⅲ．①海上－风力发电－发电厂－成本-效益分析 Ⅳ．①TM62

中国版本图书馆CIP数据核字(2021)第081904号

书　　　名	风电场建设与管理创新研究丛书 **海上风电场全生命周期降本增效途径与实践** HAISHANG FENGDIANCHANG QUANSHENGMING ZHOUQI JIANGBEN ZENGXIAO TUJING YU SHIJIAN
作　　　者	陆忠民　李健英　林毅峰　等 编著
出 版 发 行	中国水利水电出版社 （北京市海淀区玉渊潭南路 1 号 D 座　100038） 网址：www. waterpub. com. cn E - mail：sales@waterpub. com. cn 电话：(010) 68367658（营销中心）
经　　　售	北京科水图书销售中心（零售） 电话：(010) 88383994、63202643、68545874 全国各地新华书店和相关出版物销售网点
排　　　版	中国水利水电出版社微机排版中心
印　　　刷	天津嘉恒印务有限公司
规　　　格	184mm×260mm　16 开本　17.25 印张　357 千字
版　　　次	2021 年 4 月第 1 版　2021 年 4 月第 1 次印刷
印　　　数	0001—3000 册
定　　　价	**85.00 元**

《风电场建设与管理创新研究》丛书

主 要 参 编 单 位

（排名不分先后）

河海大学

哈尔滨工程大学

扬州大学

南京工程学院

中国三峡新能源（集团）股份有限公司

中广核研究院有限公司

国家电投集团山东电力工程咨询院有限公司

国家电投集团五凌电力有限公司

华能江苏能源开发有限公司

中国电建集团水电水利规划设计总院

中国电建集团西北勘测设计研究院有限公司

中国电建集团北京勘测设计研究院有限公司

中国电建集团成都勘测设计研究院有限公司

中国电建集团昆明勘测设计研究院有限公司

中国电建集团贵阳勘测设计研究院有限公司

中国电建集团中南勘测设计研究院有限公司

中国电建集团华东勘测设计研究院有限公司

中国长江三峡集团公司上海勘测设计研究院有限公司

中国能源建设集团江苏省电力设计研究院有限公司

中国能源建设集团广东省电力设计研究院有限公司

中国能源建设集团湖南省电力设计院有限公司

广东科诺勘测工程有限公司

内蒙古电力（集团）有限责任公司
内蒙古电力经济技术研究院分公司
内蒙古电力勘测设计院有限责任公司
中国船舶重工集团海装风电股份有限公司
中建材南京新能源研究院
中国华能集团清洁能源技术研究院有限公司
北控清洁能源集团有限公司
国华（江苏）风电有限公司
西北水利水电工程有限责任公司
广东粤电阳江海上风电有限公司
江苏省风电机组结构工程研究中心
中国水利水电科学研究院

本 书 编 委 会

主　　编　陆忠民　李健英　林毅峰

参编人员　（排名不分先后）

张鑫凯	宋　强	袁逸博	余文博	刘子涵	朱碧泓
程海锋	路继宁	杨建川	陈启民	张　扬	时新民
魏云祥	邓万志	史帅帅	余　迪	陈梦晓	李强祖
钟芷杰	宋本雷	姜　斌	孟永旭	秦东平	滕　彦
肖佳华	江　波	王　浩	李　远	彭淑英	黄　毅
姜　娟	周　焱	赵钢超	乐治济	李碧波	杨瑞睿
金　飞	柯逸思	吴启仁	吕鹏远	刘　兵	单晓晖
王　辉	王　允	刘建平	韩雷岩	王中平	宋　础

丛书前言

　　随着世界性能源危机日益加剧和全球环境污染日趋严重，大力发展可再生能源产业，走低碳经济发展道路，已成为国际社会推动能源转型发展、应对全球气候变化的普遍共识和一致行动。

　　在第七十五届联合国大会上，中国承诺"将提高国家自主贡献力度，采取更加有力的政策和措施，二氧化碳排放力争于 2030 年前达到峰值，努力争取 2060 年前实现碳中和。"这一重大宣示标志着中国将进入一个全面的碳约束时代。2020 年 12 月 12 日我国在"继往开来，开启全球应对气候变化新征程"气候雄心峰会上指出：到 2030 年，风电、太阳能发电总装机容量将达到 12 亿 kW 以上。进一步对我国可再生能源高质量快速发展提出了明确要求。

　　我国风电经过 20 多年的发展取得了举世瞩目的成就，累计和新增装机容量位居全球首位，是最大的风电市场。风电现已完成由补充能源向替代能源的转变，并向支柱能源过渡，在我国经济发展中起重要作用。依托"碳达峰、碳中和"国家发展战略，风电将迎来与之相适应的更大发展空间，风电产业进入"倍速阶段"。

　　我国风电开发建设起步较晚，技术水平与风电发达国家相比存在一定差距，风电开发和建设管理的标准化和规范化水平有待进一步提高，迫切需要对现有开发建设管理模式进行梳理总结，创新风电场建设与管理标准，建立风电场建设规范化流程，科学推进风电开发与建设发展。

　　在此背景下，《风电场建设与管理创新研究》丛书应运而生。丛书在总结归纳目前风电场工程建设管理成功经验的基础上，提出适合我国风电场建设发展与优化管理的理论和方法，为促进风电行业科技进步与产业发展，确保工程建设和运维管理进一步科学化、制度化、规范化、标准化，保障工程建设的工期、质量、安全和投资效益，提供技术支撑和解决方案。

《风电场建设与管理创新研究》丛书主要内容包括：风电场项目建设标准化管理，风电场安全生产管理，风电场项目采购与合同管理，陆上风电场工程施工与管理，风电场项目投资管理，风电场建设环境评价与管理，风电场建设项目计划与控制，海上风电场工程勘测技术，风电场工程后评估与风电机组状态评价，海上风电场运行与维护，海上风电场全生命周期降本增效途径与实践，大型风电机组设计、制造及安装，智慧海上风电场，风电机组支撑系统设计与施工，风电机组混凝土基础结构检测评估和修复加固等多个方面。丛书由数十家风电企业和高校院所的专家共同编写。参编单位承担了我国大部分风电场的规划论证、开发建设、技术攻关与标准制定工作，在风电领域经验丰富、成果显著，是引领我国风电规模化建设发展的排头兵，基本展示了我国风电行业建设与管理方面的现状水平。丛书力求反映国内风电场建设与管理的实用新技术，创建与推广风电中国模式和标准，并借助"一带一路"倡议走出国门，拓展中国风电全球路径。

丛书注重理论联系实际与工程应用，案例丰富，参考性、指导性强。希望丛书的出版，能够助推风电行业总结建设与管理经验，创新建设与管理理念，培养建设与管理人才，促进中国风电行业高质量快速发展！

2020 年 6 月

本书前言

　　为促进风电场建设的制度化、标准化和科学化，提升我国风电场建设管理水平，助力风电又好又快发展，中国水利水电出版社有限公司策划了《风电场建设与管理创新研究》丛书，并组织编撰及出版工作。

　　海上风能作为重要的清洁可再生能源之一，相较于陆上风能，其具有风速大、密度高、间歇性小、不占用土地资源、适合大规模开发等优势，目前已逐渐成为风电行业发展的重要方向。我国海上风电历经十余年的发展，已基本形成具有中国特色的海上风电产业链发展体系，截至 2019 年年底，并网装机规模已达到 592.8 万 kW，核准装机容量更是达到 3500 万 kW，稳居全球海上风电前三水平。

　　然而，由于我国大多海域资源禀赋一般，建设环境复杂，加之台风、海冰等灾害性条件的影响，使得发展中国海上风电需要更加深入地研究降本增效的措施，以确保海上风电的竞争力并逐步实现平价上网的目标。

　　本书主要讨论了我国海上风电场建设降本增效的途径以及具体实践，详细论述了海上风电场建设的前期工作、建设管理、运行维护及拆除全生命周期的成本组成及降低各环节成本的措施，详细论述了资源条件、机型选择、选址及布置、运维保障等增效方法和优化措施，是目前国内首次全面论述海上风电降本增效的专业书，可全面普及海上风电知识，并致力于为从事海上风电发展的单位和个人提供借鉴和参考。本书主要由上海勘测设计研究院有限公司以及中国三峡新能源（集团）股份有限公司等编撰。

　　由于我国正处于海上风电开发突飞猛进的时代，与海上风电相关的新政策和新技术也在不断地出台和发展，加之本书编撰时间紧迫，作者水平有限，难免有疏漏或错误之处，敬请读者批评指正。

编者

2021 年 1 月

目　录

第1章 绪 论

1.1 背 景

海上风电场的建设有着风能资源丰富、靠近能源负荷中心、海面可利用面积广阔、不占用陆地、单机容量更大（10MW 或者更大）等优势。

我国海上风电起步较晚，上海东海大桥一期 100MW 海上风电场是我国第一个大型海上风电示范项目，该项目 2009 年第一批样机并网，2010 年正式投产，拉开了我国海上风电建设发展的序幕。与英国、德国类似，国家政策的支持在我国海上风电发展过程中起到了至关重要的作用。

一是标杆电价政策落地。2014 年 6 月，国家发展和改革委员会（以下简称国家发展改革委）发布《关于海上风电上网电价政策的通知》（发改价格〔2014〕1216 号），规定对于非招标的海上风电项目，2017 年以前投运的潮间带风电项目含税上网电价为 0.75 元/(kW·h)，近海风电项目含税上网电价为 0.85 元/(kW·h)，标杆电价的出台对于我国海上风电发展起到极大的推动作用。2016 年 12 月，国家发展改革委发布《关于调整光伏发电陆上风电标杆上网电价的通知》（发改价格〔2016〕2729 号），明确对非招标的海上风电项目，近海风电项目标杆上网电价维持为 0.85 元/(kW·h) 不变，潮间带风电项目标杆上网电价维持为 0.75 元/(kW·h) 不变，相比之下陆上风电上网电价则有所下调。

二是具体的海上风电开发建设方案出台。2014 年 12 月，国家能源局发布《全国海上风电开发建设方案（2014—2016）》，合计容量 1053 万 kW 的 44 个海上风电项目被列入开发建设方案，海上风电项目的推进进度明显加快。截至 2015 年 7 月，纳入海上风电开发建设方案的项目已建成投产 2 个，装机容量 6.1 万 kW；核准在建项目 9 个，装机容量 170.2 万 kW；核准待建项目 6 个，装机容量 154 万 kW；其余项目正在开展前期工作。2015 年 9 月，国家能源局发布《关于海上风电项目进展有关情况的通报》（国能新能〔2015〕343 号），对海上风电项目建设情况进行通报，并要求进一步做好海上风电开发建设工作。

与此同时，海上风电技术也在不断成熟，成本逐步下降，在标杆上网电价不变的情况下，意味着投资收益率上升，同时随着技术的逐步成熟投资风险也在降低。目前江苏、浙江区域近海海上风电单位千瓦投资为 14000~16000 元，福建、广东区域为 16000~20000 元，总体上来说海上风电项目单位千瓦造价均比较高。

为推动我国海上风电产业发展，早日实现海上风电平价上网，国家能源局也积极推出相关政策推动海上风电建设的降本增效。

其中，国家能源局和国家海洋局在 2016 年 12 月联合发布《海上风电开发建设管理办法》（国能新能〔2016〕394 号），其中第三章第十三条中明确指出"鼓励海上风电项目采取连片规模化方式开发建设"。

2018 年 5 月，国家能源局发布了《关于 2018 年度风电建设管理有关要求的通知》（国能发新能〔2018〕47 号），其中第四条提出"推行竞争方式配置风电项目"，从该通知印发之日起，尚未印发 2018 年度风电建设方案的省（自治区、直辖市）新增集中式陆上风电项目和未确定投资主体的海上风电项目应全部通过竞争方式配置和确定上网电价。已印发 2018 年度风电建设方案的省（自治区、直辖市）和已经确定投资主体的海上风电项目 2018 年可继续推进原方案。从 2019 年起，各省（自治区、直辖市）新增核准的集中式陆上风电项目和海上风电项目应全部通过竞争方式配置和确定上网电价。

2019 年 5 月，国家能源局发布了《关于 2019 年风电、光伏发电项目建设有关事项的通知》（国能发新能〔2019〕49 号），其中《2019 年风电项目建设工作方案》第六条提出"有序稳妥推进海上风电项目建设"，2019 年起新增的海上风电项目必须通过竞争配置确定项目业主单位，各相关省级能源主管部门应按照加快推动技术进步和成本下降的原则制定专门的海上风电项目竞争配置工作方案，依法依规核准的海上风电项目执行国家有关电价政策。

综上所述，随着国家海上风电政策的变化，在平价时代到来之际对我国海上风电场建设进行总结和提炼，进一步开展海上风电场建设与管理的创新研究，是我国海上风电场建设的实际需求和未来发展的迫切需要。因此，本书希望为将来我国海上风电场的开发建设提供科学建议。

1.2 本 书 内 容

1. 全生命周期降本增效因素分析

项目全生命周期影响项目效益的各因素分析，主要包括产能、建设成本、运行成本等因素。

2. 发电效益影响因素分析

（1）风能资源特性分析。通过对现行规程标准的要求、中小尺度模拟计算方法及合理性分析、长系列预测概率分布研究等的介绍，分析区域风能资源特性。

（2）风电机组选型。按照 IEC 标准定义海上风电机组，并从单机装机容量、扫风面积、技术路线及特性、认证、可靠性、控制、荷载等不同因素对发电效益的影响，确定风电机组选型规则。

（3）选址及布置。根据区域风能资源特性，阐述区域宏观选址原则，确定合理规模化装机容量及场址分区等；根据选定场址，阐述风电场微观选址布置原则、方案拟定及比较、优化原则及方法研究等。

（4）发电效益计算。阐述发电效益计算方法、影响上网电量因素分析、发电量概率分布、运维期间发电量保障措施等。

3. 全生命周期成本构成及分析

根据国内外海上风电场的共性和差异，从建设成本、运维成本、财务成本构成开展分析，并提出合理的造价控制措施。

4. 财务评价分析

对海上风电场项目支出费用、销售收入进行整体分析和评价；进行项目财务现金流量计算、资本金财务现金流量计算，根据财务盈利能力计算成果，分析所得税前和税后的财务内部收益率、总投资收益率、项目资本金净利润率等财务评价指标；分析项目的建设资金构成，分析资金筹措方案和贷款偿还条件；进行借款还本付息计算和资产负债计算，分析项目的偿债能力；进行财务计划现金流量计算；编制汇总财务评价指标表，结合 LCOE 评价方法，提出工程项目财务可行性评价结论。

5. 建设管理的降本增效

按照项目建设的立项决策、设计、建设和运行管理等时间阶段来讨论项目建设管理降本增效措施；同时明确建设管理的时间阶段以及建设成本的组成内容，并对新形势下建设管理降本增效方式进行探讨。

6. 勘测设计优化

风电场主要成本除了风电机组（含塔筒）外，主要包括海上升压站、集电线路、风电机组基础、工程建设用海用地等。从地勘参数设计、海上升压站、集电线路、风电机组基础、工程建设用海用地以及其他工程等方面进行设计优化分析，并结合 BIM 技术开展风电场的优化设计。

7. 施工安装优化

首先，通过搜集周边基础设施资料，结合根据项目设计方案，对船机设备的优选、施工总布置、施工窗口期与进度、风电机组基础方案、海缆敷设、海上升压站等方面进行优化分析，并结合 BIM 技术分析风电场的施工安装优化；接着，分析关系协调对施工的影响；最后讨论新技术、新材料、新工艺、新设备、新方法的应用对施工成本的影响。

8. 海上风电场运行维护的降本增效

对运行维护方法与策略、运行维护成本开展分析，抓住关键因素，提出海上风电运维降本增效的途径。

9. 工程实践案例分析

结合相关海上风电项目，针对各项目在风能资源利用、机型选择、选址及布置、施工建设管理、勘测设计优化、运行维护等方面的发展和经验总结，根据某一项或某几项对降本增效进行论述分析。

第2章　全生命周期降本增效因素分析

2.1　概　　述

"平价"正成为海上风电产业的趋势。对于刚刚步入规模化发展的中国海上风电来说，要实现"平价"的目标唯有通过技术创新，提升风电机组的可靠性和发电量，降低开发建设和运维成本，才能将"平价"的挑战化为机遇，带动海上风电产业链的全方位可持续发展。海上风电的开发呈现出由近海到远海、由浅海到深海、由小规模示范到大规模集中连片开发的特点，我国海上风电产业开始步入规模化、商业化新阶段。

海上风电的全生命周期一般包括项目前期、项目建设期和项目运行期。降本增效中的"本"指的是全生命周期的成本，"效"则是整个风电场的运行、发电和售电的效益。因此，本章将从海上风电场的全生命周期的降本增效因素开展分析，主要包括建设运维成本因素和效益因素两方面。

海上风电场的产能由场址区域风能资源评估、风电机组机型、场址边界条件、规模开发效益等因素决定。我国海岸线长、风能资源丰富，适合规模化开发，风能资源最丰富的区域在台湾海峡，风速达到10m/s。我国风能资源具有明显的区域性差异，因此选择合适的机型十分关键。在场址边界条件确定的前提下，通过机型比选和布置优化可实现海上风场全生命周期的最优方案。海上风电场的规模化开发，使风电机组向大型化发展，提升了整个海上风电全产业链的技术水平，增加了单位面积海域的发电效益，从而可以有效降低海上风电场的开发建设成本。

在海上风电的开发成本中，风电机组、海缆等设备占整个成本的45％～60％，基础、安装等建安成本占整个成本的25％～35％。随着海上风电机组的大型化和国产化技术水平的提升，海上风电机组设备单位千瓦价格将会有一定下降空间。同时随着施工企业的施工技术成熟、基础型式多样化、设计方案稳定化、施工船机专业化等，建设成本有望进一步降低。

运维成本在海上风电场全生命周期成本中占比达25％～35％。欧洲十分重视海上风电场运维管理，通过优化运维模式、加强运维管理水平等措施，在提高海上风电机组的可利用率、降低度电成本、增加投资收益方面取得很大的成效。随着我国海上风电建设规模的不断增加，海上运维市场也将迅速增长，运维能力、运维规模、运维模式都将会有很大的增长，运维成本也将逐步降低，为海上风电"平价上网"发挥重要的作用。

2.2　建设运维成本

现阶段我国海上风电发展依然面临成本较高的现实问题。近年来，随着海上风电技术的快速发展，设计和建设经验逐步积累，海上风电投资逐步下降，但总体来说投资成本仍然较高。分析海上风电项目不同阶段成本的关键组成，可以为其规模化开发"降本"找到突破点。

2.2.1　建设成本因素

海上风电项目建设的前期工作，主要包含投资机会研究至项目核准前的所有工作。其中：前期工作内容多而且周期相对较长，时间成本往往不可控；项目前期需要沟通协调的部门多，主要包括海洋、海事、军事等，协调各方难度较大；需要取得的支持性文件多，包括海域、通航等。因此项目前期工作费用较高，在整个项目投资中占有较高的比例。据估算，一个 30 万 kW 容量的海上风电项目的前期工作费用往往需要 3000 万～5000 万元。

项目建设期成本主要由设备购置费、建安费用、其他费用、利息等部分构成。各部分占总成本的比例不同，对总成本的影响也不尽相同（图 2-1）。

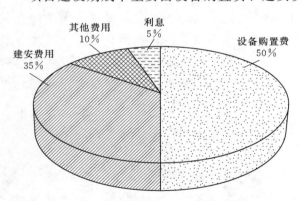

图 2-1　海上风电场建设期成本组成

2.2.1.1　设备购置费

现阶段设备购置费（不含集电线路）约占项目建设期成本的 50%，对成本影响较大。

1. 风电机组及塔筒

海上风电场中风电机组的造价是海上风电场造价的主要部分。海上风电机组所处环境恶劣，风电机组设备制造过程中需考虑台风、海上防腐等技术要求，对风电机组的可靠性要求较高。

现阶段风电机组及塔筒占设备购置费的 85%～90%，单位千瓦成本为 6500～8500 元，对整体设备购置费的影响较大。不同的风电场开发区域、开发规模和单机容量都将对风电机组价格产生影响。

随着国内一批海上风电场陆续建成投产，国内独资、合资风电设备厂家已具备批量生产风电机组设备的能力。《风电发展"十三五"规划》（国能新能〔2016〕314 号）中明确规定到 2020 年海上风电并网装机容量达到 500 万 kW，开工规模达到 1000 万 kW。这将给风电机组厂家带来可预期的大市场。从近年来国内部分海上风电场的风电机组投标价格来看，风电机组价格已有一定程度的降低，随着介入海上风电机组制造商的增加，海上风电机组的批量化生产，海上风电机组设备单位千瓦价格将会有一定下降空间。

2. 送出海缆

海上环境恶劣，对海缆的制作工艺、运输安装、后期维护等要求高，海缆厂家可选性相对较少，海缆施工难度较大，需要专业的敷缆单位来完成。送出线路海缆费用占设备费用的 5%～10%，海上风电场的离岸距离、总容量等都将影响送出高压海缆的价格。

随着整个海上风电以及相关海上项目的发展，国内大截面高压海缆制造能力的提高，近 5 年的海缆价格已呈现明显的下降趋势，220kV 高压海底电缆由 700 万元/km 降至 400 万元/km。根据目前整个行业的调研情况，海缆价格有望进一步下降。

3. 其他相关电气设备

其他相关电气设备购置费包括升压变电站设备、控制保护设备等。海上风电场的电气设备需要尽量选择高可靠性、免维护的设备。此部分电气设备约占设备费用的 5%，单位千瓦成本约 1000 元。

2.2.1.2 建安费用

当前，已竣工的海上风电场项目具有数量少、规模小，相应船机设备不成熟，施工队伍较为单一，施工经验不足，造成建设成本较高等特点，加上海上施工条件复杂、施工难度大，施工所需的关键装备（如海上风电机组基础打桩、风电机组吊装等）可用的大型船机设备较少，船班费用高昂，因此建安费用占总成本的比重比较大，可达到 35%～40%，单位千瓦成本为 6000～7000 元。

目前，随着越来越多的大型施工企业进驻海上风电施工安装领域，可用于海上施工安装的大型船机设备数量大幅度增加，海上风电施工设备及安装能力不断提升，部分施工企业已经有一定的海上风电施工经验。随着施工企业的施工技术成熟、建设规模扩大化、基础型式多样化、设计方案稳定化、施工船机专业化等，建设成本有望进一步降低。

1. 风电机组基础

风电机组基础设计时需考虑的边界条件多，海上施工对船机设备、工程经验的要求高，现场施工难度很大，且风电机组基础施工周期相对较长。在不同的风电场，风电机组基础的造价受到海水深度、地质条件、波浪、风电机组单机容量、基础型式和开发规模的影响，会有明显的差别。风电机组基础费用约占建安费用的 60％，单个海上风电机组基础造价 1300 万～3000 万元不等。

2. 风电机组安装

风电机组吊装需要专业码头、大型船机设备等来完成。码头租赁费用高，约几千万元；大型安装船机设备少，费用高，加上海上安装环境恶劣，地区安装窗口期短，为海上风电机组安装带来了一定的挑战。风电场的开发规模和单机容量等，都会对风电机组安装成本产生一定影响。据估算，风电机组吊装费用占建安费用的 12％～15％，安装一台海上风电机组的费用为 400 万～500 万元。

3. 海上升压站与陆上集控中心

海上升压站防腐要求高，设计上在满足标准要求下要尽可能紧凑、占地面积小，需要大型船机设备完成升压站基础以及电气设备的安装，费用较高。海上升压站成本主要受到总容量和水深的影响。考虑海上升压站基础施工、安装费用，以及电气设备等费用，一个容量为 30 万 kW 的海上风电场海上升压站上部结构成本约 10000 万元。陆上集控中心造价主要受总容量的影响，一个容量为 30 万 kW 的海上风电场陆上集控中心成本约为 3000 万元。海上升压站与陆上集控中心费用约占总工程的 8％。

4. 集电线路与送出海缆工程

由中压海底电缆构成的场内集电线路常规技术方案采用 35kV 电压等级的集电线路。场址的形状、单机容量、开发规模等都将影响集电线路的造价。登陆海缆工程包括海缆敷设、海缆保护、电缆传递、终端站建设等。集电线路与登陆海缆工程费用占总建安费用的 7％～10％。

5. 其他

其他费用包括施工辅助工程、其他电气设备安装工程、架空线路、交通工程、试桩工程、其他建筑工程等，费用占建安费用的 8％～10％。

2.2.1.3　其他费用

其他费用包括项目用海用地费、项目建管费、生产准备费、工程建设监理费、项目咨询服务费和科研勘测设计费等，占总成本的 5％～10％，单位千瓦成本 1600～1900 元。

由于海洋资源的紧缺、人工工资提高、前期工作周期加长等原因，其他费用总体将略有上涨，用海养殖补偿、海域生态修复等费用上涨尤为明显；但随着海上风电开发数量的增加，项目开发建设经验的积累，业主对自身项目管理水平也将提升，将抵消部分上涨因素，其他费用对总成本的影响相对有限。

2.2.1.4　利息

利息与风电场建设周期及利率相关，约占总成本的 5％。随着海上风电施工技术的不断进步，特别是关键项目工期的缩短，利息将有一定程度的下降。而利率属政策性费用，主要在国家调节宏观经济时才变动。总体而言，利息对风电场成本的影响有不确定性。

2.2.2 运维成本因素

海上风电项目运行期成本主要是运维成本。海上风电场的运维内容主要包括风电机组、塔筒及基础、升压站、海缆等设备的预防性维护、故障维护和定检维护，是海上风电发展十分重要的产业链。国内海上风电起步晚，缺乏专业的配套装备，运维效率低、安全风险大，随着更多大规模海上风电项目的 投入运行，更适合国内情况的海上风电运维方式也在不断探索中。

海上风电场需要维护的设备主要包括风电机组设备、升压站设备及平台、海缆等。海上风电机组运行维护较困难，维护成本很高，主要体现在以下方面：海上机组维护船机配置需求高，交通工具费用高；海上风电场一般离岸距离较远，加上台风、风暴潮等天气引起的大浪等不利海况条件，可到达性较差；如遇大设备更换，船机设备租赁费用高；作为海上项目"大动脉"的海缆，一旦出现故障，影响范围更大。在海上风电场开发的项目成本计划中，应该将电场的运维成本纳入重要组成。根据已建成的海上风电场经验，年运行维护费用为初始投资的 2‰～5‰，在海上风电场运营初期，运行维护成本通常较高，随后会逐步降低至稳定水平。

1. 运维成本主要内容

海洋恶劣的环境不仅给海上风电机组的稳定可靠运行带来巨大挑战，也给风电机组的快速经济维护造成巨大困难。第一，海上盐雾浓度高、湿度大，非常不利于机械与电气设备的长期运行；第二，海上风电机组运行环境复杂多变、受非定常载荷影响显著；第三，海上风电机组可及性差，海上作业耗费时间长，造成的停机损失大，且维护成本也远远高于陆上；第四，国内海上风电大规模开发至今不足 10 年时间，建成投产的风电场数量较少，运行数据与经验少。海上风电机组的运维已经成为海上风电发展面临的一个极具现实意义又十分迫切的问题。

海上风电场运维成本的主要内容包括大部件运维成本、备品备件运维成本、船舶运维成本、外包成本、人员成本以及其他成本等，如图 2-2 所示。具体如下：

（1）大部件运维成本：叶片、发电机、偏航刹车、轴承。

（2）备品备件运维成本：半年检、年检。

（3）船舶成本：船舶租赁价，增值税率和燃油费等。

（4）外包成本：定检（船舶、人员）、技改、加工和清洗等。

（5）人员成本：人员工资、出海补贴等。

（6）其他成本：租车、租房成本，修理装卸成本，劳保、培训成本，办公邮电成本和水电成本等。

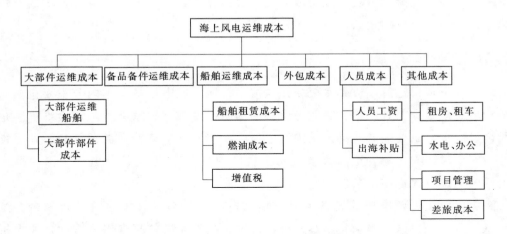

图 2-2　海上风电运维主要成本组成

海上风电场运维概览图如图 2-3 所示。

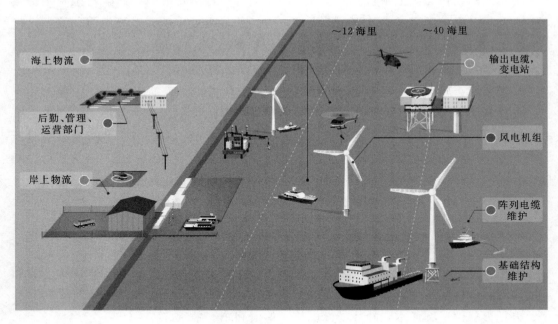

图 2-3　海上风电场运维概览图

2. 运维成本分析

海上风电项目的运行维护，受到恶劣的自然环境、复杂的地理位置和困难的交通运输等因素制约，尤其离岸距离较远的风电机组和升压站的维护工作难度大，运行风险也大，同时海上风电场的可进入性差，现阶段专业运维人员匮乏，相应的，海上风电机组维护船机配置需求高，海上风电场的运维成本远高于陆上风电项目。对于海上风电项目来说，后期运营维护费用常占到成本的一半以上，远远超过机组设备成本。海上风电机组的后期运维费用比较高，主要体现在以下方面：

（1）海上风电机组故障率高，维修工作量大。

（2）机组的可靠性是难以控制运维成本的主要因素，其中，齿轮箱是公认的风电机组故障的主要源头，其次是发电机。风电机组是基于陆上机组设计制造，再根据海上的气候环境稍做修改。风电机组各类零部件产生的问题经常需要维修人员去现场进行维护保养，并需要配备相应的技术人员、交通设备（船只、直升机租赁）等，从而使得海上风电场运行维护成本远高于陆上风电场。

（3）海缆作为海上项目"大动脉"，一旦出现故障，影响范围更大。

（4）由于海上风电场的地理位置特殊，造成交通成本、运维成本和停机的成本比较高。一旦出现故障，维修部件到后，还要等待适合的天气才能作业。

（5）我国目前海上风电运维作业受潮汐影响明显，安全风险大且缺乏大型维修专用船机设备。

（6）由于我国海上风电起步晚，已成熟运行的海上风电项目有上海东海大桥海上风电场、江苏如东潮间带海上风电场等，其前期积累的运维经验甚少，随着更多大规模海上风电项目的投入运行，更适合国内情况的海上风电运维方式也在不断探索中。

随着海上风电开发不断向深海迈进，离岸距离增加，运维的时间成本也不断增加，相应的，海上风电场运维策略制订和运维基地的选择至关重要。

运维成本取决于很多因素，比如风电场规模、离岸距离、水深、到达方式、运维策略、风电机组机型选择等。通常，风电场的离岸距离对运维成本来说至关重要。随着离岸距离的增加，场址可达性降低，交通成本增加，通常离岸距离越远，水深越深，海浪和潮流对场址可达性、基础维护难度及海底电缆维护难度产生的影响更大，最终影响维护成本。

运维交通方案主要包括从运维基地遣船、派遣直升机，从浮动居住平台遣船或在OSP内设立永久居住基地等。运维策略则包括委托第三方运维还是自己运维，而风电机组成熟度则可很大程度上影响运维费用。

根据相关文献对海上风电项目的运维费用的统计结果：在整个海上风电项目全寿命周期成本之中，风电机组是目前海上风电项目中成本所占比例最高的部分，而海上风电场的运维费用仅次于风电机组，占整个海上风电项目成本的18%～23%，远高于陆上风电运维费用12%的比例。在运维成本构成中，小型近海海上风电场的设备更换与维修费用所占比例最高，约占运维费用的53%；而英国大型海上风电场运维费用中设备的更换、修复费用与材料费是海上风电运维成本中的重要组成部分，分别达到总运维成本的 23％与 21％，人工成本仅占 1％。

综合国内外许多企业与研究机构对海上风电机组运维数据的统计结果，海上风电机组运维现状如下：

（1）可用率方面。风电机组的可用率评估体系中有多种可用率计算方法。其中，海上风电机组的使用可用率水平在不同的时间段内有较大的波动，并且通常低于技术可用率水平，而技术可用率数据则相对稳定；目前海上风电机组技术可用率水平可以达到 90％及以上，部分可以达到 95％以上。

（2）可靠性方面。海上风电机组中近 50％的停运时间是由齿轮箱造成的；控制系统则是导致海上风电机组高停机频率的主要部件之一。海上风电机组较为理想的年均故障率为 0.5 次/(年·台)，而目前还远远达不到这个水平。

（3）运维成本方面。海上风电项目的运维费用约为 46000 美元/(MW·年)，约为陆上风电项目年运维费用的 2.7 倍。海上风电度电成本为陆上的 1.3～1.7 倍。

随着海上风电逐步向深远海发展，更恶劣的自然环境对船机配置等要求更高、运行维护的窗口期更短，这大大增加，运维的难度和成本。随着我国海上风电建设规模的增加，海上风电运维市场也将不断增长，运维能力、运维规模、运维模式都会有很大的增长，运维成本也将逐步降低，为海上风电"平价上网"发挥重要作用。

2.3　效　益　因　素

2.3.1　风能资源评估

风能资源对海上风电场发电量的影响很大，直接影响全生命周期的收益。风功率密度是决定风能资源潜力的最重要因素，风功率密度和空气密度有直接关系，而空气密度则取决于气压和温度。因此，不同地方、不同条件的风功率密度存在差异。一般而言，沿海地区地势较低、气压高，空气密度大，风功率密度相对高；而高山区域气压低，空气稀薄，风功率密度就相对小一些。风向频率是衡量风能资源的另一个重要指标，风向越集中，表明风能资源越集中，不仅有利于海上风电机组的集中布置，同时可以减少机组因偏航响应时间而损失的发电量。

我国大部分近海海域 90m 高度年平均风速在 6.3～10.2m/s，且风向比较集中，具备较好的风能资源条件，适合规模化开发，其中台湾海峡是我国风能资源最丰富的区域。我国沿海区域风能资源特性见表 2-1。

我国沿海地形复杂、气候多变，随着风能开发力度的不断加大，风电场建设面临的风能资源也越来越复杂。同时，随着国内外深远海海上风电场的逐步开发，对离

表 2−1　我国沿海区域风能资源特性表

区　　域	风速/(m/s)	年等效满负荷小时数/h
辽宁省（大连市）	6.5～7.2	2100～2400
河北省	6.3～7.5	2100～2600
山东省	6.9～7.8	2225～2642
江苏省	7.2～7.8	2300～2700
上海市	6.8～7.6	2200～2600
浙江省	6.8～8.0	2000～2500
福建省	7.1～10.2	2014～2965
广东省	6.5～8.5	2000～3000
海南省	6.5～9.0	2100～2605

注：表中年等效满负荷小时数基于当前主流海上风电机组测算获得，随着风电机组的技术进步年等效满负荷小时数
　　将进一步提高。

岸距离较远的深远海场址的风能资源精确评估也提出了一定的挑战。当前国际流行的以北欧地貌和气候为主建立的风电场资源测量技术和评估软件难以适应国内越来越高的设计需求，低效风电场案例的出现风险增加，凸显出了我国在该领域的技术短板。

目前，针对场址内暂无测风塔的情况，风能资源的分析多依赖邻近场址的海上测风塔以及中尺度数据集（可提供全球范围内的场址区的风能资源中尺度数据），该方法可用于无实测测风数据条件下的初步参考，待收集到实测测风数据后再进行复核修正。由于我国沿海（渤海、黄海、东海及南海区域）的气候条件存在一定差异，同时随着国内外深远海海上风电场的逐步开发，基于上述方法的风能资源开发评估的精度及准确数值模拟存在一定的局限性和评估风险。在风电场的整个生命周期内，从风流测量、基于长期历史数据的代表年订正、空间外推建模、功率曲线、未来长期气候变化到其他外部环境因素的所有环节都包含不同程度的不确定性，从而对长期风能资源和产能的预测评估的准确性产生影响。因此，正确认识及评估不确定性对于判断潜在风能开发的可行性和风险至关重要。

近年来，国内外开源及商业化的中尺度数据集较为普遍，主流的再分析数据包括NCEP reanalysis data、（ECMWF）ERA‑interim 数据等，而各数据集的精度存在一定差异。因此，针对特定风电场风能资源的精确评估技术需要进一步提高。

同时，我国东部沿海空间跨越大，气象灾害种类繁多，如东南沿海省份受台风、雷暴影响较大，我国北方区域受海冰影响等，对海上风电场的安全有一定的影响。因此，对于国内已建或待建海上风电项目，针对影响风电场安全的极端天气过程监测与预警的把控至关重要，可为后续储备海上风电的建设、智能化运维提供可靠的技术

支撑。

此外，我国沿海不同区域已开发建设大量的海上风电场，收集到海量的实测风能资源数据、地勘数据以及海洋水文数据等，但是数据相对零散、重复、不协调。因此，有必要挖掘第一手原始资料数据，整理不同海域的环境资源与环境特性，形成海上风电大数据平台，为后续的其他项目提供一定的数据支撑和技术参考。

2.3.2　风电机组特性

海上风电机组的选择、单机容量的大小对产能有很大的影响。下文将结合风电机组的特性，分析风电机组的差异对风电场发电效益的影响。

2.3.2.1　国内外风电机组发展概况

2010 年 6 月 8 日，亚洲第一个海上风电项目——上海东海大桥风电项目的 34 台 3MW 海上风电机组调试完毕，全部并网投入运行。以"欧洲以外第一个海上风电场"为标志，中国风电迈开了向海上开发风电的步伐。

从海上风电机组设备来看，风电机组单机容量趋于大型化，新型大功率风力发电机正在逐步取代由陆上风电机组过渡的中小型风力发电机。国际主流的风电机组厂家已进行大型风电机组的研发制造，风电机组单机容量也在逐渐增加，同时轮毂高度与风轮直径也随之增加。目前，应用于海上风电项目的风电机组单机规模普遍在 3MW以上，试验风电机组的单机容量基本都在 6MW 以上，国内外已有多家整机厂家正在开发和研制 10MW 以上机型产品。目前已经具备海上风电设备商业生产能力的厂家主要有 MHI - Vestas（丹麦）、Siemens Gamesa（德国）、GE Wind Energy（美国）、Nordex（印度）、Enercon（德国）、Senvion（德国）。单机容量覆盖范围为 2MW、2.3MW、3.6MW、4MW、4.2MW、4.5MW、5MW、6MW、7MW、7.5MW、8MW、9MW、12MW、14MW，风轮直径范围为 80～220m。

1. 全球海上风电机组发展现状

世界海上风电论坛（WFO）公布的最新报告指出，2019 年全球海上风电装机容量 5.2GW，累计装机容量达到 27.2GW，同比增长 24%，创下新纪录。全球共有 23个在建海上风电项目，装机容量共 7GW，其中 13 个项目在中国；16 个新建海上风电场投运。全球共有 10 个已投运、在建、规划中的浮式海上风电项目（不包括示范项目），装机容量超过 1GW。从已投运项目装机容量（所有风电机组全部投运）来看：英国依然是全球海上风电的老大，累计装机容量 9.7GW；德国排名第二，7.5GW；中国首次登上前三位置，4.9GW。

由于起步较晚，海上风电技术不如其他主要的可再生能源发电成熟，且受海洋环境的一些不利因素影响，投资海上风电的风险仍然较高。但是，随着海上风电技术的不断进步，以及施工配套产业的发展，海上风电场工程的建设成本呈下降趋势。另外，很多领先的风电机组制造商都表示计划加强在海上的发展或推出新的机型进入海上风电市场，海上风电机组设备供应呈现多元化趋势。

（1）风电机组趋于大型化。从海上风电机组设备来看，风电机组单机容量趋于大型化，新型大功率风力发电机正在逐步取代由陆上机组过渡的中小型风力发电机。大型风电机组具有同等装机容量下占用海域面积小、安装数量少、风电机组之间的尾流影响小、风电机组基础费用和海缆费用低、施工作业面和费用少、运营维修效率高等优点，大型风电机组越来越受到重视与认可。

国际主流的风电机组厂家已开展大型机组的研发制造，风电机组单机容量也在逐渐增大，同时轮毂高度与风轮直径也随之相应增加。2018 年 3 月，GE 宣布将开发 Haliade - X 12MW 海上风电机组，该机型最高可达 260m，是法国巴黎标志性建筑凯旋门的 5 倍以上，风轮直径 220m。该风电机组已于 2019 年 10 月正式完成吊装，11 月已正式并网运行。2020 年 2 月，西门子歌美飒首台 SG 11.0 - 193 DD Flex 海上风电机组在丹麦 Osterild 风电场完成安装，这是全球已吊装的首台 11MW 海上风电机组，也是全球第二台 10MW 级以上的海上风电机组。西门子歌美飒 2020 年 5 月发布 14MW 海上直驱风电机组，型号 SG 14 - 222 DD，风轮直径达 222m，是目前全球正式发布的最大容量风电机组。

我国也积极研制大容量风电机组，东方电气风电有限公司（以下简称东方电气）打响了 10MW 级海上风电机组"第一枪"，2018 年通过设计认证，2019 年首台正式下线。随后，中国船舶集团海装风电股份有限公司 10MW 海上风电机组也通过设计认证。明阳智慧能源集团股份公司（以下简称明阳智能）之后也迅速下线了 8～10MW 海上风电机组。2020 年 3 月，上海电气集团股份有限公司（以下简称上海电气）8MW 海上风电机组拿下首单，开启中国海上风电 8MW 级风电机组批量化生产的商业时代。

总体而言，海上风电机组的技术正沿着增大单机容量、减轻单位千瓦重量、增加单位容量扫风面积、提高传动系统转换效率的路线发展，如图 2 - 4 所示。

（2）风电机组趋于高效化。随着风能技术和电力电子技术的进步，叶片变桨距技术和发电机变速恒频技术在兆瓦级风电机组中得到广泛的应用，全球新增海上风电机组中，已全部采用变桨变速恒频技术。风电机组各种型式如图 2 - 5 所示。

近年来，无齿轮箱的直驱型风电机组技术日趋成熟，逐步受到市场青睐。该技术能有效减少由于齿轮箱造成的机组故障，提高系统的运行可靠性和寿命，半直驱变速恒频机组技术正在逐步成熟和推广。

此外，全功率变流的并网技术正在兴起。采用该技术方案可有效提高风能利用范围，且能较好提供低电压穿越的解决方案，改善风电向电网的供电质量。

（3）风电机组更可靠更易维护。海上风电场工程由于其自身特点，运行维护比陆

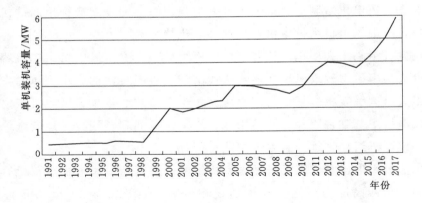

图 2-4　风电机组大型化趋势（源自中国风能协会）

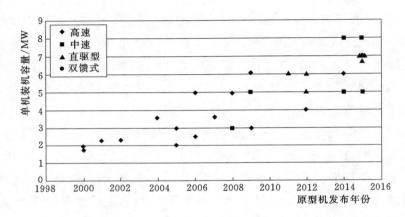

图 2-5　风电机组各种型式（源自中国风能协会）

上风电场难度更大、费用更高，特别是当海况恶劣时，维修人员难以到达，故障较难排除。随着越来越多的海上风电场投产，维护问题受到更多关注。在此情况下，各设备厂家也开始研究和试验行之有效的解决方案，从海上风电设备的可靠性和易维护性着手发力，对关键部件和故障高发的组件，采用双备份的冗余设计，做到更多的免维护部件，减少故障引发的停机时间。

　　一方面，现在主流生产厂商均对其风电机组设备提供振动和健康状态监测系统，对齿轮箱、主轴、发电机等主要组件设备进行实时分析，预警可能存在的故障，通过远程监控提前介入，有计划地提前安排维护和易损件的更换工作。另一方面，在消防和润滑系统上，海上风电也更多地采用自动化监控，以保障小的火灾隐患可以自主消除，并增大润滑系统的容量，延长补充和更换的周期。

　　此外，部分厂商通过采用"模块化"设计、配备全范围覆盖的维修起重机，提高自带起重机的起吊能力，减少由于大部件故障造成大型起吊船舶进出场的比例，以及提供大部件易更换解决方案等手段，降低维护难度和减少维护耗时，确保风电机组的易维护性，减少海上风电的运行维护成本。

（4）基础和施工等配套技术和能力不断提高。海上风电场工程一般离岸较远，施工环境较为恶劣，风电机组及设备的海上基础建设与安装等作业受潮流、波浪、大风等不利条件限制，可施工时间较短，施工周期较长且难度较高。同时，随着海上风电走向远海以及风电机组的大型化，海水深度大、单体设备重等问题对施工技术和施工设备都提出了更高要求。

近年来，随着商业化运作的海上风电项目及众多试验项目的实施，海上风电产业已积累了较为成熟的施工安装经验，形成了可行的施工工艺和流程，特别是海上风电发展迅猛的英国，依托其原有雄厚的石油等海洋工程基础、便利的港口条件和发达的造船工业，已经初步形成了海上风电场工程建设和设备安装等配套施工产业链。

总之，桩式基础建设工艺越发成熟，桶式基础已提出设计方案，同时欧洲和美国已在试验可能具有较大应用前景的浮式基础并取得了一定的进展；海上作业时间逐渐缩短，分体吊装和整体吊装均具有可靠的解决方案。另外，随着海上风电产业份额增加，施工企业更新发展施工设备意愿增强，打桩船、吊装船以及拖轮等主要施工设备的施工能力不断提高，数量也在增加。

2. 我国海上风电机组发展现状

2018 年，我国海上风电发展提速，新增装机 436 台，新增装机容量达 165.5 万 kW，同比增长 42.7%；累计装机达到 444.5 万 kW，如图 2-6 所示。2018 年共有 7 家制造企业有新增装机，其中，上海电气新增装机最多，共达 181 台，容量为 72.6 万 kW，新增装机容量占比达到 43.9%，其次分别为远景能源有限公司（以下简称远景能源）、金风科技、明阳智能、GE、国电联合动力技术有限公司（以下简称联合动力）、湘电风能有限公司（以下简称湘电风能）。

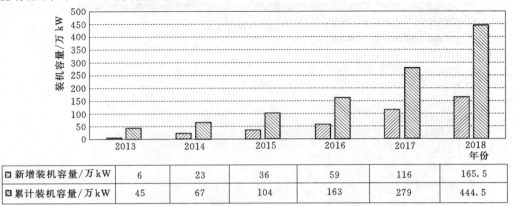

	2013	2014	2015	2016	2017	2018
新增装机容量/万 kW	6	23	36	59	116	165.5
累计装机容量/万 kW	45	67	104	163	279	444.5

图 2-6 2018 年中国海上风电新增和累计装机容量（源自中国风能协会）

截至 2018 年年底，海上风电机组整机制造企业共 12 家，其中，累计装机容量达到 70 万 kW 以上的有上海电气、远景能源、金风科技，这 3 家企业海上风电机组累计装机容量占海上风电总装机容量的 85.9%，上海电气以 50.9% 的市场份额领先，具体数据见表 2-2，如图 2-7 所示。

表 2-2　2018 年中国海上风电制造商新增装机容量

制造企业	单机容量/MW	装机台数/台	装机容量/MW
上海电气	4	180	720
	6	1	6
上海电气汇总		181	726
远景能源	4	25	100
	4.2	72	302.4
远景能源汇总		97	402.4
金风科技	2.5	35	87.5
	3.3	81	267.3
	6.45	5	32.3
	6.7	2	13.4
金风科技汇总		123	400.5
明阳智能	3	23	69
	5.5	4	22
明阳智能汇总		27	91
GE	6	3	18
联合动力	3	4	12
湘电风能	5	1	5
合　计		436	1655

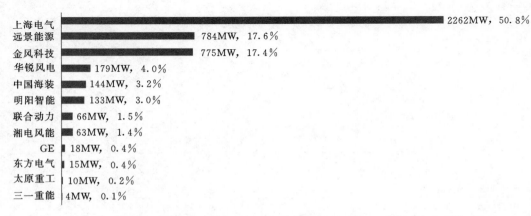

图 2-7　截至 2018 年年底中国海上风电制造商累计装机容量（源自中国风能协会）

截至 2018 年年底，在所有吊装的海上风电机组中，4MW 风电机组最多，累计装机容量达到 234.8 万 kW，占海上装机容量的 52.8%，5MW 风电机组装机容量累计达到 20.5 万 kW，占海上总装机容量的 4.6%，如图 2-8 所示；较 2017 年，新增了单机装机容量 5.5MW、6.45MW、6.7MW 的风电机组。

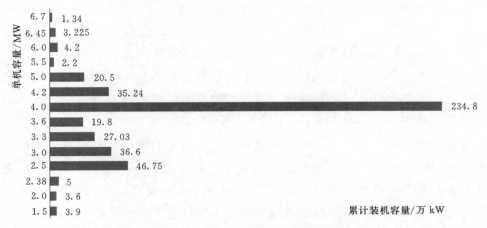

图 2-8　截至 2018 年年底中国海上风电不同功率机组累计装机容量（源自中国风能协会）

根据国家能源局发布的 2019 年风电并网运行情况统计：2019 年全国风电新增并网的装机容量 2574 万 kW，其中陆上风电新增装机容量 2376 万 kW、海上风电新增装机容量 198 万 kW；到 2019 年年底，全国风电累计装机容量 2.1 亿 kW，其中陆上风电累计装机容量 2.04 亿 kW、海上风电累计装机容量 593 万 kW，风电装机容量占全部发电装机容量的 10.4%。2019 年风电发电量 4057 亿 kW·h，首次突破 4000 亿 kW·h，占全部发电量的 5.5%。海上风电装机容量规模持续快速增长。

2.3.2.2　风电机组型式选择

风电场要选择适合风电场场址风能资源特征，有利于提高风电场发电效益的机型。随着国内外风电设备制造技术日趋成熟，针对不同区域风能资源特征，各风电机组设备制造厂家已经开发出不同结构型式、不同控制调节方式的风电机组。因此，本书根据项目场址区域风能资源条件和风况特征、场址区域海上风电场的自然环境、风电场运输和安装条件，结合国内外商业化风电机组的制造水平、技术成熟程度和价格等要求，进行风电场机组型式的选择。

结合场址区域具体条件，机型选择主要考虑以下方面条件：

（1）风电机组应满足一定的安全等级要求。风电机组应满足风电场海域安全风速要求。结合海域测风塔实测数据和气象要素等进行分析，选择不同安全等级的风电机组。

（2）风电机组性能应满足场址区特殊环境、气候等条件要求。风电机组须具备较强的抗潮湿、防盐雾腐蚀等性能。同时，不同区域气温存在差异，应选择高/低温型风电机组。此外，北方区域需要考虑风电机组的抗海冰性能；在东南沿海海域，台风频发，风电机组应具备抗台风的性能。

（3）风电机组的结构型式。根据目前风电机组主流机型结构型式发展趋势情况，已建成的规模化海上风电场均采用具有代表性的水平轴、上风向式、三叶片风电机组。

（4）工程进度保证。所选风电机组生产企业应该具备足够的产能，以满足风电场的安装进度要求。另外，风电机组生产企业应具备一定的技术实力，能够配合完成风电机组土建、电气等配套工程的建设，具备指导风电机组吊装、调试的能力，以保证项目的建设进度。

（5）风电机组的制造水平、技术成熟程度和价格等要求。尽管风电机组技术近年来有了长足的进步，但是从技术商业化程度看，不同风电机组的可利用率受制造水平和技术成熟度的影响较大。由于海上风电场的维护成本较高且受气象条件影响较大，宜选择制造水平高、技术较成熟的风电机组。由于风电机组投资占风电场总投资的比例较大，因此，同时需要考虑风电机组的价格因素。

（6）易维护性。由于海上运行环境复杂，风电机组除应具备较高的可靠性外，在风电机组的易维护性方面也应重点关注。风电机组在发生故障后，其维修需要具备可操作性强、耗时短等特点，以保证项目收益。

（7）风电机组的安全可靠性。为进一步规范风电安全工作，强化风电设计、建设、并网、运行和调度等全过程安全管理，保证电力系统的安全稳定运行和电力的可靠供应。根据《风电场接入电力系统技术规定》（GB/T 19963—2011）、《风电机组并网监测管理暂行办法》（国能新能〔2010〕433 号）、《国家电力监管委员会关于加强风电安全工作的意见》（电监安全〔2012〕16 号）、《风电场接入电网技术规定》（Q/GDW 392—2009）、《风电调度运行管理规范》（Q/GDW 432—2010）等的规定，风电机组应满足：

1）低电压穿越能力，当并网点电压跌至 20% 额定电压时，能够保证不脱网连续运行 625ms，风电场并网点电压在发生跌落后 2s 内能够恢复到额定电压的 90% 时，风电机组能够不脱网连续运行。

2）必要的高电压穿越能力，当并网点电压在 0.9～1.1 倍额定电压（含边界值）内时能正常运行。

3）有功功率控制能力，接收并自动执行电网调度部门发出的有功功率控制信号，以保证电力系统稳定性。

4）在不同的输出功率时，其功率因数应在 −0.95～+0.95 变化范围之间可控。

5）具有自动电压调节能力的动态无功补偿装置，补偿容量以接入系统批复为准，其调节范围和响应速度应满足并网点电压调节的要求。

根据《国家能源局关于印发风电场功率预测预报管理暂行办法的通知》（国新能源〔2011〕177号），风电场要建立风电功率预测预报系统，集中接入的风电场要按风电发电计划申报要求向电力调度机构上报发电计划。为满足以上风电安全并网要求，风电场在招标设计阶段，需落实风电机组关于安全并网的相关认证，同时建立风电场运营管理系统及风电功率预测预报系统。

（8）认证及机型业绩要求。根据《国家能源局有关规范风电设备市场秩序有关要求的通知》（国能新能〔2014〕412号），"接入公共电网（含分布式项目）的新建风电项目所采用的风电机组及其风轮叶片、齿轮箱、发电机、变流器、控制器和轴承等关键零部件，须按照《风力发电机组　合格认证规则及程序》（GB/Z 25458—2010）进行型式认证"。同时，由于海上风电场投资规模大，考虑到风电场经济安全性，要求所选机型为有已投运海上风电机组业绩或者长时间成熟运行的样机业绩的风电机组。

深远海风能资源丰富，技术创新带来发电量的提升将非常可观。海上风电机组机型的选择是影响海上风电场发电量最重要的因素，海上风电机组的先进性主要体现在技术路线、可靠性、适应性等方面。在单机容量相同的情况下，不同机型、不同轮毂高度、不同叶片长度的机组在同一风电场发电量有明显区别。

一般来说，海上风电机组单机容量越大，意味着叶片的扫风面积越大，能捕获的风能资源就越多，发电量就越高。以风轮直径为171m的6MW风电机组为例，其单位千瓦扫风面积相比市场4MW和4.5MW机型分别高出约15.4%和4.4%，能够更有效地利用风速较低的风能。并且，在标准化设计的海上风电场中，大容量的风电机组比小容量机组所造成尾流影响更小。

海上风电机组大型化发展是实现海上风电场降本增效的有效途径之一。海上风电机组大型化发展体现整个海上风电场整体产业链的最高技术水平，不仅增加单位面积海域的发电效益，同时带动设计、安装、施工、运维等整体产业链水平的提升，促进海洋产业的协同发展。

2.3.3　场址边界条件

针对拟规模化开发的海上风电场，在风能资源和风电机组机型一定的情况下，由于场址形状的不同（垂直于主风向的长方形、正方形以及平行于主风向的长方形），风电机组的布置会存在一定的差异，如图2-9所示。

通过建立一个海上风电场的简化模型，即：①拟开发风电场的场址形状分为垂直于主风向的长方形（最有利）、正方形（适中）和平行于主风向的长方形（最不利）；②主风向为偏北风；③所有风电机组均采用相同的功率曲线和推力系数曲线（以6MW为例）；④风电机组布置方案采用规则化的几何阵列（所有的风电机组行间距统一）；⑤不同开发规模下的不同形状的风电机组数量一致；⑥模型中的风速大小采用东南沿海区域 100m 高度的中尺度逐时风速资料，风向经理想化修正后，以达到主风向为偏北风的效果。

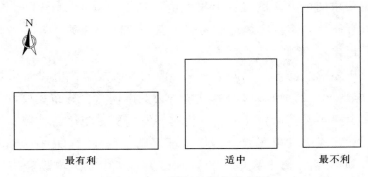

图 2-9　不同场址形状示意图

三种不同的风电场形状经过发电量的模拟计算，最有利形状的风电场整体尾流最低（4.6%），最不利形状的风电场尾流最高（8.3%），适中形状的风电场尾流介于两者之间（6.7%），最有利形状的风电场发电量比最不利形状的风电场和适中形状的风电场发电量分别高出 4.0% 和 2.3%。最有利形状的风电场可以更好地捕获场址区域风能资源，通过海上风电场行、列间距的调整，把场区整体尾流降到最低，使场区的发电量达到最大化。

在海上风电项目开发过程中，场址的形状根据规划已经确定，可以通过海上风电场风电机组的布置实现发电量的最大化。海上风电场的场址区域在海上风电场的风电机组布置时，会充分考虑到海域周边的限制条件（港口、生态保护区等）、风能资源的分布特点（盛行风向）、各风电机组之间的尾流影响以及严格控制用海面积（每 10 万 kW 控制在 16km² 左右）等原则。根据场址区域的风能资源分布特点，应充分利用风电场盛行风向进行布置，合理选择风电机组间距，尽量减小风电机组间的尾流影响。

2.3.4　规模化开发效益

为更好地利用海上风能资源，我国海上风电项目将逐渐向深海、远海方向发展，由小规模示范到大规模集中开发的特点。2019 年至今，我国密集出台一系列海上风电政策，并将项目执行的电价与核准年份、全部容量并网的时限统筹考虑在内；2022 年起取消海上风电的国家补贴，后续补贴由地方政府承接，电价退坡政策路线基本明朗。为应对电价退坡政策，关键的途径就是实现海上风电的规模化开发。通过集中规模化开发手段可以实现海上风电降本增效，即降低开发成本、增加开发效益，同时也可以促进技术和商业模式创新，促进全产业链协同发展。

规模化开发具有投资规模大、技术方案复杂、项目风险大等特点，因此也一定程度推动技术上和管理上探索创新型的发展模式，用以指导项目开发实践，并最终实现规模经济，降低投资成本。

1. 电气设计方面

（1）采取集中连片规模化开发模式。采取集中连片规模化开发模式可有效降低造价水平，以百万千瓦级别交流送出海上风电项目为例，设置一座海上升压站及若干座分布式小型升压站的集中连片开发方式与设置多座海上升压站的分批独立开发方式相比具有较为明显的经济优势；开发规模越大，集中连片开发相对分批独立开发的经济性优势越大。海上风电场采用规模化开发，集中连片模式下的电气方案投资较分批独立开发模式的投资降低 357～693 元/kW，降低比例 9.7%～24.5%。

（2）采用大容量风电机组。采用大容量风电机组可有效减少风电机组基础投资和集电线路投资，例如在相同开发规模条件下，采用 5MW 风电机组的场内集电线路造价总体要高出采用 8MW 风电机组造价 5.9%～9.6%，即风电机组台数越少，场内集电线路投资越少。

（3）提前布局超高压大容量柔性直流输电技术能力。采用超高压大容量柔性直流输电技术对海上风电电力进行输出需要建立一个海上 VSC HVDC 传输系统，包括海上 VSC HVDC 换流站、海底电缆和陆上 VSC HVDC 换流站，虽然成本增加，但当传输距离超过某一临界值时，综合考虑长距离传输的电损等因素，就可以体现出柔性直流输电技术的经济性优势。考虑到后续远海大容量规模化趋势的发展方向，迫切地需要提前开展布局，研究核心技术，实现降本增效。

（4）创新海上风电项目运维方式。海上风电离岸距离较远，需要使用专门的运维船将运维人员和工具设备送至风电场，且海上运维会受到气候条件、潮汐变化等多种因素的制约，导致海上风电运维成本在度电成本中占比很高，可以采用风电机组智能化运维、区域规模化运维、长期限质保运维等方式降低运维成本。

2. 海上风电施工方面

（1）打造专业海上风电施工团队，购置关键的施工资源，如支腿平台船、大型浮吊等，以最大限度降低施工成本。

（2）根据不同海域的条件和风电机组特性，提前调研锁定施工资源。尤其未来深远海项目的超重型海上升压平台或换流平台、超长海底电缆等，要在方案设计阶段提前锁定施工船舶，将设计方案与施工方案相结合，使施工资源得到最大化利用。

（3）将施工安装与 BIM 应用深度结合，减少现场施工难度，缩短工期，降低成本。同时为后期风电场运维提供完整的前期建设数据，为运营决策提供支持帮助。

第3章　发电效益影响因素分析

3.1　风能资源特性分析

3.1.1　我国风能资源概况

我国地域辽阔，陆地最南端纬度约为北纬 18°，最北端纬度约为北纬 53°，南北陆地跨 35 个纬度，东西跨 60 个经度以上。我国独特的宏观地理位置和微观地形地貌决定了我国风能资源分布的特点。我国位于亚洲大陆东南，濒临太平洋西岸，季风强盛，夏季风由热带太平洋的东南风和来自赤道附近印度洋的西南风组成。东南季风的影响范围遍及我国东南半壁，此外东南沿海常受海洋吹向大陆台风的影响。冬季风来自西伯利亚或北冰洋，多受冷高压带的控制，每年冬季伊始，直到次年春夏之交，冬季风的影响时间在华北地区长达 7 个月，在东北地区长达 9 个月，青藏高原则受高空气流的影响。

根据中国气象局风能太阳能资源评估结果，我国陆地 70m 高度风功率密度达到 150W/m² 以上的风能资源技术可开发量为 72 亿 kW，达到 200W/m² 以上的风能资源技术可开发量为 50 亿 kW；80m 高度风功率密度达到 150 W/m² 以上的风能资源技术可开发量为 102 亿 kW，达到 200W/m² 以上的风能资源技术可开发量为 75 亿 kW；我国海上 5～25m 水深、50m 高度海上风电技术可开发量约为 2 亿 kW，5～50m 水深、70m 高度海上风电技术可开发量约为 5 亿 kW。

我国的风能资源分布广泛，其中较为丰富的地区主要集中在东南沿海及附近岛屿以及北部（东北、华北、西北）地区，内陆也有个别风能资源丰富点。沿海及其岛屿地（自治区、直辖市）风能资源丰富带主要包括山东、江苏、上海、浙江、福建、广东、广西和海南等省市沿海近 10km 宽的地带，年风功率密度在 200W/m² 以上，其方向平行于海岸线；北部地区风能丰富带包括东北三省、河北、内蒙古、甘肃、宁夏和新疆等省（自治区）近 200km 宽的地带。风功率密度在 200～300W/m² 以上，有的可达 500W/m² 以上；内陆风能丰富区：风功率密度一般在 100W/m² 以下，但是在一些地区由于湖泊和特殊地形的影响，风能资源也较丰富。此外，海上风能资源也非常丰富。

我国海岸线长达 18000km，这使得我国海上风能资源十分丰富，约有 7.5 亿 kW，占我国风能资源的 75%。我国海上风能资源丰富主要受益于夏、秋季节热带气旋活动和冬、春季节北方冷空气影响。我国沿海近 10km 宽的地带，有效风功率密度大于或等于 200W/m² 且平行于海岸线，沿海岛屿的风功率密度在 300W/m² 以上，有效风力出现时间百分率达 80%～90%，大于或等于 3m/s 的风速全年出现时间为 7000～8000h，大于或等于 6m/s 的风速也有 4000h 左右。

其中，台湾海峡是我国近海风能资源最丰富的地区：年平均风速基本在 7.5～10m/s，风功率密度在 350～600W/m²，局部区域年平均风速可达 10m/s 以上。台湾海峡以南的广东、广西、海南等地近海风能资源也较好，年平均风速在 6.5～8.5m/s，风功率密度在 300～500W/m²。从福建省往北，近海风能资源逐渐减小，到渤海湾又有所增强，年平均风速逐渐降至 7～8m/s，风功率密度在 350～450W/m²。从整体上看，江苏、山东等长江以北区域属于典型低风速、无台风风险的市场，需求大风轮风电机组；河北、辽宁等更北部海域需要考虑海冰的影响；上海、浙江等属于典型低风速、有台风风险的市场，需求的是大风轮抗台风风电机组；福建、粤东部分区域、台湾海峡等属于典型高风速、有台风风险的市场，需求的是更大容量抗台风风电机组。

海上的风能资源优于陆地，离岸 10km 的海上风速通常比沿岸要高出 20%。风电机组的发电功率与风速的三次方成正比，因而同等条件下海上风电机组的年发电量比陆上高 70%。同时海上很少有静风期，因此风电机组持续稳定发电时间更长，对电网的扰动更小，更有利于电网的稳定。同时海上风电所在东南区域为全国的负荷中心，不用担心因为消纳而产生的"弃风"损失。另外，海上可以装更大的风电机组。海运的便利可以运输叶片更长、轮毂更高的海上风电机组，更高的扫风面积可提高风能的捕获效率，单位海域可以创造更高的发电效益。

3.1.2　风能资源主要测量方法

风电场测风是风能资源开发的一个重要环节，也是风能资源开发的前提和基础，它对风电场的设计、建设具有重大影响，风能资源测量直接影响风电场选址及发电量预测，最终反映为风电场建成后的实际发电量，做好风电场的测风工作对于风能开发具有重要的意义。

以前的测风塔多由气象、环保部门建造，用于大气观测和大气环境监测。随着我国风电的快速发展和资源获取的需要，目前我国海上测风塔多由各大开发商投资建设，以保证获取第一手测风数据。

目前海上主流的测风方式为固定式测风塔，在近海海域一般把固定式测风塔立在风电场具有代表性的位置或者风电场周边的岛屿上。随着海上风电场开发逐渐走向深远海，海上固定式测风塔的成本也在大幅增加，特别是在一些地质条件复杂区域，加之海上固定式测风塔需要办理海域使用论证、海洋环境影响评价、通航安全论证、海域权证等相关前期手续，整个前期工作周期较长，对项目开发存在一定制约，近年来随着风电行业的高质量发展和技术进步，陆上雷达测风系统和海上漂浮式激光雷达测风系统逐步得到推广和应用。

海上漂浮式激光雷达测风系统成本较低，而且可重复利用，其前期手续相对简单，主要为通航安全论证和航标设计。自 2018 年中国长江三峡集团有限公司在国内第一次使用漂浮式激光雷达测风系统进行测风以来，近几年已陆续有中国广核集团有限公司、上海电气集团有限公司和中国华能集团有限公司等企业采购，虽然漂浮式激光雷达测风系统的可靠性和准确性暂无定论，但是随着设备的改造升级和技术进步，漂浮式激光雷达测风塔将成为未来海上风能资源评估的重要手段，在海上风能测量中发挥重要作用。

3.1.3　风能资源主要评估方法

在风电场建设的不同阶段，对风能资源的评估深度要求不同，所侧重使用的评价指标也不同。

在风能资源普查阶段主要是摸清一个国家或地区的风能资源宏观分布，常选用可反映长期风况特征的气象等测风资料结合数值模拟技术，初步获得常年各区域测风数据的统计分析。

在风能资源详查阶段，重点考察风能资源的稳定性、储量风功率密度、可利用率、富集程度等。在风能资源普查结果的基础上，针对中国内地风能资源丰富、适宜建设大型风电场、具备风能资源规模化开发利用条件的地区，通过现场观测、数值模拟、综合分析等技术手段，进一步摸清我国陆上风能资源特点及其分布，为促进我国风电又好又快发展做好前期工作。

在风电场的实际开发过程中，需对风电场场区进行实际测风工作。测风周期要满一个完整年，且有效完整率要达到 90% 以上。风能资源的评估要根据实际测风的结果，结合周边气象站或中尺度数据，对场区内风能资源做长期的代表年订正，目前普遍选用 10 年的参考数据来作为长期订正的依据。

针对风电场的具体开发，风能资源评估方法如下：

1. 原始测风数据处理

在风电场设计的前期工作中，应进行原始测风数据的完整性、合理性、可靠性的验证，对缺测数据的插补展延以及对不合理数据的替换等分析工作。

（1）完整性检验。完整性检验包括数量及时间顺序检验，即数据的数量应等于预期记录的数据数量，数据的时间顺序应符合预期的开始、结束时间，中间应连续。《风电场风能资源评价办法》（GB/T 18710—2002）要求测风塔测风数据应至少满足一年，且有效数据完整率应达到 90% 以上，对不满足规范要求的测风数据要进行插补处理。

（2）范围检验。范围检验即判断测量数据取值是否在合理范围之内。其中风速、风向合理取值范围采用国家标准《风电场风能资源评价办法》（GB/T 18710—2002）。在测风数据处理中，对不合理的数据要进行剔除，判别标准见表 3-1。

表 3-1 测风数据范围检验判别标准

主要参数	合理取值范围	主要参数	合理取值范围
小时平均风速值/(m/s)	0~40	小时平均气压值/kPa	60~100
风向值/(°)	0~360	气温/℃	-20~40

（3）趋势检验。趋势检验即对原始测风数据各测量参数检验其连续变化情况，判断其变化趋势是否合理。根据相应的国家标准、气象行业标准（如 GB/T 18710—2002），趋势检验的判别标准见表 3-2。

表 3-2 测风数据范围检验判别标准

检验项目	判 别 标 准	意 义
风速	10min 数据连续 300min 小于 0.5m/s	如果风速连续 300min 没有发生变化，则视为不合理
风向	10min 数据连续 300min 无变化	如果风向连续 300min 没有发生变化，则视为不合理
风速	小时数据连续 6h 无变化（切入风速为 5m/s）	5m/s 以上的风速中，如果风速或风向连续 6h 没有发生变化，则视为不合理
风速	小时平均值变化大于 10m/s	
气温	小时平均值变化大于 5℃	若相邻两小时的平均值差值大于给定数值，则视为不合理
气压	小时平均值变化大于 1kPa	

（4）关系检验。关系检验主要是针对不同高度之间风速或风向关系的合理性而设置的。它是指检验各高度风速值或风向值的差值是否在给定的合理范围之内。根据 GB/T 18710—2002，测风数据关系检验判别标准见表 3-3。

表 3-3 测风数据关系检验判别标准

判 别 标 准	意 义
相隔高度大于 20m 时，小时平均风速差小于 8m/s	同一时间下不同高度的平均风速或风向，其高度差在某一范围时，应满足给定判别标准（切入风速为 2.5m/s）
相隔高度不大于 20m 时，小时平均风速差小于 4m/s	
任意两个不同高度间，小时平均风向差小于等于 45°，大于或等于 315°	

（5）相关性检验。相关性检验是指检验测风数据不同层测风通道的相关性以及不同测风塔同期数据的相关性。相关性越高说明两组数据关联性越好，高度相关及以上

的两组数据可以进行相互插补。

数据相关性参考范围：极低相关，0.00～0.19；低度相关，0.20～0.39；中度相关，0.40～0.69；高度相关，0.70～0.89；极高相关，0.90～1.00。

（6）缺测及无效数据处理。在同一测风时间段内，同一测风塔不同高度层的缺测或无效数据由相邻的其他高度层的数据进行插补。

同一测风塔所有高度层在同一时间段内均为缺测或无效数据，若缺测或无效数据记录的时间不长，可通过该测风塔前后的数据记录进行替换或插补；若缺测数据记录的时间较长，考虑到测风塔数据与相邻测风塔同期数据进行相关插补。通过对各测风塔缺测和无效数据进行处理，各通道在完整测风代表年内有效数据完整率均可达到100%，满足 GB/T 18710—2002 对风能资源评估数据的要求。

2. 风能资源代表年评估

陆上风电场的寿命期在 20 年，而海上风电场的寿命期在 25 年，因此需要分析和研究长期风能资源状况。测风设备受限于自身寿命和开发时间限制，往往只能获得短期（1～2 年）的测风数据，不能反映风电场区域长期的风能资源分布情况，根据GB/T 18710—2002 的要求，需要对测风数据进行长序列的订正（通常取 5 年或 10年作为长序列订正时间），即代表年订正。测风数据的代表年订正，以附近气象站的多年观测资料为基础数据，通过两者同期数据，建立风速、风向的关联模型，最后依据关联模型结合气象站的长期数据，订正得到风电场长期的风能资源评估结果。

在对实测数据进行代表年订正时，对照每个象限风速相关曲线，在横坐标轴上标明气象站多年的年平均风速，以及与测风塔观测同期的气象站年平均风速，然后在纵坐标轴上找到对应的测风塔的两个风速值，求出这两个风速的代数差值。根据规程规范要求的"风速对应时刻"法，参照气象站与现场测风数据之间的相关关系，对现场测风数据进行补长修正。

在测风数据代表年订正过程中，常常出现气象站观测资料不佳，或者代表性差，不能反映区域长期的风速分布数据。中尺度数据是结合长期的气象资料数值模拟的结果，因其数据稳定、易获取，已经被广泛地应用到风能资源评估中，目前以 WRF 为代表的中尺度数据在风能资源的评估中主要是对代表年的风速做长年代的订正。

3. 50 年一遇最大风速计算

风电场轮毂高度处 50 年一遇最大和极大风速是风电机组选型中最主要的指标，也是评估风电机组极限载荷的重要依据，关系到风电机组未来运行 20 年中遭遇极端风速的情况下，风电机组的安全运行性能。

按照国家标准《风力发电机组安全要求》（GB 18451.1—2016），需根据长系列测风数据，推算风电场预装风电机组轮毂高度处 50 年一遇 10min 平均最大风速，提出风电场场址对风电机组安全等级的要求。

50 年一遇极大风速常用极值 I 型概率分布计算方法：采用测风塔 7 天最大风速取样的方法，取测风塔最大测风高度实测 7 天最大风速样本，以此样本采用极值 I 型概率分布和修正的矩参数估算法，估算 50 年一遇最大风速的计算公式为

$$V_{\max} = u - \frac{1}{\alpha}\ln\left(\ln\frac{50}{50-1}\right) \tag{3-1}$$

式中　$V_{\max}$——最大风速；

　　　u——分布位置参数；

　　　α——分布尺度参数。

以上方法计算得到的是在标准空气密度下的 50 年一遇最大风速和极大风速，需换算得到在现场空气密度条件下的数值，再根据具体数值对风电场等级进行判定。按照 2005 年 8 月颁布的 IEC 61400-1 标准规定，风电场安全等级见表 3-4。

表 3-4　风电场安全等级

安全等级分类	50 年一遇最大风速/(m/s)	50 年一遇极大风速/(m/s)	安全等级分类	50 年一遇最大风速/(m/s)	50 年一遇极大风速/(m/s)
I	<37.5	<52.5	III	<50	<70
II	<42.5	<59.5	S	特殊定制	特殊定制

4. 台风影响评估

我国东海、南海风能资源丰富，适宜海上风电场规模开发，然而这两个海域台风频发，其影响范围广、平均风速大、湍流强度高、风向变化快、持续时间长，对风电场有着惊人的破坏力，可导致叶片断裂、塔筒折断、机舱罩倾覆等，使海上风电场遭受巨大的损失。同时由于强台风出现频率越来越高，其间电网对风电机组的供电不能保证，这些情况都会对风电机组造成致命性打击，导致损失惨重。一个中等强度的台风所释放的能量相当于上百个氢弹释放能量的总和。如果不采取有效防范措施，台风的巨大自然能量将给风电机组带来毁灭性破坏。因此，我国要发展海上风电，台风是必须面对的一个问题。

为了减轻台风灾害影响，降低台风造成的损失，以及提高预防台风灾害的能力，海上风电的系统的建设与运行都需要考虑抗台风的技术问题，位于台风频繁海域的海上风电机组必须具有抗台风能力。目前海上风电机组抗台风设计主要按照 2013 年 GL（德国船级社）发布的《热带风暴风力发电机组认证指南》（以下简称《指南》）和《台风型风力发电机组》（GB/T 31519—2015）进行设计。

台风影响评估主要内容如下：

（1）热带气旋等级划分。根据中国气象局依据中心附近地面 2min 最大平均风速

对热带气旋进行划分，共包括六个等级（表 3-5）。

表 3-5 热 带 气 旋 等 级 划 分

序　号	热带气旋等级	底层中心附近最大平均风速/（m/s）
1	热带低压（TD）	10.8~17.1
2	热带风暴（TS）	17.2~24.4
3	强热带风暴（STS）	24.5~32.6
4	台风（TY）	32.7~41.4
5	强台风（STY）	41.5~50.9
6	超强台风（SuperTY）	≥51.0

（2）风电机组受台风破坏案例分析。对已建成的遭受台风破坏的风电场进行描述，分析台风影响风电场的主要因素，分析台风影响下风电机组破坏的形式与原因，为海上风电场机组基于台风特性的选型提供参考。

（3）现有抗台风风电机组设计依据和标准。深入解读现有抗台风风电机组设计依据和标准，结合海上风电机组实际设计情况，分析抗台风风电机组现有标准与实际设计的差异。

（4）抗台风风电机组设计工况组合及载荷复核。进行台风环境下风电机组的载荷计算和疲劳计算，提出台风工况下降载优化空间。

（5）抗台风风电机组技术要求。提出切实可行的抗台风海上风电机组的技术要求，包括基本要求、电网要求、结构要求、防腐蚀要求、雷电保护、控制和保护系统要求等，为海上风电场基于台风特性的风电机组选型和风电场设计提供技术依据。

为了更好地应对台风灾害，在海上风电场的前期规划开发过程中，业主、设计院、风电机组厂商等需要针对特定开发区域，分析台风对海上风电场的影响。海上风电台风适应性分抗台风和利用台风两个层面。第一个层面是抗台风，需要考虑综合性能。通过研究台风特性，保证各部件强度满足台风机型标准，确保机组在各方位迎击台风情况下风电机组承载部件不会发生失效。第二个层面则是利用台风，最大程度提升发电量。通过研究国内外台风模型，讨论海上风电场的台风危险等级，进而研究不同危险等级下的台风控制方案及管理模式，以期制定最优的海上风电场迎台风发电策略。

3.1.4 海上风能资源主要参数

3.1.4.1 风速和风功率密度

风速是指空气相对于地球某一固定地点的运动速率，常用单位是 m/s，风速没有等级，风力才有等级，风速是风力等级划分的依据。一般来讲，风速越大，风力等级越高。风速的大小常用风力等级来表示。风力等级是根据风对地面物体的影响程度而确定的。根据我国 2012 年 6 月发布的《风力等级》（GB/T 28591—2012）国家标准，依据标准气象观测场 10m 高度处的风速大小，将风力等级依次划分为 18 个等级，见表 3-6。

表 3-6 风力等级表

风力等级	名称	海面大概的波高/m		相当于平地 10m 高处的风速/(m/s)	
		一般	最高	范围	中数
0	无风	—	—	0～0.2	0
1	软风	0.1	0.1	0.3～1.5	1
2	轻风	0.2	0.3	1.6～3.3	2
3	微风	0.6	1.0	3.4～5.4	4
4	和风	1.0	1.5	5.5～7.9	7
5	清劲风	2.0	2.5	8.0～10.7	9
6	强风	3.0	4.0	10.8～13.8	12
7	疾风	4.0	5.5	13.9～17.1	16
8	大风	5.5	7.5	17.2～20.7	19
9	烈风	7.0	10.0	20.8～24.4	23
10	狂风	9.0	12.5	24.5～28.4	26
11	暴风	11.5	16.0	28.5～32.6	31
12	飓风	14.0	—	>32.6	33

风功率密度是气流在单位时间内垂直通过单位截面积的风能，在我国 2002 年发布的标准 GB/T 18710—2002 中对风功率密度等级给出了 7 个级别，依此作为风能资源评估的参考判据，普遍认为 4 级以上风区可以很好地应用于并网。风功率密度计算公式为

$$D_{\mathrm{wp}} = \frac{1}{2n} \sum_{i=1}^{n} \rho v_i^3 \qquad (3-2)$$

式中　D_{wp}——平均风功率密度，$\mathrm{W/m^2}$；

　　　n——在设定时段内的记录数；

　　　ρ——空气密度，$\mathrm{kg/m^3}$；

　　　v_i——第 i 个记录的风速，m/s。

平均风功率密度应是设定时段内逐小时风功率密度的平均值，不可用年（或月）平均风速计算年（或月）平均风功率密度。上述公式是常用的风功率密度计算公式。而风力工程上，则又习惯称为风能公式。风能大小与气流通过的面积、空气密度和气流速度的立方成正比。风功率密度等级见表 3-7。

表 3-7 风功率密度等级表

风功率密度等级	10m 高度		30m 高度		50m 高度		应用于并网风力发电
	风功率密度/(W/m²)	年平均风速参考值/(m/s)	风功率密度/(W/m²)	年平均风速参考值/(m/s)	风功率密度/(W/m²)	年平均风速参考值/(m/s)	
1	<100	4.4	<160	5.1	<200	5.6	
2	100~150	5.1	160~240	5.9	200~300	6.4	
3	150~200	5.6	240~320	6.5	300~400	7.0	较好
4	200~250	6.0	320~400	7.0	400~500	7.5	好
5	250~300	6.4	400~480	7.4	500~600	8.0	很好
6	300~400	7.0	480~640	8.2	600~800	8.8	很好
7	400~1000	9.4	640~1600	11.0	800~2000	11.9	很好

注： 与风功率密度上限值对应的年平均风速参考值，按海平面标准大气压及风速频率符合瑞利分布的情况推算。

3.1.4.2 风向和风能频率分布

风向是指风的吹向，即风吹来的方向，一般风速计上都有风向标，在观测风速的同时可以观测风向。风向观测通常分 16 个方位，因此风玫瑰图一般也用 16 个（或 8 个）罗盘方位表示，如图 3-1 所示。

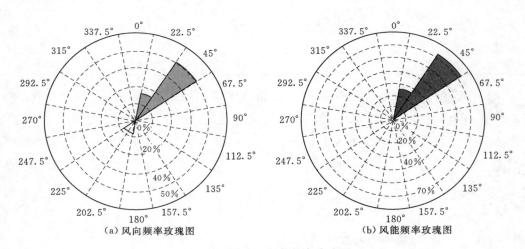

（a）风向频率玫瑰图　　　　　（b）风能频率玫瑰图

图 3-1 风向、风能频率玫瑰图

风向频率按照一个地区一定时间内各种风向频率的一种气候统计，一般按年度或季度用 8 个方位或 16 个方位观测。

风能频率是根据风速大小和风向频率，按不同方位（8 个或 16 个）统计计算各方位具有的能量，其与总能量之比作为该方位的风能频率。

3.1.4.3 空气密度

空气密度是指在一定的温度和压力下，单位体积空气所具有的质量。在标准条件

下 [0℃，1个标准大气压（1atm）]，空气密度约为 1.225kg/m³。空气密度随高度迅速减小，处于最底层的地面密度最大，越往上越稀薄。在保证其他情况一致的条件下，风电场的发电量是随空气密度的提高而增加，并且基本呈线性关系。在风能资源评估过程中，常用两种计算空气密度的方法。

1. 方法一

根据 GB/T 18710—2002，测风塔观测的气温及测风塔高程数据计算风电场空气密度。年平均空气密度计算为

$$\rho = \left(\frac{353.05}{T}\right) e^{-0.034 \times (z/T)} \qquad (3-3)$$

式中　ρ——空气密度，kg/m³；

　　　z——测风塔温度传感器安装的海拔；

　　　T——年平均空气开氏温标绝对温度。

2. 方法二

根据 GB/T 18710—2002，采用测风塔观测的气温、气压数据计算风电场空气密度。年平均空气密度计算为

$$\rho = \frac{P}{RT} \qquad (3-4)$$

式中　ρ——空气密度，kg/m³；

　　　P——年平均大气压力；

　　　R——气体常数，取 287J/(kg·K)；

　　　T——年平均空气开氏温标绝对温度（$T = t + 273℃$），$t = 13.6℃$。

3.1.4.4 湍流强度

（Turbulence Intensity，TI）反映短时间内风速波动幅度的大小，定义为 10min 平均风速的标准差与同期平均风速的比值，是风电机组运行中承受的正常疲劳载荷。湍流强度 TI 受地表粗糙度、地层稳定性和障碍物的影响，$TI \leqslant 0.1$，表示湍流强度较小；$TI \geqslant 0.25$，表明湍流强度过大。风电场的湍流强度对风电机组性能和寿命有直接影响，当湍流强度大时，会减小输出功率，还可能引起极端荷载，破坏风电机组。

IEC 61400-1 标准（第三版）定义的湍流强度分类见表 3-8，其基于 15m/s 风速时的平均湍流强度值 TI15。Respreventive TI 是代表性湍流强度值，由于湍流强度的数值分布是正态分布的，代表性湍流强度值可以用来代表 90% 的湍流强度。

表 3-8　IEC 61400-1（第三版）湍流强度的分类

分类	TI15 湍流强度值	分类	TI15 湍流强度值
A	0.16	C	0.12
B	0.14	S	其他

3.1.4.5　风切变

风切变指数表征风速随高度的变化程度，风切变指数大表示风能随高度增加而快速增大，风速梯度大；风切变指数小表示风能随高度增加而缓慢增大，风速梯度小。风切变指数直接影响风力发电机组轮毂高度的确定，同时间接影响风电场建设成本。近地层风的垂直分布主要取决于地表粗糙度和低层大气的层结状态。在中性大气层结下，对数和幂指数函数都可以较好地描述风速的风切变，风切变幂指数公式的表达式为

$$V_2 = V_1 \left(\frac{H_2}{H_1}\right)^{\alpha} \tag{3-5}$$

风切变的一般取值包含所有高度的综合风切变（除底层高度 10m 外）所有高度的综合风切变高层风切变。因底层风的垂直分布易受地形和地表粗糙度的影响，故评价综合风切变时一般视情况会去掉底层 10m 高度的风速。同时因风电机组预装高度一般会高于测风塔高度，故测风塔的高层风切变也应同时评价。从保守的角度考虑，取其小值作为最终的风切变指数值。整体上，海上风切变受地表粗糙度影响较小，各高度层之间变化较小。

3.1.5　风能资源特性对海上风电场全生命周期的影响

随着海上风电深远海规模化开发和竞价上网时代的到来，为实现海上风电的可持续发展，必须对海上风电全生命周期做到精细化设计，而海上风能资源的准确评估对海上风电全生命周期设计具有重要的意义。

在海上风电前期规划工作中，风能资源宏观评估是国家决策拟定、制定开发利用发展规划的重要科学依据。在海上风电实际设计工作中，风能资源的评估结果是海上风电设计的重要依据，不仅影响风电机组的选型，还影响基础设计和施工以及后期的运行维护等。

1. 风能资源特性对机组选型和发电量评估的影响

风电场的发电量由风能资源的风功率密度、风向、湍流、切变以及风电机组捕获风能的效率共同决定。一般来说，风功率密度越高、风电机组单机容量越大、叶片越长，风电机组的发电量越高，但大容量的风电机组只能在风能资源更好的条件下才能创造最大的发电效益，因此在风电机组选型时首先要根据实际的风能资源条件选择合适的风电机组。

50 年一遇最大风速、湍流强度以及台风的影响是风电机组选型最基本的指标，为保障风电机组全生命周期的安全运行，需要根据相关参数确定风电机组的安全等级，在风电场内的风电机组的位置确定后，根据相关标准，还需要对每台风电机组的现场风况条件进行安全性评估。

风速和风向分布规律对风电机组的排布和尾流损失有较大影响，风电机组的排布需要根据主风向进行优化排布，通过不断减少尾流的方式实现发电效益的最大化，不同风能资源分布规律决定不同的排布方式，影响整个风电场的最终的发电效益。

2. 风能资源特性对基础设计的影响

在基础设计领域，湍流分布影响海上风电机组的疲劳和荷载，极端风速影响风电机组基础的极端荷载，影响海上风电场全生命周期的安全运行，影响整体的造价水平。

3. 风能资源特性对施工和运维的影响

由于海上施工作业环境特殊，施工窗口期短，且连续施工作业多，难度大、时间紧、任务重，因此施工窗口期对海上风电施工管理极为重要。在海上风电场施工过程中，由于大风特性形成的窗口期是制约风电场开发周期的重要因素。同时窗口期也对海上风电场的运行维护产生影响。合理利用施工窗口期对降低施工风险、提高施工效率、节约施工成本有重要的意义。在海上风电场运维工作中，除了窗口期的影响，准确的风能资源预测是实现风功率准确预测的重要依据。

风能资源评估结果在海上风电全生命周期都有重要影响，因此从海上风电开发的前期就要做好测风的规划，并做好测风数据的维护工作。此外，由前期开发的风能资源评数据和后期运行的风能资源数据可以形成大数据，为后续的海上风电开发提供重要依据。

3.2 风电机组选型

风电机组选型是海上风电场建设中最为关键的环节之一，选择合适的风电机组不仅可以节约海上风电场的工程投资，提高海上风电场收益，还可以降低海上风电场的运行维护成本。风电机组选型对发电效益的影响因素较多，总体来说可以分为两类：一类是风电机组的适应性因素；另一类是风电机组的性能性因素。

3.2.1 海上风电机组影响发电效益的适应性因素

海上风电机组的适应性因素主要是指海上风电机组对环境的适应性参数，其发电效益受的海上环境影响，不同的环境特性选择适合的海上风电机组对发电效益影响较大，影响机组发电效益的主要适应性因素如下：

1. 安全性能

安全性能是选择海上风电机组首要考虑的因素，按照不同的风能资源参数，风电场安全等级分类见表3-9。海上风电机组的安全等级要与风电场的安全等级保持一致，尤其是在我国受台风影响的海上区域。风电机组的安全等级是综合考虑各个部件在不同的工况下的综合性能而确定的，总体来说要综合考虑不同的极限工况、不同的疲劳工况和控制策略来综合确定轮毂高度、风轮直径和材料强度等因素。

表 3-9　风电场安全等级分类表

海上风电机组安全等级		I	II	III	S
V_{ave}	m/s	10.0	8.5	7.5	由设计者确定各参数
V_{ref}	m/s	50.0	42.5	37.5	
台风 V_{Tref}	m/s	57.0	57.0	57.0	
A I_{15}（一）		0.16			
B I_{15}（一）		0.14			
C I_{15}（一）		0.12			

注：表中数据为轮毂高度处值，其中：A 表示较高湍流特性级；B 表示中等湍流特性级；C 表示较低湍流特性级；参考风速 V_{ref} 为 10min 平均风速；I_{15} 为当风速为 15m/s 时湍流强度的期望值。

海上风电机组的安全性能反映的是风电机组对风能资源的适应性差异，我国沿海的风能资源特征呈现一定的区域特征，总体来说可以分为以下几类：

（1）低平均风速、低极限风速区域。该区域以辽宁的大连市北黄海区域和山东部分近海区域为代表区域，其特点是低平均风速和低极限风速，年平均风速小于 7.0m/s，无破坏性风速。该区域的风电机组适合海上风电低风速型风电机组，通过加大风轮直径可以显著地提升发电量，同时可以不考虑台风等工况影响，通过优化结构降低造价。

（2）高平均风速、低极限风速区域。该区域以渤海湾和辽东湾为代表区域，其特点是高平均风速和低极限风速，年平均风速 7~8m/s，无破坏性风速。该区域是理想的风能资源利用区域，同样选用大叶轮直径的风电机组可以取得很好的发电效益。

（3）中平均风速、IECIII-IECII 类极限风速区域。该区域以山东、江苏、上海海域为代表区域，年平均风速 7~8m/s，同时会受到台风影响。但总体来说台风对发电有利，该区域可以选用加强型低风速风电机组。

（4）高平均风速、台风影响区域。该区域以浙江、福建和广东东部等区域为代表，其特点是年平均风速较高，同时受台风影响严重，需要选用台风型风电机组。

（5）低平均风速、台风影响区域。该区域以广东西部、海南和广西部分区域为代表，其特点是年平均风速小于 7.5m/s 且同时受台风影响严重。该区域的风电机组既要考虑发电效益同时又要兼顾安全性能，是较难选型合适风电机组的区域之一。

此外要特别强调辩证地看待资源与发电收益的关系。福建区域风速高，但破坏性风况发生频次高；大连等区域风速虽低，但无破坏性风况影响。风电机组选型对发电效益的影响首先要考虑的是对资源适应性，特别是对安全适应性。只有在满足安全要求条件下才能去进一步优化其余的发电参数。

2. 功率曲线

功率曲线是反映风电机组发电性能的最重要参数之一。首先是切入风速和切出风速，一般来说切入风速至切出风速之间的范围越广，说明风电机组利用风能的范围越广，从而其发电量也较大。此外，不同的切出方式对发电量的影响也较大，总体来说就是要保证安全的前提下，提高风能的利用率。其次需要关注的参数就是风电机组从切入风速到额定风速之间的功率曲线的"陡缓"，这个参数直接反映了该风电机组在到达额定风速前的出力性能。这个参数与风能资源参数需要较好去匹配，要分析风速频率和风能频率的分布特征，从而选择合适的功率曲线。

3. 尾流

尾流是影响风电机组发电量的另外一个重要因素，尾流效应是指风电机组从风中获取能量的同时在其下游形成风速下降的尾流区。若下游有风电机组位于尾流区内，下游风电机组的输入风速就低于上游风电机组的输入风速。尾流效应造成风电场内风速分布不均，影响风电场内每台风电机组运行状况，进一步影响风电场运行工况及输出。海上风电场尾流除了受本身的风轮直径、推力系数影响外，还受到风电场拓扑、风电场风速和风向、湍流强度、风电场粗糙度等外部因素影响。并且这样的影响是相互作用的，因此海上风电机组的尾流是影响发电量的重要因素之一。

对于风电机组本身来说，首先是风电机组的叶轮直径的影响，一般来说叶轮直径越大，尾流影响越大，重点是在风电机组的布置上。其次是风电机组的推力系数曲线，推力系数是指风作用在风轮上产生的轴向力与未扰动气流的动压和风轮扫掠面积乘积之比，推力系数越大，表明能量损失越大。对风电机组来说，推力系数与风速大小有直接的关系，一般来说风速越小，风电机组之间的尾流越大；风速越大，尾流越小。为减小风电机组尾流影响，应分析风电场中风速分布，同时要选取推力系数较小的机型。在风速较小的扇区应关注其风向频率。由于低风速下的尾流较大，若此区间风向较多，应对风电机组运行中进行扇区管理。

尾流效应是一个复杂的作用结果，在海上风电场设计中，应注重分析风电场的风向和风速分布，风电机组排布应垂直于风电场主风向方向，选择风速频率较多区间对应风电机组推力系数较小的机型。海上风电场布置时，风电机组平行于主风向方向的列间距应尽量增大，垂直于主风向的行间距可根据风能资源特征适当减小，同时要考虑尾流的集聚效应，在下风向适当增加每排之间的距离，采用"梅花形"交错布置方式。适当增加风电场中部风电机组之间的间距，若海上风电场装机容量较大，在尾流较大的区域留出一定的风能恢复空间，采用风电机组行列间距布置的多方案比较，分析尾流影响与风电机组行列间距关系，确定尾流影响最小的风电场排布方案。海上风电场设计和建设中优化风电场布置及风电机组合理选型，是有效地控制和减小风电机组的尾流、提高风电场发电量的切实可行方法，也是海上风电场设计和建设中应注重研究和解决的问题。

4. 控制策略

风电机组的控制策略是风电机组针对不同的工况下应对集成，控制策略综合考虑到安全、发电等综合因素。优秀的控制策略对发电量影响也较为显著。在海上风电场降本增效中，要注重控制以下方面：

(1) 台风工况下的控制策略，核心原则还是在保证安全的前提下，提高风电机组的利用率。对台风的影响要有科学的预判，对台风影响的等级进行分类。对有利于发电的台风要充分利用好“安全窗口”时期进行发电。

(2) 风电机组的共振频率要避开风能的有效利用区间，在实际的应用过程中已经发现，在额定风速或接近额定风速时出现影响安全的振动。此时为保证安全，往往通过控制避开共振区间，这会造成发电量的损失。

除此之外，对已投入运行的风电场，采用风电场风功率预测系统，对运行风电场风能资源进行预测分析，优化控制测量。尤其是引入 AI 技术的海上风电场可以充分让其适应风电场的环境特征要求，提升发电效应。

3.2.2　海上风电机组影响发电效益的性能性因素

海上风电机组影响发电效益的性能性因素主要是从风电机组运行可靠性的角度衡量，重点推荐以下 4 个参数。

1. 时间可利用率（TBA）

时间可利用率是最早用于评估风电机组可靠性的一个参数，反映的是风电机组在运行时间上的可靠性，一般有单台风电机组年可利用率和全场平均可利用率两种考核要求，即

单台风电机组年可利用率＝(1－A/全年小时数)×100％

风电场年平均可利用率＝(单台风电机组年可利用率 1＋单台风电机组年可利用率 2＋…＋单台风电机组年可利用率 i＋…＋单台风电机组年可利用率 n)/n

式中　A——故障停机小时数，一般来说故障停机小时数 A 扣除了电网故障、气象条件（包括风况和环境温度）超出技术规范规定的运行范围和不可抗力等非主机性能的因素；

单台风电机组年可利用率 i——风电场第 i 台风电机组各自的年可利用率，i＝1，2，…，n。

一般来说，设备质量保证期内风电场第一年平均可利用率不小于 95％，2～3 年可利用率不小于 97％，3～5 年可利用率均不小于 98％；单台机组可利用率不小于 92％。

采用时间可利用率（TBA）评估风电机组的优点是操作简单，缺点是难以反映机

组能量利用方面的性能。

2. 平均无故障运行时间（MTBF）

平均无故障运行时间是海上风电机组可靠性的一个基本参数。单位为"小时"。它反映了风电机组的时间质量，是体现产品在规定的时间内保持正常运行的一种能力。具体来说，工作时间是指相邻两次故障之间的平均也被称为平均故障间隔，即

$$MTBF = t / Nf(t)$$

式中　t——机组的正常时间；

$Nf(t)$——机组在工作时间内的故障数。

3. 平均维修间隔时间（MTBM）

平均维修间隔时间是与维修方针有关的一种可靠性参数，应该包括所有纠正的和预防行为的时间，相比于 MTBF 只关心失效时的维护更切合实际的需求。其计算方式为在规定的条件下和规定的时间内，产品寿命单位总数与该产品计划维修和非计划维修事件总数之比。

4. 能量可利用率（EBA）

能量可利用率是将所有影响风电机组性能的因素以发电量的形式进行考核，其计算公式可以简化为 EBA＝实际发电量/理论发电量，而实际发电量可以从风电机组出口断路器部分进行计量。能量可利用率反映的是风电场最直接最关心的核心问题，即将所有的性能因素都按照发电量来计量，更有利用提升发电场的效益。

3.2.3　海上风电机组选型方法

海上风电机组选型对发电效益的影响是综合性的，关键还是在于选型的方法。

目前国内在海上风电场风电机组选型中采用的主要方法基本是通过比较初选的不同风电机组的技术性和经济性来确定推荐机型。经济性主要依据度电成本这个量化指标来衡量；而技术性主要考虑风电机组的制造水平、技术成熟程度、产品可靠性及运行维护的方便程度，更多的是从定性的角度进行比较，缺乏较强的说服力；另外在经济性中比较中缺少运行维护成本的考虑。本书引入关键绩效指标体系（Key Perform-ance Indicator，KPI），建立海上风电机组选型评估体系，解耦量化评估指标，使得风电机组选型更具有科学性和易操作性，具有较好的示范和推广意义，本方法是对现行规范体系的有益补充。

KPI 指标体系是用来衡量流程绩效的一种目标式量化管理指标，其核心是把目标解耦量化，即通过把一个逻辑维度的目标，分解成多个可以用数据来衡量的子目标，这些数据全部由目标达成的过程事件里产生或转化而来。将其运用到海上风电场风电机组选型中，关键是将评估海上风电机组的逻辑要素转化为可量化的指标，同时需要制定衡量评估指标的标准，海上风电场风电机组选型 KPI 指标体系解耦如图 3－2

所示。

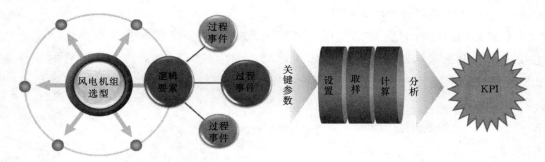

图 3-2   海上风电场风电机组选型 KPI 指标体系解耦示意图

1. 基本原则

海上风电场风电机组选型 KPI 指标体系的基本流程为，首先选定全部符合设定条件的海上风电机组，然后对选择的海上风电机组进行比较，最终得到最适合海上风电场的风电机组。造型主要过程有风电机组机型比选范围确定和风电机组机型的比选，建议遵循以下基本原则：

（1）风电机组机型比选范围确定的基本原则。风电机组机型比选范围的确定应尽量做到三个"全覆盖"，即国内国外全覆盖、大容量小容量全覆盖、商业运行和样机实验全覆盖，机型的选择尽量囊括到全部的海上风电机组。但为了保证风电机组的质量，建议在全覆盖的基础上按以下原则进行筛选：对于国内风电机组，需要有商业化的运行业绩或者长时间成熟的样机运行业绩；对于国外风电机组，需要有商业化的运行业绩。

（2）风电机组机型比选基本原则。风电机组机型的比选应重点遵循科学、客观和量化的原则，按照设定的评价标准，客观对比分析不同的风电机组。重点比较不同风电机组的技术性和经济性。技术比选重点考虑风电机组的可靠性和稳定性，经济比选应满足经济评价指标要求，同时要考虑不同风电机组的运维成本。

2. 基本方法

基于以上原则，进行机型比选时有以下方法：

（1）从技术可行性和经济性两大方面进行综合比较。

（2）技术可行性从机组的适应性、技术成熟度、运行可靠性、机组业绩、供货进度要求、售后服务、施工工期、施工设备选择、认证情况、海域占用范围和尾流影响等 11 个指标进行分析比较。

（3）经济性从发电量、造价、度电成本和运行维护成本 4 个指标进行分析比较，之所以将发电量、造价和度电成本单独列取，目的是便于查明度电成本差异的原因是由于造价引起还是由于电量引起，便于后期的决策。

（4）根据对各机型的调研以及各机型的技术经济方案，分别对每种机型在 15 个指标中的表现进行排序，并对其进行赋分，排序第一赋 10 分，排序第二赋 9 分，以此类推。

（5）考虑各要素在比选中的重要性不同，对各要素赋以不同的权重值。其中风电机组的经济性和运行可靠性两个指标作为主要考虑的因素，因此分别赋予 40% 和 20% 的权重。

（6）最终根据各机型在各指标中的表现及各要素的权重值，得到各机型的综合得分，并进行排序，得出综合表现较好的机型。

3. 风电机组指标

风电机组指标一般采用 15 项评估指标的衡量标准：

（1）风电机组的适应性。风电机组的适应性主要考量的是风电机组的安全性以及对海上复杂环境的适应性，风电机组的安全性为风电机组选型考虑的首要因素，具有关键否决权，即所选择的风电机组应满足风电场安全风速的要求。海上复杂环境的适应性主要包括风电机组须具备较强的抗潮湿、防盐雾、防腐蚀、防覆冰（如有）和防低温（如有）等性能。

（2）技术成熟度。风电机组技术成熟度主要考虑的是整机及关键零部件技术推出的时间长短、技术来源、风机控制系统的自主化程度以及海上风电机组一体化设计的能力。

（3）运行可靠性。运行可靠性是衡量风电机组表现的重要指标。可靠性是一个系统工程，单一的指标无法体现风电机组可靠性的全部表现，需要多维度的可靠性指标共同表征风机的可靠性，而且不同风电机组的关键可靠性指标是不完全相同的。评估可靠性指标有时间可利用率（TBA）、平均无故障运行时间（MTBF）、平均维修间隔时间（MTBM）、能量可利用率（EBA）等，建议将平均维修间隔时间（MTBM）、能量可利用率（EBA）作为重点考核指标。

（4）风电机组业绩。海上风电场投资规模大，考虑到风电场经济安全性，要求所选机型有已投运海上风电机组业绩或者长时间成熟运行的样机业绩。投运规模越大，运行时间越长，主要零部件（叶片、轴承、传动链、齿轮箱和电机等）无故障的风电机组受认可的程度越高。

（5）供货进度要求。随着海上风电发展速度的加快，风电机组生产企业的供货能力成为制约海上风电建设进度的关键因素。所选风电机组生产企业应该具备足够的产能，以满足风电场的安装进度要求。另外，风电机组生产企业应具备一定的技术实力，能够配合完成风电机组土建、电气等配套工程的设计和建设，具备指导风电机组吊装、调试的能力，以保证项目的建设进度。

（6）售后服务。海上风电场离岸距离远，且海上环境复杂，一旦风电机组发生故障需要较长的维修时间，风电场发电效益的损失较大。风电机组一旦出现故障，风电机组厂家对故障的响应时间、故障判断和投入的人力直接影响了故障修复的时间和发电效益的损失大小。因此选择的风电机组厂家需要有较快的故障响应时间、较强的故障判断能力和高效的人力投入。

（7）施工工期。由于海上风电场建设条件复杂，施工工期较长，施工工期的长短对风电场的成本和效益产生较大的影响，而施工工期长短与风电机组的台数有直接关系，对于同样基础型式的风电机组，风电机组台数越多，施工进度越慢；风电机组台数越少，施工进度越快。

（8）施工设备选择。施工设备包括风电机组基础的施工以及风电机组安装的施工。不同风电机组对基础型式的要求不同，比如大装机容量风电机组对单桩基础要求较高，对施工设备的要求也较为苛刻；另外机舱、叶片的重量也影响风电机组安装设备的选择。风电机组设备对施工设备的要求也是衡量风电机组选型的一个重要因素。

（9）认证情况。根据国家能源局有关规范风电设备市场秩序有关要求的通知，"接入公共电网（含分布式项目）的新建风电项目所采用的风电机组及其风轮叶片、齿轮箱、发电机、变流器、控制器和轴承等关键零部件，须按照《风力发电机组　合格认证规则及程序》（GB/Z 25458—2010）进行型式认证"，因此风电机组取得型式认证也将成为必要条件。风电机组的认证体现了设计水平和整体性能，风电机组的认证机构的权威性、认证的级别间接反映了性能。

（10）海域占用范围。在风电场前期工作中取得海洋主管部门的批复是较为关键的环节之一，因此海域占用范围也是海上风电机组型式比选中较为重要的因素之一。海域占用范围受单机装机容量影响较大，同时也取决于风电机组的布置方式，应在充分考虑风电场资源条件下，通过计算选择该单机容量下最合理的布置方式来确定该机组的海域占用范围。可按不同单机容量相同尾流影响下所占用的海域面积计算。

（11）尾流影响。风电场内布置的风电机组型式不同，产生的尾流效应也会不同。尾流对风电场产生的影响主要表现在两方面：一是对发电量的折减；二是对风电机组安全性产生影响。尾流越大，对发电量折减越大，安全影响也越大。

（12）发电量。风电场发电量大小是风电机组性能好坏的直接体现，同时也直接影响了风电场的收益率。因此，应尽可能选择发电量较大的风电机组。发电量应计算各风电机组的上网电量，要考虑到不同风电机组的上网电量折减系数的差异性。

（13）造价。不同风电机组的价格以及配套工程的投资均不一样，风电场的造价直接决定了风电场的效益，建议测算每种风电机组型式对应的风电场工程整体造价。

（14）度电成本。度电成本是指风电场的造价除以风电场的上网电量，衡量的是风电场投资和产出比。

（15）运维成本。海上风电场离岸距离远，且海上环境复杂，可达性较差，风电场的运维成本较高，直接影响到风电场的整体收益率。因此，应选择运维成本较低、运维水平较高的风电机组厂家。

3.3 选 址 及 布 置

根据区域风能资源特性，阐述区域宏观选址原则，确定合理规模化装机容量及场址分区等；根据选定场址阐述风电场微观选址布置原则、方案拟定及比较、优化原则及方法研究等。

海上风电场选址是海上风电场建设项目前期工作的重要环节。近海风电场水深一般在 $10\sim20m$、离岸距离 $10\sim15km$，从空间上看，地域较大，有较大的选址余地，实际上海上风电场的建设受到诸多因素的影响和制约；深远海风电场根据国内设计院和规范编制单位的相关界定以及工程技术形式的适用范围，一般认为水深大于 $50m$、场区中心离岸距离大于 $70km$ 为深远海风电场；深远海风电场限制条件更少，更适宜大规模集中连片开发。海上风电场选址通常考虑的因素有环境制约（生态、噪声等）、海域使用制约（军事、航道、渔民利益、规划冲突等）、航道和港口等制约条件，以及风电场自身的建设条件（风能资源、海床条件等）。

3.3.1 海上风电场宏观选址

3.3.1.1 海上风电场宏观选址原则

(1) 海上风电规划选址应与全国可再生能源发展规划相一致，符合海洋功能区划、城市建设规划、岸线和滩涂开发利用规划、海岛保护规划以及海洋环境保护规划。要坚持节约和集约用海原则，避免对国防安全、海上交通安全等的影响。

(2) 海上风电场选址原则上应在离岸距离不少于 $10km$、滩涂宽度超过 $10km$ 时海域水深不得少于 $10m$ 的海域布局。在各种海洋自然保护区、海洋特别保护区、重要渔业水域、典型海洋生态系统、河口、海湾、自然历史遗迹保护区等敏感海域，不得规划布局海上风电场。

(3) 海上风电场的选址应符合环境和生态保护要求，尽量减少对鸟类和渔业的影响。

(4) 海上风电场的选址应避开军事设施及其影响范围，避开航道、通信、电力和油气等海底管线及其保护范围。

(5) 选择风能资源丰富、风能质量好的海域。拟选场址的年平均风速一般应大于 $6.5m/s$，风功率密度一般应大于 $350W/m^2$；盛行风向稳定；风速的日变化和季节变化较小；风切变较小；湍流强度较小。

(6) 需考虑海床的地质结构、地震类型及活跃程度、雷电等天气情况、水深和波浪等因素的影响。

（7）海上风电场场址选址应能满足联网要求，根据电网网架结构和规划发展情况，考虑电网容量、电压等级、电网网架、负荷特性、建设规划，合理确定风电场建设规模和开发时序，保证海上风电场的接入。

（8）规划场址装机容量满足经济性开发要求，项目满足投资回报要求。

3.3.1.2　海上风电场宏观选址考虑的因素

1. 风能资源

海上风电场宏观选址阶段风能资源评估结果是国家宏观决策、行业发展和开发规划的重要科学依据。评估方法主要有以下几种：

（1）根据海上气象实测资料，通过数据统计分析方法获得整个海域的风能资源分布状况。

（2）利用中尺度数值模拟进行高分辨率的模拟计算，获得整个海域的风能资源分布状况。

（3）利用卫星遥感资料，通过统计分析整个海域的风能资源分布状况。

2. 海底地质构造、海洋水文情况

收集场址区域附近的地质资料和海洋水文资料，对海上风电场工程初步的地质和海洋水文评价。

3. 海域使用

收集场址区域附近海域类别，避开限制性功能区；按照《海籍调查规范》（HY/T 124—2009）的要求，估算基础、升压站、海缆等用海面积；参考相关海域使用金征收管理办法的规定，结合当地海域使用费的标准，估算海域使用的费用。

4. 港口、码头等交通条件

收集场址区域附近的港口、码头等资料，初步确定风电机组设备、塔筒等大型设备的运输方式以及临时堆放和预拼装的场址。

5. 环境制约因素

收集场址区域附近气象条件、海洋水文条件以及船舶避风等环境因素，充分评估因环境因素对风电场施工及运营的影响，包括施工窗口期，风、浪等因素的影响，并做好相应的防范准备工作。

6. 电网

考察场址区域附近的电网现状及电网规划，制定初步的海上风电接入系统方案。

3.3.2　海上风电场规模确定

3.3.2.1　海上风电场规模确定原则

（1）随着海上风电的开发逐渐从近海走向深远海，海上风电的开发逐渐呈现规模化，机组逐渐走向大型化。海上风电场的装机规模要与周边海上风电场的整体规划相衔接，形成协同效应。

（2）根据已知风能资源条件和地质条件，在符合经济性和安全性的前提下，尽量以主流的大容量风电机组为依据确定装机容量。

（3）海上风电场的装机容量要体现集约用海的原则，用海面积符合国家海洋局《关于进一步规范海上风电用海管理的意见》（国海规范〔2016〕6号），单个海上风电场外缘边线包络海域面积原则上每10万kW控制在16km²左右。

（4）海上风电场装机容量要从整体考虑风电机组、基础、施工安装等投资与发电收益的关系。在场址形状和机型确定的条件下，合理的装机容量可以实现海上风电全生命周期收益最大化。

（5）海上风电场的装机容量充分考虑周边风电场的影响，从整个区域海上风电场集中连片规模化开发进行规划，统筹风电机组选型及布置、场内集电线路、送出方案等方案，以及对海洋环境的影响。

3.3.2.2 海上风电场规模确定方法

（1）根据海上风电场规划，在场址已避开海洋功能区、港口航道，满足离岸距离等限制条件下，确定海上风电场的场址形状及面积大小。

（2）选用主流的大容量海上风电机组在规划场址内进行初步布置。风电机组的布置在满足用集约用海的条件下，尽量沿主风向垂直布置，最大化利用风能资源，同时风电机组的布置需合理利用场址形状。根据不同的行列间距，初步得到不同的海上风电场的装机容量。

（3）根据已有的风能资源成果和现有海上风电场的投资水平分别建立发电量和经济模型，对不同的海上风电装机容量进行初步测算。根据收益水平，初步确定海上风电场装机容量和风电机组单机容量范围。

3.3.3 海上风电场微观选址

海上风电场微观选址是根据规划的场址和规模，经过风电机组的优化排布和机型经济比选，确定海上风电场的应用机型和布置方案以及发电量计算结果。

3.3.3.1 考虑因素

1. 风能资源条件

海上风能评估结果影响风电机组的选型和布置，风能资源评估结果的准确性，是海上风电场微观选址的前提。在海上风电场微观选址时要注意台风的影响，强台风不仅损害叶片、机舱、结构部件，对发电机设备也造成一定的影响。

2. 机组选型

海上风电机组是整个海上风电场的最重要的环节，选型的海上风电机组不仅要技术路线先进，单位面积海域有更强的捕获风能资源的能力，而且技术要成熟可靠，对海上风电场复杂的环境有很好的适应性，能在海上风电场的全生命周期内安全、稳定、高效运行。

3. 场址范围

海上风电场的场址形状开发规模在宏观选址阶段已经确定，场址已避开主要的限制条件，但仍然有不确定因素影响风电机组的布置（如不宜开发的地质条件等），使可开发的海域面积进一步减少，影响海上风电机组的数量，需要重新考虑更大容量的海上风电机组进行布置。

4. 开发成本

在海上风电场开发过程中，由于海洋环境恶劣，地质条件复杂，使海上风电场的投资估算存在很大的不确定性，进而影响机型比选过程中度电成本的结果。海上风电基础是海上风电成本产生的重要因素之一，不同的地质条件会对基础、施工等投资产生显著影响；水深也是影响项目总成本的重要因素之一，例如风电机组基础的施工、电缆的敷设等都受到水深的影响。随着海上风电场逐步向深远海开发，海洋环境更为复杂，基础和施工安装的以及运维的难度更高，从而使开发成本也不断增加。

3.3.3.2　优化排布

1. 原则

风电机组布置方案主要按照当地主风向进行排布（主风向为 NE 和 NNE），并充分考虑场址走向及周边因素、工程施工船舶进场、抛锚、掉头等对场地的要求。

风电机组布置应充分利用场址资源，满足场址布置容量，根据海上风电场确定规模阶段确定的初步布置结果，选择多种类型风电机组进行布置（风电机组应选择有代表性的主流机型并包含合适的容量范围）。

2. 方法

风电机组整体沿主风向垂直排布，风电机组垂直于主风向的行间距控制在 $(6\sim10)D$，平行于主风向的列间距控制在 $(3\sim5)D$，并且风电机组不同的行之间呈"梅花形"排布，这种排布方式可以从整体上减少风电场的尾流损失。

通过风电场行列间距的不断优化调整，充分结合场址形状，避开场区范围内岛屿、暗礁等不利条件。风电场优化排布过程中，在满足风电场形状条件、限制条件、间距条件、尾流条件的前提下，选择发电量结果最优的排布方案作为比选机型的最终布置方案。

3.3.3.3　发电量计算

（1）以海上风电场场区内代表年风能资源评估结果作为基础数据（包括 10min 序列的平均风速、风向、标准差以及空气密度、湍流强度、风切变指数）。

（2）确定场区内的粗糙度（海上风电场通常取 0.001）和尾流扩散系数（海上风

电场通常取 0.05）等计算参数。

（3）比选机型的功率曲线、推力系数曲线，轮毂高度及初步布置方案。

（4）常用的发电量计算软件有 WAsP、WT、WINDSIM 等。

（5）发电量计算的结果包括：每台机位的理论发电量、扣除尾流效应后的发电量、平均风速、扣除尾流后的平均风速、空气密度、湍流强度、平均风切变指数、尾流损失等。

3.3.3.4　经济比选

根据各比选机型布置方案和发电量计算结果，结合各方案主机设备及相关配套（包括海缆、基础、安装等）、施工辅助、建筑工程等成本，以及后期的运行维护、拆除等成本，计算各比选机型方案的度电成本。海上风电场机型比选度电成本的计算步骤如下：

（1）第一步。总投资的计算，包含以下数据总和：

1）主机设备及安装工程费。

2）附属设备及安装工程费。

3）建筑及施工辅助工程费。

4）其他用费。

（2）第二步。25 年运行维护费用的现值计算，包含以下数据的现值总和：

1）缺陷责任期（质保期）内服务费，平均分解在两年。

2）25 年运行费用。

3）23 年维护费用。

（3）第三步。25 年电量现值的计算。

（4）第四步。度电成本的计算，即

度电成本 ＝（总投资 ＋ 25 年运行维护费用的现值）/ 25 年发电量的现值

在考虑技术成熟度、经济性及度电成本最低的同时，兼顾当地海上风能发电技术和装备制造能力发展、海上风电产业化规模化方面考虑，优先选择技术更先进、更集约用海的大容量海上风电机组。

3.4　发 电 效 益 计 算

3.4.1　发电量评估

经济效益即收益，海上风电场项目的收益主要体现为年发电量（Annual Energy Production，AEP）。在海上风电场开发过程中，基于企业对于项目可行性以及经济性的决策考虑，根据不同阶段的项目资料，进行预可行性研究、可行性研究、施工图设计等工作，其中发电量评估是关系项目收益的重要指标。

单位时间内风传递给叶轮的风能公式为

$$P = \frac{1}{2} \rho A V^3 \qquad\qquad (3-6)$$

考虑时间上的风能公式为

$$E = Pt = \frac{1}{2} \rho A V^3 t \qquad\qquad (3-7)$$

根据贝茨理论，风力发电机所转化的电能仅为从风能中获得的能量的一小部分；而可以并入电网产生经济效益的是风力发电机所转化的电能的一部分，其余为电能损失，产生经济效益的风能公式为

$$E_s = P_s t = \frac{1}{2} \rho A V^3 t C_p C_s \qquad\qquad (3-8)$$

式中　P_s——风能的有功功率；

　　　ρ——空气密度；

　　　A——扫风面积；

　　　V——平均风速；

　　　t——风速持续的时间；

　　　C_p——风能利用系数；

　　　C_s——有功利用率。

因此，影响海上风电场项目发电效益的因素是空气密度、扫风面积、平均风速和风速持续的时间以及有功利用率。为提高海上风电场的发电效益，应从扫风面积、风速、风能利用率和有功利用率方面进行改善，即增大风轮直径和扫风面积，提高风速，提高有功利用率和降低能量损失都能够提高发电效益。

发电量评估分两个阶段：一为风电场开发建设阶段的评估，本阶段包含预可研、可研、施工图设计、建设过程的评估，主要以预期、评估、预测等方式，通过项目区域资料推算得到，同时随区域资料的更新而适时评估或再评估，为前期项目决策、开发提供一定依据；二为风电场项目后评估，本阶段风电场已建设完成并投入运营，主要根据实际上网电量进行统计以及开展风功率预测工作，时刻掌握风电机组维修、限电等动态，为有效支撑电网的调度、实现"实时平衡"提供决策依据。

1. 开发建设阶段评估

发电量评估一般采用测风数据进行直接估算或采用数值模拟软件估算，海上风电场数值模拟软件主要是基于线形模型进行模拟，此类软件适合地形较简单的风电场，主要有 WAsP、WindFarmer、Windpro 等。

为了保障项目决策和顺利实施，财务指标水平更加精准，在预可研、可研、施工图设计等不同阶段收集资料，随收集到资料的更新及风电场外界环境限制因素的影响

分析逐一明确,估算的发电量结果应随着风能资源评估、场址布置、风电机组机型的变化而重新计算,保证效益及财务评价指标不因为其他因素的影响而成为海上风电场项目开发过程中的重要风险点。

项目开发建设阶段,场址与风能资源已基本确定,建议选择单机容量较大、扫风面积大的风电机组,风电机组综合利用率高也会给风电场带来较好的收益;进行场址内机组布置微观选址,确保全部机组能够更充分的利用风能资源,减少尾流影响。

数值模拟软件可计算得到理论发电量及受尾流影响的发电量,另外,考虑到海上风电场生产的生命周期为 25 年,在全生产周期内还有一些因素影响风电场实际出力情况,主要因素包括风电机组可利用率、气候影响、空气密度、功率曲线可利用率、风电机组尾流、风电机组叶片腐蚀污染、控制和湍流强度、风电场内能量损耗、电网频率波动与限电、维修维护等。由于各个影响因素随实际情况不同有区别,与工程实际发电量也存在差异,一般开发建设阶段各影响因素采用经验值。

2. 运营期项目后评估

由于风能的波动性和不确定性,当风力发电接入电网后,仍存在一定的运行风险。因此,运营期项目后评估中对于发电量的评估,一方面是要统计实际上网电量从而进行发电量的评估;另一方面要预测短期的发电机组的功率,以防止因电网的频率波动而暂时限电等影响。

运营期发电量是风电场效益的一个重要指标,通过对比模拟发电量与实际发电量,分析产生偏差的原因,针对各种偏差影响提出改进建议,为后期设计提供参考。为保证风电场发电效益,应尽量减少其他因素影响,这样既可以保证风电机组利用率,同时也是对运营期运行和维护提出的要求,要求对风电场内全部发电设备及其附属设备设施进行远程监视、控制操作、预警分析、定期的检测、维护、保养以及故障的检查处理与巡检。通过避免或减少停机停发,提高风电机组的利用率和整个风电场的发电量。

风电场配合电网公司开展风功率预测工作。风功率预测技术是根据风电场基础信息、运行数据、气象参数以及数值天气预报等数据,建立数学模型,对单个场站或区域场群于未来一段时间的输出功率进行预测的技术。风功率预测对风电场发电效益具有以下意义:

(1)优化电网调度。风电大规模接入电网将导致电网调度方面的发电计划制定难度增大,而风电场输出功率预测是为缓解电力系统调峰、调频压力、提高风电接纳能力,保证电网正常运行,防止电网的频率波动而限制发电的关键措施。

(2)优化运维时间。风电场开发企业也可以利用风功率预测情况,选择出力较小的天气合理安排风电机组设备的维修维护,尽可能减少发电量损失。

3.4.2 影响上网电量因素分析

目前我国在海上风电设计方面普遍采用影响因素折减法来分析影响上网电量因

素，欧美设计单位普遍将影响发电量的因素作为"折减"和"不确定性"两类分别考虑。

风电场在全生命周期的上网电量比理论上网电量存在一定程度的减少，通常可能对风电场实际上网电量产生影响的因素有很多，根据 2009 年国家发展和改革委员会的《关于对中国风电发电量折减问题的说明》（以下简称《说明》），风电场发电量折减是指对影响风电场实际出力的因素进行逐个分析，得出各因素所引起的风电场发电量减少的数值。

根据《说明》折减因素包括但不限于风电机组尾流影响、空气密度、低温等气候条件、控制和湍流、风电机组可利用率、风电机组功率曲线保证值、场用电、线损等。目前，我国海上风电设计主要折减因素一般考虑风电机组可利用率、气候影响、空气密度、功率曲线可利用率、风电机组尾流、风电机组叶片腐蚀污染、控制和湍流强度、风电场内能量损耗、软件计算误差、电网频率波动与限电、其他维修维护等因素。由于风电场影响因素各不相同，并且目前国内并没有统一的参考标准，通常根据设计单位的经验成果进行取值。

（1）风电机组可利用率。风电机组可利用率指由于风电场机组本身的问题导致工作时间而减少，实际工作时间与应正常工作时间的比值。由于国内外海上风电机组整机制造厂商设计运行经验、风电机组技术成熟度、制造工艺及售后服务等方面有差异，一般折减数值在 3%～5%。通常投产发电的前 5 年风电机组故障问题较少且较小，全生命周期的后期一般会有大部件故障或需要更换的情况，大部件更换将会导致机组停机，具体停机时间尚未有实际经验。随着海上风电场向远岸方向发展，如突然发生机组停机，检修运维、更换部件等操作将花费更多的时间，对风电场效益影响更大。

（2）气候因素影响。气候因素影响是指风电机组因遭遇极端温度、覆冰、雷暴、台风等特殊天气造成的停发或限发情况。随地域差异较大，一般建议气候因素取值在 3%～7% 之间。例如：北方冬季海域多低温甚至结冰等情况，寒冷低温气候可造成机组停机或叶片故障；南方夏季海域多高温情况，工作温度最高可超过 30℃，风电机组环境温度的不适应可导致限电或限功率运行；我国东部沿海地区如台湾、福建、浙江、上海、广东、海南等省市海域夏秋季节受到台风的影响较大，北部可影响到山东、辽宁等海域范围，台风过境过程时间较短，台风外围及涡旋区会使风电场出现极限风速，且风速、风向、风剪切、湍流强度等风要素出现突变的情况；对于容易受台风影响的区域，需要开展台风对风电场机组安全影响专题分析。从另一方面说，台风对于风电场也存在正效益，当风电场位于台风的外围风圈及以外，台风的经过可以明显提高风电场风速，提高上网电量。

（3）空气密度。空气密度影响指实际空气密度与计算采用的空气密度不一致，导致风电机组发电量偏差的情况。此因素可以通过采用风电场轮毂高处空气密度的风电机组功率来避免或减少直接影响。

（4）风电机组功率曲线。风电机组功率曲线指风电机组实际功率曲线达不到设计值，从而降低的发电量。此因素可以通过在招标时要求厂商提供保证功率曲线。根据目前海上风电场运行后的实际测试情况，风电机组实际功率曲线基本可以保证，个别厂家实际功率曲线优于设计功率曲线。

（5）风电机组尾流影响。风电机组尾流影响指风电机组间由于相互影响而降低的发电量，反映了风电场机组的排布效率，此项因素折减一般根据风能资源评估软件直接计算。值得强调的是，假如风电场所在区域进行分期开发，则需要考虑后期开发的风电机组对本风电场的尾流影响；大规模海上风电场开发时，应注意沿主风向方向机组排布过多，将导致软件计算得到的尾流影响可能低于实际情况。

（6）控制和湍流强度的影响。控制和湍流强度的影响指由于风电机组受风电场内湍流等风况影响而降低的发电量，典型折减值随风电场内湍流大小，可以视情况进行确定。

（7）叶片污染腐蚀影响。叶片污染腐蚀影响指由于叶片表面受海上环境和运行情况影响，导致其对风能的捕获能力下降进而导致发电量降低，要防止叶片污染腐蚀影响需要提高防腐设计标准与要求，实现延长维护周期、提高风电机组叶片的可靠性。

（8）风电场内能量损耗。风电场内能量损耗指风电机组发出的电力，在集电线路中的损耗和场内自用的损耗。此数值根据风电场不同的设计方案，相差较大。尤其是随着海上风电场向远岸方向发展，采用更高等级的集电线路，可极大地减小场内能量损耗。

（9）软件计算误差。软件计算误差指由于计算软件对风电场的适应性不好，可能造成对理论电量估计过高而需要进行的折减。

（10）电网频率波动与限电等因素的影响。电网频率波动与限电等因素的影响指由于电网的频率波动、为保障电网安全而暂时限电等影响，风电场会由于暂时脱网而影响上网电量。

国外普遍将影响发电量的因素作为"折减"和"不确定性"两类分别考虑，折减因素与国内分类方法相类似，折减后的发电量称为净发电量，而一些不确定因素的累计则影响净发电量的概率分布。

折减因素与国内相似，此处不进行描述。对"不确定性"的各因素统一建立模型，一般假设发电量遵循正态分布规律，能量产生分布的概率公式为

$$f(E) = \frac{1}{\sigma\sqrt{2\pi}} e^{\frac{-(E-E_m)^2}{2\sigma^2}} \qquad (3-9)$$

式中　$f(E)$——净发电量分布的概率，％；

　　　　E——净发电量；

E_m——净发电量正态分布的均值；

σ——不确定因素的标准差。

正态分布—能量产生概率如图 3-3 所示。

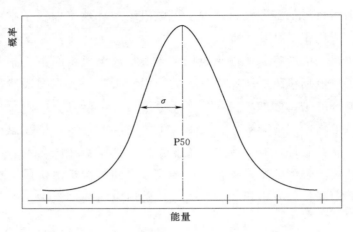

图 3-3　正态分布—能量产生概率图

根据对正态分布的趋于实际情况的相信程度，引入了置信率，表明发电量评估值在整体假设的正态分布区内的置信水平概率；因此有了 P50、P75、P90 的概念，据此计算可得到不同置信率下的发电量，P50 表示净发电量的期望值（在稳定折减的前提下计算的发电量），即净发电量超过 50% 的概率，也可根据相关系数再计算出 P75 和 P90 的发电量，通过不同置信率的发电量估算值，进行发电收益与财务水平多方案的评估，为项目的投资决策提供保障。

3.4.3　运营期发电量保障

风电场整个周期的发电量受上述因素影响，其中运营期内风电机组的运行情况、气候情况、风功率预测情况会极大地导致停机等发电量损失的情况，这些发电量损失中有很大一部分可以通过人为控制等防范措施减少或避免，以保障运营期发电量，运营期内通过考核、控制策略等方面内容也会增加发电机组发电效率，达到运行最佳状态。

1. 风电机组

风电机组的运行维护将影响其发电效率，尤其是在大风时段发生故障导致停机。风电机组各部位提前制定维护维修计划，日常维护、定期维护，做到预防为主。风电机组定期维护是指按照厂家规定的年度计划的定期维护保养。主要的保养部件包括叶片、轮毂、主轴、变桨系统、液压系统、制动系统、齿轮箱、发电机、传感器、偏航系统、控制柜、塔架等。

停机或大型零部件更换需要考虑吊机资源情况、施工窗口等因素，可能造成维修周期长、费用高、发电量损失多等情况，考虑到区域季风期情况，可选择在小风时段即季风期以外的时间进行定期维护保养，以保证季风期内少停机多发电。

2. 气候影响

北方风电场受到的气候影响主要是冰霜、冰冻，南方风电场受到的气候影响主要是台风。受影响时间内要求能够实时监控以保证可及时维修。台风非直接经过风电场区域可满功率或降功率发电，但要时刻关注风速，以保证风电场安全。

3. 风功率预测与考核

通过风电场输出功率预测，配合电网公司优化电网调度，从而缓解电力系统调峰、调频压力、提高风电接纳能力以保证电网正常运行；同时开展风功率预测考核机制，提高原始数据的可靠性、预测模型精度，深入研究并制定预测评价体系和标准，充分发挥风功率预测在电力系统中的作用，实现调度信息实时交互，最大化接纳风能资源。

4. 控制策略

风电机组的控制系统和参数决定了风电机组运行的效率，不同的机型在不同的位置甚至不同的季节，风电机组运行情况和外部环境是完全不同的，为保证风电机组一直处于最佳运行状态，需进行控制策略的优化设计和调整，根据风电机组的周边环境和自身运行的状态，针对风电机组的功率、转矩、变桨、偏航等相关参数进行更精确的控制，减少风电机组载荷和偏航误差，提升风电机组发电量效率，使风电机组处于最佳运行状态。

第 4 章　全生命周期成本构成及分析

4.1　全 生 命 周 期 成 本

4.1.1　全生命周期的概念

工程项目生命周期是指工程项目从论证或规划开始，直到设计、建造、报废所经历的整个时期。对于海上风电而言，全生命周期过程包括项目资源获取（前期研究阶段）、详细设计阶段、建造实施阶段、运行维护阶段、报废回收阶段，如图 4-1 所示。

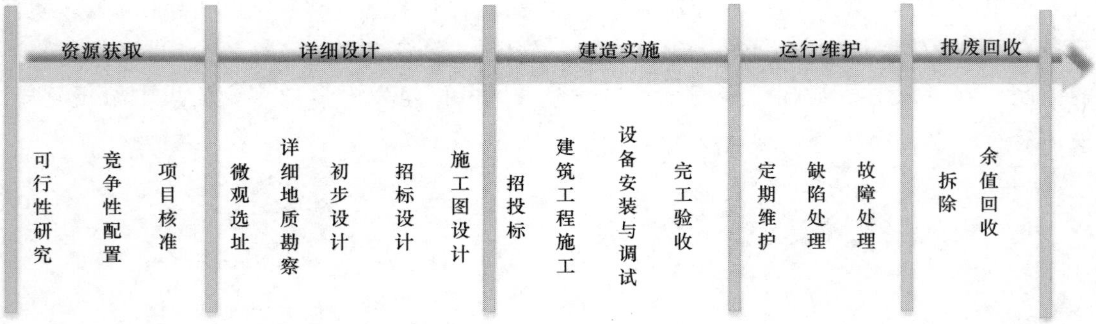

图 4-1　海上风电场全生命周期阶段划分

4.1.2　成本及其构成

随着社会对可再生能源的认识不断深入，风能、太阳能、生物质能、潮汐能、氢能等科学技术领域不断取得关键性突破，可再生能源也为整个社会的可持续发展提供了巨大的经济效益、社会效益和环境效益，但在产生效益的同时也需要消耗成本。

广义上讲，全生命周期成本（Life Cycle Cost，LCC）是工程项目在整个生命周期中所需要消耗的经济成本、社会成本和环境成本。发电项目作为一类经营性项目，通过生产电能的方式创造经济效益，在工程生命周期中，经济成本属于显性成本，较容易通过货币价值进行量化；环境成本、社会成本属于隐性成本，相比经济成本难以计量，需借助其他方法转化为可直接计量的成本。本书中海上风电场项目全生命周期成本指狭义上的成本——经济成本。

海上风电全生命周期成本指海上风电场工程项目从规划、设计、设备及材料购置、建造、安装、运行及维护直至拆除过程整个寿命阶段所发生的全部费用的总和。从投资企业的视角，将全生命周期成本归类为建设投资成本、流动资金成本、运维成本、财务成本、税费成本、拆除成本6部分，如图4-2所示。

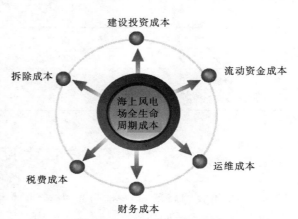

图4-2 海上风电场全生命周期成本构成

（1）建设投资成本是指海上风电场项目按照所规定的设计规模，用于建设发电场、海上升压变电站（或海上换流站）、海缆、陆上集控中心（或陆上换流站）等所投入的资本支出。

（2）流动资金成本是指海上风电场项目在生产运营期内用于生产、销售环节长期占用并周转使用的资本。

（3）运维成本是指海上风电场项目在运营期间，为保证风电场正常运行所发生的运行及维护费用，包括运营期间发生的人工成本、材料费、修理费、保险费和其他费用。

（4）财务成本是指风电场运营过程中需要支付的长期、短期以及流动资金债务的利息。

（5）税费成本是指在我国境内投资的企业生产经营过程中所必须缴纳的所得税、增值税及其附加等税费。

（6）拆除成本是指海上风电场工程在使用寿命结束后，对固定资产进行清理过程中发生的人力、物力等费用。

以某海上风电场为例，全生命周期成本构成及各要素占比见表4-1。全生命周期成本为783146.53万元，其中建设投资成本为302381.57万元，流动资金成本为1010.00万元，运维成本为228640.70万元，财务成本为86042.76万元，税费成本为156000.05万元，拆除成本为9071.45万元。

表4-1 某海上风电场全生命周期成本构成分析表

序号	成本构成	金额/万元	占比/%
1	建设投资	302381.57	38.6
2	流动资金	1010.00	0.1
3	运维	228640.70	29.2
4	财务	86042.76	11.0

续表

序号	成本构成	金额/万元	占比/%
5	税费	156000.05	19.9
6	拆除	9071.45	1.2
	全寿命周期	783146.53	100.0

4.2　平 准 化 度 电 成 本

　　自 2015 年我国持续深入推进电力行业体制机制改革以来，风电行业经历了由"建设投资补贴"向"政府定上网电价"再向"竞争性配置资源"的加速转变。2018 年 5 月以前，我国海上风电项目上网电价统一按照国家发展改革委制定的"标杆电价"，而且以投产或审批时间为节点进行确定，通常为 20 年或 25 年保持不变；但 2018 年 5 月，国家能源局印发《关于 2018 年度风电建设管理有关要求的通知》（国能发新能〔2018〕47 号），明确新增集中式陆上风电项目和未确定投资主体的海上风电项目应全部通过竞争方式配置和确定上网电价，海上风电项目从此进入了竞争配置资源时代，并且上网电价是投资人获取项目的最重要因素之一；2019 年，国家发展改革委员会为了科学合理引导新能源投资，实现资源高效利用，促进公平竞争和优胜劣汰，推动风电产业健康可持续发展，发布了《关于完善风电上网电价政策的通知》（发改价格〔2019〕882 号），2019 年符合规划、纳入财政补贴年度规模管理的新核准近海风电指导价调整为 0.8 元/（kW·h），2020 年调整为 0.75 元/（kW·h）。2018 年年底前已核准的海上风电项目，如在 2021 年年底前全部风电机组完成并网的，执行核准时 0.85 元/（kW·h）时的上网电价；2022 年及以后全部风电机组完成并网的，执行并网年份的指导价。

　　当电力市场上存在可参照的"标杆电价"时，投资主体在海上风电项目预可行性研究或可行性研究时，可以此"标杆电价"为基础来计算项目全部投资内部收益率和资本金内部收益率等财务指标，以供决策时参考。但陆续出台的电价新政策，使得可供发电企业投资决策的"标杆电价"不再存在，企业要想获得资源，就需要从全生命周期角度测算并分析确定满足最低期望收益的单位度电"保本价"。

4.2.1　概念及计算机理

　　海上风电平准化度电成本（Levelized Cost of Energy，LCOE）指的是海上风电投资者为了回收投资、偿还债务本金及利息、支付运维费用和企业所得税、获得最低期望回报，在全生命周期所需收取的"平均"单位度电价格。

　　平准化度电成本计算是依据现金流贴现原理，即在满足要求的贴现率条件下，确定全生命周期内的平准化度电成本，使得按此价格所实现的总收入（效益）现值等于总支出（成本）现值。

相比于全生命周期成本，平准化度电成本不仅考虑了海上风电场在全生命周期的成本，而且还考虑了海上风电场在全生命周期产生的电能、生命周期末回收固定资产余值的效益，更重要的是，平准化度电成本计算时还考虑了不同时期投入的成本以及电能收入的时间价值。

4.2.2　国内外的应用

平准化度电成本作为国际能源行业通用的经济竞争力分析指标，在国际上得到了广泛应用。在欧美国家能源革命的发展过程中呈现出多种应用场景，包括对各类能源价格竞争力对标分析、投资决策、市场竞价、项目技术经济分析、各类能源产品价格发展路线及变化趋势分析等方面，例如全球最大的财经资讯公司美国彭博通过"彭博新能源财经（Bloomberg New Energy Finance）"每年发布两期不同国家和地区各种发电技术的平准化度电成本参考数值。"彭博新能源财经"分析的我国 2020 年上半年各类电源的平准化度电成本水平如图 4-3 所示。

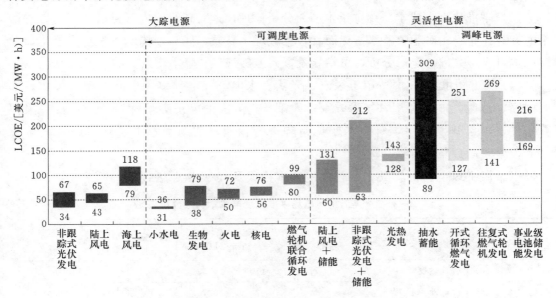

图 4-3　我国各类电源 LCOE 水平对比

由于管理体制原因，我国在从计划经济向市场经济转变过程中，全生命周期成本管理和控制理念的形成较欧美国家缓慢，"重建设、轻运维"的思想还未全面转变。同时，因市场环境和政策导向使平准化度电成本指标尚未纳入我国各种电源项目的财务评价指标体系，例如《建设项目经济评价方法与参数》（第三版）和现行的《风电场项目经济评价规范》（NB/T 31085—2016）中都没有平准化度电成本评价指标。随着市场竞争环境逐步完善和相关政策导向的转变，海上风电投资者从全生命周期角度开展平准化度电成本分析测算和精准化管理工作，对合理确定市场交易电价、提升价格竞争力的同时提高投资效益有着十分重要的意义。

4.2.3　特点及应用价值

（1）平准化度电成本以成本分析和控制为切入点，通过定量计算和分析，清晰、直观地揭示成本构成与变化，可支撑投资人把握发电成本水平。控制关键环节。国际上平准化度电成本广泛应用于项目开发规划、优选排序、投资决策、建设管理、运行维护等各阶段，全面真实地反映风电场整个生命周期内投资、规划、选型、运行、维护、政策等方面的经济敏感性。

（2）平准化度电成本可辅助投资主体深刻理解电能产品的成本结构及电价形成机制，为电力中长期交易成本分析、竞争力分析、交易策略的拟定提供依据。有助于利益相关者深刻理解在风电行业发展的不同阶段，需要在哪些方面用什么样的手段和方法去带动、加速产业发展，并将这些想法积极付诸实践。对于海上风电等正处于技术快速成长、产业成熟度不足的新能源行业，平准化度电成本更具有推广应用的价值。

（3）平准化度电成本采用"量本利"分析原理，是对现行国内项目财务评价方法体系的有益补充。相对于收益率指标而言，更直观、易懂，能清晰揭示发电项目全生命周期成本组成，并进行定量分析，可指导投资人准确辨识"降本增效"的关键因素。

（4）平准化度电成本适用于风电、光伏、水电、火电等多种电源类型，可实现不同国家、地区、电源类型、技术方案、政策条件方案的经济竞争性对比，进行有限预算条件下项目开发排序，对成本变化趋势进行预测，辅助国家主管部门研究电价政策、税收激励政策等。

以某海上风电为例，其平准化度电成本构成及其占比见表 4-2。

表 4-2　某海上风电场平准化度电成本构成分析表

序号	成本构成	数值（含增值税）/[元/(kW·h)]	占比/%
1	建设投资	0.4759	57.69
2	流动资金	0.0070	0.85
3	运维	0.1445	17.52
4	运营期财务	0.1159	14.05
5	税费	0.0824	9.98
6	拆除	0.0013	0.16
7	固定资产残值	-0.0020	-0.25
8	平准化度电	0.8250	100.00

4.3　建设成本构成及分析

4.3.1　海上风电场建设范围

自 1991 年全球第一座海上风电场——Vindeby 风电场在丹麦开始投运以来，欧洲海上风电经过近几十年的发展，已经形成了从海上风电开发、装备制造、勘测设计、安装施工以及运行维护完整的产业链，随着技术进步以及风电场建设规模逐步增大，欧洲海上风电建设成本有较大程度的下降，海上风电也逐渐成为欧洲主要国家未来新能源开发的重点清洁能源之一。根据相关资料显示，导致欧洲海上风电场工程建设成本下降的主要因素包括项目评估审批机制、风能资源评估及选址、风电机组选型、技术进步及突破、施工装备、竞标机制、供应链的成熟度积极的财税政策等。

我国海上风电商业化开发以 2010 年上海东海大桥海上风电场投入运行为标志，经过 10 余年的发展，已经初步形成海上风电场全产业链，海上风电建设成本有了一定程度的下降。2016 年伊始，从国家能源局到各地方发展和改革委员会、能源局等陆续出台了一系列的管理办法、保障制度、监管措施，为保证风电在新的电力历史形势下平稳过渡、稳中求进、良性发展。海上风电作为非水可再生能源中的一分子，整个行业必将为新一轮能源革命承担起应尽的责任。

通常来说，海上风电工程建设范围一般涵盖海上风电场、海上升压站、登陆工程、陆上集控中心等，如图 4-4 所示，但是由于各国接入系统及电网并网点不同，不同国家风电场开发商（建设单位）与电网输电设施运营商承担建设投资范围内容存在差异，比如，经过调研及与欧洲国家咨询机构交流后发现，欧洲国家对于海上风电场建设投资的范围存在一定的差异。

海上风电场　　　　　海上升压站　　　　　陆上集控中心　　　　　送出工程

图 4-4　海上风电场建设范围

我国海上风电场与电网的责任红线在陆上集控中心的高压出线侧，风场接入陆上电网系统的所有设施及其运维均属于风场开发商。我国海上风电开发商建设投资范围如图 4-5 所示

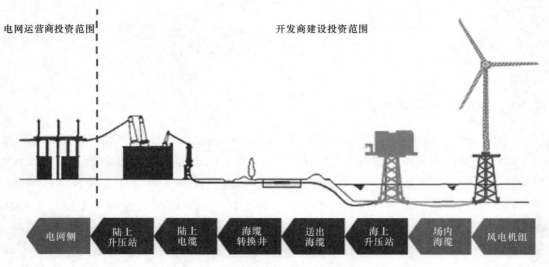

电网运营商投资范围　　　　　　　　　　　　　　　　　　开发商建设投资范围

| 电网侧 | 陆上升压站 | 陆上电缆 | 海缆转换井 | 送出海缆 | 海上升压站 | 场内海缆 | 风电机组 |

图 4-5　我国海上风电建设投资范围

英国海上风电场与电网的责任红线在海上升压站的低压侧，海上升压变电站（或换流站）、送出海缆/陆缆、陆上升压变电站等设施建设及其运维归属于电网或输电设施运营商。目前，英国所有海上输变电工程都由开发商负责前期工作、采购和建设，建成后最终转让给海上输电运营商。海上输电运营商则负责输变电工程的运营、维护（未来也有可能承担输变电工程的建设任务）。英国海上风电开发商建设投资范围如图 4-6 所示。

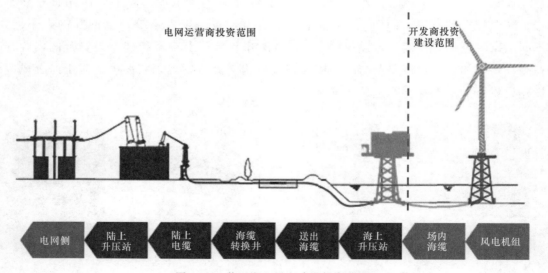

电网运营商投资范围　　　　　　　　　　　　　　　　　开发商投资建设范围

| 电网侧 | 陆上升压站 | 陆上电缆 | 海缆转换井 | 送出海缆 | 海上升压站 | 场内海缆 | 风电机组 |

图 4-6　英国海上风电建设投资范围

德国海上风电场与电网的责任红线在海上升压平台的高压侧，送出海缆/陆缆、陆上升压站等设施及其运维归属于电网或输电设施运营商，海上升压站（除换流站）

属于风场开发商。德国海上风电开发商建设投资范围如图4-7所示。

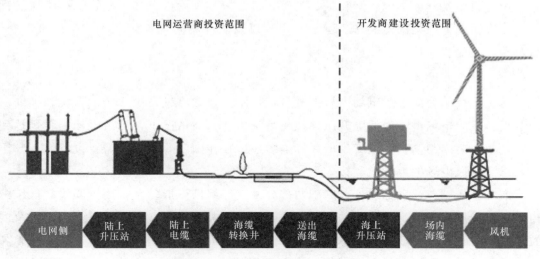

图4-7 德国海上风电建设投资范围

4.3.2 欧洲海上风电场建设成本构成分析

欧洲海上风电场建设成本一般划分为风电机组及塔筒成本、风电机组基础成本、海上升压站成本、电缆成本、陆上集控中心成本、其他费用成本等6项。

1. 风电机组及塔筒成本

风电机组是将风能转化为机械能的动力机械，是海上风电场电能产生的基础，也是海上风电场工程建设过程中购置的主要设备。风电机组成本包含发电机、机舱及辅助系统（偏航系统、变流系统、变桨系统等）、轮毂、叶片、机电系统（风电机组变压器、控制柜、低压柜等）等的设备采购、运输、安装、调试所花费的人工费、材料费以及船机使用费。

塔筒为钢结构设备，一般通过钢管切割、轧制、焊接而成，塔筒主要用于支撑整个风电机组，同时还包含部分电气设备。塔架的直径及强度往往取决于风电机组的重量和设计的风荷载。塔筒成本包含塔架（含过渡段、法兰）、塔筒内动力电缆、控制电缆及附件等设备采购、运输、安装所花费的人工费、材料费以及船机使用费。

2. 风电机组基础成本

风电机组基础为风电机组及塔筒支撑结构的组成部分，能将作用在结构上的荷载传递到海床上。风电场风速、水深、破浪高度、海浪特性等条件以及风电机组和塔筒的尺寸、重量决定了基础的设计。

海上风电场发展初期主要采用单桩基础，但随着技术的发展，基础型式日益丰富，导管架基础、重力式基础、高桩承台基础、漂浮式基础等类型在项目中均得到应用。风电机组基础成本包含钢管桩、基础、过渡段、钢附件（如 J 型管、钢爬梯及钢平台）等所有钢结构部件制作、运输、安装以及防冲刷防设施施工所花费的人工费、材料费以及船机使用费。

3. 海上升压站成本

海上升压站为海上风电场内海上平台，是用于布置电气系统、安全系统和辅助系统的设备，风电场电能经海上升压站汇集后送出。一般情况下，当风电场的容量达到一定规模，离岸距离较远或者集电系统电缆通道存在一定要求时，需要设置海上升压站，以满足风电场的电能顺利接入系统。

海上升压站包含上部组件和基础两部分。上部组件一般较重，用于配置高低压配电装置、升压变压器、动态无功补偿装置、保安电源、站内自用变等，上部结构及内置电气设备通常是在陆上组装好后，由专门运输船运输到指定位置进行吊装。基础与风机基础类似，用于支撑上部结构。海上升压站成本包含上部组件中设备采购成本、设备安装、上部结构制作、运输与吊装以及基础建造所花费的人工费、船机使用费以及材料费。

4. 电缆成本

海上风电场中电缆扮演者重要的角色，从风电机组机舱内部到塔底箱变处，以及风电机组与风电机组之间，风电机组与海上升压站之间的广阔海域，电缆都发挥着重要的作用。

海上风电场电缆根据电压等级分为集电线路海缆、登陆海缆两类。根据发电场风机布置，集电海缆主要用于连接发电场内风电机组，将风电机组所发出电能传输至海上升压站或陆上升压站，送出电缆用于海上升压站与陆上设施连接的高压海底电缆线路。电缆成本由设备采购成本以及敷设电缆所花费的人工费、船机使用费以及材料费组成。

5. 陆上集控中心成本

陆上集控中心作为海上风电的"大脑"，主要作用是在陆地上远程监控所有风机和管理整个海上风电场的运行。陆上集控中心能极大地提高海上风电场安全运行管理水平，推行集约化管理，使风电生产运行模式更加科学管理。

陆上集控中心成本包括升压站内变电、配电、控制保护等设备采购成本、安装成本以及配套建筑工程土建所花费的人工费、船机使用费以及材料费。

6. 其他费用成本

其他费用成本指海上风电场工程建设中，除上述构筑物设备采购及安装成本、建筑工程成本以外的成本，比如项目开发的前期费用、项目管理费等成本。

欧洲海上风电场前期费用指项目开发商筹建项目前所开展的各项工作发生的所有费用之和，包括鱼类和贝类调查、鸟类环境调查、海洋哺乳动物环境调查、陆上环境调查、人类影响研究等环境勘测费，资源和海洋气象评估、地质和水文调查费，在项目开发早期用以提供申请规划许可要求的方案预前端设计费，风场建设前的系统设计、并随开发过程不断被细化完善、最终作为方案实施依据的前端设计费等工程咨询费用；项目管理费用指项目开发商在海上风电场建设过程中管理性费用，该费用贯穿海上风电场整个建设过程。

4.3.3 国内海上风电场建设成本构成分析

国内海上风电开发流程有多个阶段，在各阶段都需要对建设成本进行测算。项目预可行性研究阶段需要编制投资估算，以预先估测项目的投资额；可行性研究及初步设计阶段需要根据设计方案，编制设计概算，设计概算较投资估算准确程度有所提高；施工图设计阶段需要根据施工图纸编制预算，施工图预算较设计概算更为详细和准确；竣工决算阶段需要编制竣工决算，最终确定实际工程成本。随着项目建设过程的推进，设计深度逐步加深细化，建设成本相应地由粗到细、由浅入深。

按设计概算口径，国内海上风电场建设成本可分别按照项目组成、费用构成要素进行分类。

4.3.3.1 按项目组成划分

海上风电场工程划分为施工辅助工程、设备及安装工程、建筑工程、其他费用。根据收集到的资料显示，国内项目划分的颗粒度较欧美国家的划分更细。

1. 施工辅助工程

施工辅助工程指为辅助主体工程施工而修建的临时性工程及采取的措施，包括施工交通工程、大型船舶机械进出场、其他施工辅助工程、安全文明施工措施。

（1）施工交通工程指为风电场工程建设服务的临时交通设施工程，包括码头、堆场工程，公路工程，桥（涵）工程，航道疏浚，设施维护与管理，其中码头、堆场工程包括新建（或租赁、改造）临时码头、新建（或租赁、改造）临时堆场。

（2）大型船舶机械进出场指为风电场工程施工的大型船舶机械的进出场，包括大型吊装运输船舶和大型吊装机械。

（3）其他施工辅助工程指除上述以外的施工辅助工程。包括陆上施工供电工程及施工供水工程、钻孔平台搭设与拆除、施工期海上生活平台及其他。其他包括陆上施工场地的平整、施工期排水、施工期防汛、海上施工安全警戒浮标、施工期防台风、施工期防水、施工期防冻措施等。

（4）安全文明施工措施指施工企业按照安全生产、文明施工的要求，在施工现场需采取的相应措施。

2. 设备及安装工程

设备及安装工程指构成风电场固定资产项目的全部设备及安装工程，包括发电场设备及安装工程、海上升压站设备及安装工程、登陆电缆安装工程、陆上升压站（或集控中心）设备及安装工程、其他设备及安装工程。

（1）发电场设备及安装工程指风电场内的发电、集电线路等设备及安装工程，包括风电机组、塔筒、集电线路。其中风电机组包括发电机、机舱、轮毂、叶片、机组变压器、电动葫芦、控制柜、低压柜、变频柜、UPS 柜、电梯等；塔筒包括塔筒、电缆、照明、爬梯、支架等；集电线路包括风电场内及直接登陆海缆（35kV）和相关装置。

（2）海上升压站设备及安装工程指海上升压站内的升压变电、配电、控制保护等设备及安装工程，包括主变压器系统、配电装置系统、无功补偿系统、站（备）用电系统、电力电缆、接地、监控系统、交（直）流系统、通信系统、远程自动控制及电量计量系统、分系统调试、电气整套系统调试、电气特殊项目调试等。

（3）登陆电缆安装工程指海上升压站高压侧（110kV 及以上）至登陆点的海缆工程和陆缆工程，包括 110kV 电缆工程、220kV 电缆工程等。

（4）陆上升压站（或集控中心）设备及安装工程指陆上升压站（或集控中心）内的升压变电、配电、控制保护等设备及安装工程，包括主变压器系统、配电装置系统、无功补偿系统、站（备）用电系统、电力电缆、接地、监控系统、交（直）流系统、通信系统、远程自动控制及电量计量系统、分系统调试、电气整套系统调试、电气特殊项目调试等。

（5）其他设备及安装工程指除上述之外的设备及安装工程，包括采暖通风及空调系统、室外照明系统、消防及给排水系统、劳动安全与职业卫生设备、安全监测设备、生产运维船舶、生产运维车辆、运维吊机、应急避险仓、海洋观测设备、航标工程设备、风功率预测系统（含激光雷达）及其他需要单独列项的设备。其中运维吊机包括风电机组运维吊机和海上升压站运维吊机。

3. 建筑工程

建筑工程指构成风电场固定资产项目的全部建（构）筑工程，包括发电场工程、海上升压变电站工程、登陆电缆工程、陆上升压站（或集控中心）工程、交通工程、其他工程。

（1）发电场工程指发电场内的风电机组基础工程和集电线路工程。

（2）海上升压站工程指海上升压站基础工程、海上升压站上部结构工程。

（3）登陆电缆工程指海上升压站高压侧（110kV 及以上）至陆上升压站（或集控中心）的海缆穿堤工程和陆缆工程，包括登陆工程、水下防护工程、水下爆破工程。

（4）陆上升压站（或集控中心）工程指陆上升压站（或集控中心）内构筑物，包括场地平整工程、电气设备基础工程、配电设备构筑物、生产建筑工程、辅助生产建筑工程、现场办公及生活建筑工程、室外工程等。其中生产建筑工程包括中央控制室（楼）、配电装置室（楼）、无功补偿装置室等；辅助生产建筑工程包括污水处理室、消防水泵房、消防设备间、柴油发电机房、锅炉房、仓库、车库等；现场办公及生活建筑工程包括办公室、值班室、宿舍、食堂、门卫等；室外工程包括围墙、大门、站区道路、站区地面硬化、站区绿化、其他室外工程等，其中其他室外工程包括内给水管、排水管、检查井、雨水井、污水井、井盖、阀门、化粪池、排水沟等。

（5）交通工程指风电场对外交通工程和码头工程，包括升压站（或集控中心）进站道路、码头工程。

（6）其他工程指除上述之外的工程。包括环境保护工程、水土保持工程、劳动安全与职业卫生工程、安全监测工程、消防设施及生产生活供水工程、集中生产运行管理设施分摊及其他需要单独列项的工程。

4. 其他费用

其他费用指为完成工程建设项目所必需，但不属于设备购置费、建筑及安装工程费的其他相关费用，包括项目建设用海（地）费、工程前期费、项目建设管理费、生产准备费、科研勘察设计费和其他税费。

（1）项目建设用海（地）费指为获得工程建设所必需的场地，按照国家、地方相关法律法规规定应支付的有关费用，包括建设用海费、建设用地费。其中建设用海费包括海域使用金和海域使用补偿费；建设用地费包括土地征收费、临时用地征用费、地上附着物补偿费、余物清理费。

（2）工程前期费指预可行性研究报告审查完成以前（或风电场工程筹建前）开展各项工作发生的费用。

（3）项目建设管理费指工程项目在筹建、建设、试生产和竣工验收交付使用等过程中发生的各种管理性费用，包括工程建设管理费、工程建设监理费、项目咨询服务费、专项专题报告编制费、项目技术经济评审费、工程质量检查检测费、工程定额标准编制管理费、项目验收费、工程保险费。

（4）生产准备费指建设项目法人为准备正常的生产运行所需发生的费用。包括生产人员培训及提前进厂费、生产管理用工器具及家具购置费、备品备件购置费、联合试运转费。

（5）科研勘察设计费指为工程建设而开展的科学研究试验、勘察设计等工作所发生的费用，包括科研试验费、勘察设计费、竣工图编制费。

（6）其他税费指根据国家有关规定需要交纳的税费，包括水土保持补偿费等。

4.3.3.2　按费用构成要素划分

海上风电场建设投资成本包括设备购置成本、建筑及安装工程成本、其他成本、预备费和建设期利息组成。

1. 设备购置成本

设备购置成本指按照海上风电场设计文件的要求，采购海上风电场设备所花费的成本。设备购置成本由设备原价、运输及保管过程中相关费用组成，在海上风电场建设成本中，设备购置成本占比最大，一般为45%～60%，设备购置成本构成如图4-8所示。

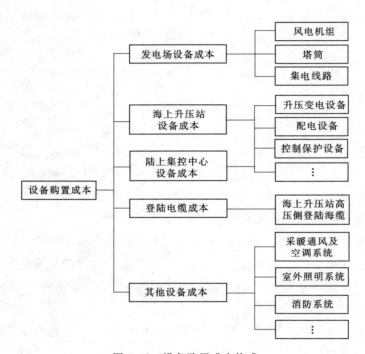

图 4-8　设备购置成本构成

设备购置成本由设备原价、运杂费、运输保险费、采购及保管费四部分费用组成。

（1）设备原价，对于国产设备为设备供应厂家出厂时的价格，包括设备设计、制造及所需材料和部件的采购、成套、备品备件、工厂检验、技术文件、设计联络会、工厂见证、出厂验收、工厂培训、质量保证、技术服务、协调等费用。对于进口设备由设备到岸价（CIF）和进口环节征收的关税、增值税、手续费、商检费、港口费等组成。

（2）运杂费指设备由厂家运至组（安）装场所发生的一切运杂费用，包括运输费、调车费、装卸费、包装绑扎费及其他杂费。

（3）运输保险费指设备从厂家运至交货点运输过程中发生的保险费用。

（4）采购及保管费指设备在采购、保管过程中发生的各项费用。

2. 建筑及安装工程成本

建筑及安装工程是创造价值的生产活动，在海上风电建设成本中，建筑及安装工程成本占比一般为 25%~35%。建筑及安装工程成本构成如图 4-9 所示。

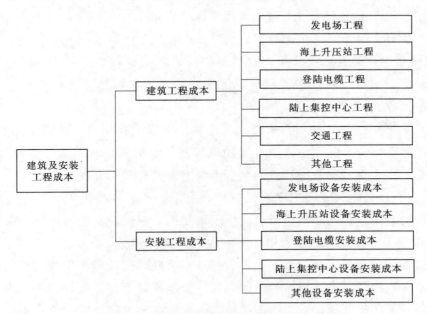

图 4-9　建筑及安装工程成本构成

建筑工程成本指为完成海上风电场全部建筑（土建）工程所需花费的所有费用，包含发电场工程、海上升压站工程、登陆电缆工程、陆上集控中心工程、交通工程和其他工程六部分建筑成本。

安装工程成本指为完成海上风电场全部设备安装所需花费的费用，包含发电场设备安装成本、海上升压站设备安装成本、登陆电缆安装成本、陆上集控中心设备安装成本、其他设备安装成本以及相关设备调试费用。在海上风电场建设成本中，安装工程成本占比相对较少。

建筑及安装工程成本由直接费、间接费、利润和税金组成。

（1）直接费指建筑及安装工程施工过程中直接消耗在工程项目建设中的活劳动和物化劳动，包含基本直接费和其他直接费。

1）基本直接费指在正常的施工条件下，施工过程中消耗的构成工程实体的各项费用，包含人工费、材料费、施工船舶（机械）使用费。

a. 人工费指企业支付的直接从事建筑及安装工程施工的生产工人的费用，由基本工资、辅助工资和社会保障费组成。基本工资由技能工资和岗位工资组成，技能工资指根据不同技术岗位对劳动技能的要求和职工实际具备的劳动技能水平所确定的工资，岗位工资指根据职工所在岗位的职责、技能要求、劳动强度和劳动条件的差别所确定的工资；辅助工资指在基本工资之外，需要支付给职工的工资性收入，由施工津贴、非作业日停工工资等组成，非作业日指职工学习、培训、调动工作、探亲、休假，因气候影响的停工、女工哺乳期、6 个月以内的病假、产假、婚假、丧假等；社会保障费用指按照国家有关规定和有关标准计提的基本养老保险费、失业保险费、医疗保险费、生育保险费、工伤保险费、住房公积金。

b. 材料费指用于建筑及安装工程项目中所消耗的材料费、装置性材料费和周转性材料摊销费，由材料原价、包装费、运输保险费、材料运杂费、材料采购及保管费、包装品回收费组成。

c. 施工船舶（机械）使用费指消耗在建筑及安装工程项目上的施工船舶（机械）折旧费、船舶检修费、船舶小修费、船舶航修费、船舶辅助材料费、保险及其他费、设备修理费、施工机械安装拆卸费、船（机）上人工费和动力燃料费。

2）其他直接费指为完成工程项目施工，发生于该工程施工前和施工过程中非工程实体项目的费用，包括冬雨季及夜间施工增加费、临时设施费和其他组成。

a. 冬雨季及夜间施工增加费由冬雨季施工增加费和夜间施工增加费组成。冬雨季施工增加费指按照合理工期的要求，必须在冬雨季期间连续施工增加的费用，包括采暖养护、防雨、防潮湿措施增加的费用以及由于采取以上措施增加工序、降低工效而发生的费用；夜间施工增加费指因夜间施工所发生的施工现场照明设备摊销及照明用电等费用。

b. 临时设施费指施工企业为满足现场正常生产、生活需要，在现场建设生活、生产用临时建筑物、构筑物和其他临时设施所发生的建设、维修、拆除等费用。

c. 其他由施工工具用具使用费、工程定位复测费（施工测量控制网费用）、工程点交费、检验试验费、施工通信费、工程建设项移交前的维护费等组成。其中施工工具用具使用费指施工生产所需不属于固定资产的生产工具、检验试验用具的摊销和维护费用，检验试验费指建筑材料、构件及安装物进行一般鉴定、检查所发生的费用，包括自设试验室进行试验所耗用的材料和化学用品费用等，以及技术革新和研究试验费，不包括新结构、新材料的试验费和建设单位要求对具有出厂合格证明的材料进行检验、对构建破坏性试验及其他特殊要求检验试验的费用。

（2）间接费指建筑及安装产品的生产过程中，为工程建设项目服务而不直接消耗在特定产品对象上的费用，包含企业管理费、企业计提费、财务费、进退场费和定额标准测定编制费组成。

1）企业管理费指施工企业组织施工生产和经营管理所发生的费用。由管理人员工资及社会保障费、办公费、交通差旅费、固定资产使用费、工具用具使用费、保险费、税金及教育费附加、技术转让费、技术开发费、业务招待费、投标费、广告费、公证费、诉讼费、法律顾问费、审计费和咨询费，以及应由施工单位负责的施工辅助工程设计费、工程图纸资料和工程设计费组成。

2）企业计提费指施工企业按照国家规定计提的费用，由管理及生产人员的职工福利费、劳动保护费、工会经费、教育经费、危险作业意外伤害保险费组成。

3）财务费指施工企业为筹集资金而发生的各项费用，由施工企业在生产经营利息支出，汇兑净损失、调剂外汇手续费、金融机构手续费、保函手续费以及在筹资过程中发生的其他财务费用组成。

4）进退场费指施工企业为工程建设项目施工进场和完工退场所发生的人员和施工船舶（机械）迁移费用。

5）定额标准测定编制费指施工企业为进行企业定额标准测定、制（修）定以及行业定额标准编制提供基础数据所需要的费用。

（3）利润指按海上风电建设项目市场情况应计入建筑及安装工程费用中的盈利。

（4）税金指按国家税法规定应计入建筑及安装工程费用中的增值税。

3. 其他成本

其他成本指为保证海上风电场工程建设顺利完成和交付使用后能够正常发挥效用所必需发生的，但不属于设备采购成本、建筑及安装工程成本的其他相关成本。包括项目建设用海（地）费、工程前期费、项目建设管理费、生产准备费、科研勘察设计费和其他税费六方面成本。

（1）项目建设用海（地）费。项目建设用海（地）费指为获取工程建设所需要的场地并且符合国家、地方相关法律法规规定应支付的相关费用，由建设用海成本、建设用地成本组成。其中建设用海成本包括海域使用金和海域使用补偿费；建设用地成本包括土地征收费、临时用地征用费、地上附着物补偿费、余物清理费等。

（2）工程前期费。工程前期费指预可行性研究报告审查完成以前（或风电场工程筹建前）开展各项工作发生的成本费用，由建设单位管理性费用，水文、气象等资料的收集成本，前期设立测风塔、购置测风设备及测风费用，购置海洋水文观测设备及观测费用，进行工程规划、预可行性研究以及为编制上述设计文件所进行勘察、研究试验及勘察作业期间水域养殖补偿及渔业补偿发生的成本费用组成。

（3）项目建设管理费。项目建设管理费指工程建设项目在筹建、建设、联合试运行、竣工验收、交付使用过程中所发生的管理性费用，包含工程建设管理费、工程建设监理费、项目咨询服务费、专项专题报告编制费、项目技术经济评审费、工程质量检查检测费、工程定额标准编制管理费、工程验收费和工程保险费组成。

1）工程建设管理费指项目法人为了保证项目建设的正常运行，从工程筹建至竣工验收所需要的费用，有管理设备及用具购置费、人员经常费和其他管理性费用组成。

2）工程建设监理费指在工程建设项目开工后，根据工程建设管理的实施情况委托监理单位在工程建设过程中，对工程建设的质量、进度和投资进行监理（包含环境保护工程和水土保持工程监理）以及对设备和金属结构进行监造所发生的全部费用。

3）项目咨询服务费指对工程开发建设管理过程中有关技术、经济和法律问题进行咨询服务所发生的费用，包括招标代理、造价咨询（招标控制价、执行概算等编制，工程结算审核，竣工结算编制及审核等）、竣工决算报告编制等费用。

4）专项专题报告编制费指环境影响评价报告书（表）或海洋环境影响评价报告书（表）、水土保持方案报告书（表）、用海预审文件、地质灾害评估报告、安全预评价报告、接入系统设计报告、地震安全评价报告、压覆矿产资源调查报告、文物古迹调查报告、土地预审及勘界报告、海域使用论证报告、海缆路由论证报告、海洋水文研究专题报告、通航安全评估报告、海缆穿越海堤论证报告、节能评估报告、社会稳定风险分析报告、项目备案申请报告等报告编制所发生的费用。

5）项目技术经济评审费指对项目安全性、可靠性、先进性、经济型进行评审所发生的费用，包括项目预可行性研究、可行性研究、招标设计、施工图设计各阶段设计报告审查，专题、专项报告审查或评审费用。

6）工程质量检查检测费指根据行业建设管理的有关规定和要求，由质量检测机构对工程建设质量进行检查、检测、检验所发生的费用。

7）工程定额标准编制管理费指根据行业管理部门授权或委托编制、管理风电场工程定额和造价标准，以及进行相关基础工作所需要的费用。

8）工程验收费指项目法人根据国家有关规定进行工程验收所发生的费用，包括工程竣工前进行主体工程、环境保护、水土保持、工程消防、劳动安全与职业卫生、工程档案、工程竣工决算等专项验收及工程竣工验收所发生的费用。

9）工程保险费指工程建设期间，为工程可能遭受自然灾害和意外事故造成损失后能得到风险转移或减轻，对建筑及安装工程、永久设备而投保的工程一切险、财产险、第三者责任险等。

（4）生产准备费。生产准备费指项目法人为准备正常的生产运行所发生的费用，包括生产人员培训及提前进场费、生产管理用工器具及家具购置费、备品备件购置费、联合试运转费。

（5）科研勘察设计费。科研勘察设计费指为工程建设而开展的科学研究试验、勘察设计等工作所发生的费用，包括科研试验费、勘察设计费及竣工图编制费。科研试验费指在工程建设过程中为解决工程技术问题，进行必要的科学试验所发生的费用；勘察设计费指可行性研究、招标设计、施工图设计阶段发生的勘察费、设计费；竣工图编制费指为能够全面真实反映工程建设项目实施结果图样而进行汇总编制所需要的费用。

（6）其他税费。其他税费成本指根据国家有关规定需要缴纳的费用，包括水土保持补偿费等。

4. 预备费

预备费由基本预备费和价差预备费组成。

基本预备费指用于解决可行性研究设计范围以内的设计变更（含施工过程中工程量变化、设备改型、材料代用等），预防自然灾害采取措施，以及弥补一般自然灾害所造成损失中工程保险未能赔付部分而预留的工程费用。

价差预备费指在工程建设过程中，因国家政策调整、材料和设备价格上涨、人工费和其他各种费用标准调整、汇率变化等引起投资增加而预测预留的费用。

5. 建设期利息

建设期利息指为筹措债务资金在建设期内发生并按照规定允许在投产后加入固定资产原值的债务资金利息。包括银行借款和其他债务资金的利息以及其他融资费用。其他融资费用指某些债务融资中发生的手续费、承诺费、管理费、信贷保险费等。

4.4 财务成本构成及分析

4.4.1 财务成本

海上风电财务成本主要是指财务费用，即企业为筹集生产建设和经营所需资金等而发生的费用。具体包括利息支出、汇兑损失、金融机构手续费以及筹集生产经营资金发生的其他费用等。

（1）利息支出，指企业长期借款利息、短期借款利息、贴现利息、债券发行费和利息等。

（2）汇兑损失，指企业因向银行结售或购入外汇而产生的银行买入、卖出价与记账所采用的汇率之间的差额，以及月度（季度、年度）终了，各种外币账户的外币期末余额按照期末规定汇率折合的记账人民币金额与原账面人民币金额之间的差额等。

（3）金融机构手续费，指发行债券所需支付的手续费、开出汇票的银行手续费、调剂外汇手续费等，但不包括发行股票所支付的手续费等。

（4）其他费用，如融资租入固定资产发生的融资租赁费用等。

目前在进行国内海上风电财务成本测算时，一般主要考虑的是利息支出，当涉及国外项目时才考虑汇兑损失、手续费等。

4.4.2 利息和利率

利息是指占用资金所付的代价，利息通常根据利率来计算。利率就是在单位时间内所得利息额与本金之比，通常用百分比表示，即

$$i = \frac{I_t}{P} \times 100\%$$

式中　i——利率；

　　　I_t——单位时间内所得的利息；

　　　P——本金。

用于表示计算利息的时间单位称为计息周期，有年、季、月、日等，在财务分析中，一般以年为计息周期，根据需要也可采用以季为计息周期。

通常，贷款期限长，由于不可预见因素多，风险相对大，利率就高，反之利率相对较低。由于海上风电工程投资数额巨大，一般来说必须借助贷款才能筹集足够的建设资金，因此，利息成为建设成本的一个重要组成部分。为了降低建设成本，投资人必须合理节约使用资金，减少借入资金的占用以减少利息支出。

4.4.3　建设期财务成本构成及分析

海上风电场建设期内财务成本主要包括向银行贷款产生的利息、发行企业债券的发行费和利息、融资租赁费用等，其中较常见的是银行贷款利息。

建设期利息是在筹措债务资金时，在建设期内发生并在投产后计入固定资产原值的利息。建设期利息包括银行借款和其他债务资金的利息以及其他融资费用。其中，其他融资费用是指中债务融资过程中发生的手续费、承诺费、管理费、信贷保险费等。建设期利息根据融资方案确定的债务资金和资金使用计划计算。建设期利息的计算方法为

建设期利息＝第一批机组发电前建设期利息＋第一批机组发电后建设期利息

为了简化计算，在进行投资估算时通常假定借款均在每年的年中支用，借款第一年按半年计息，其余各年份按全年计息。计算公式为

$$各年应计利息 = \left(年初借款本息累计 + \frac{当年借款额}{2}\right) \times 年利率$$

对于有多种贷款资金来源、每笔贷款的年利率各不相同的项目，可分别计算每笔贷款的利息，也可以加权平均利率计算全部贷款利息。对于分期建设的海上风电项目，应以分年度投资为基数逐年计算，建设期利息按银行贷款方式计算，第一台机组投产前发生的贷款利息全部计入工程建设投资，第一台机组投产后部分利息按投产容量作为运营期利息计入总成本费用。

4.4.4　运营期财务成本构成及分析

运营期财务成本包括长期贷款利息、流动资金贷款利息和短期贷款利息。

（1）长期贷款利息是指对建设期间贷款余额应指生产期支付的利息，采用等额还

本付息方式或等额还本利息照付方式计算。

（2）流动资金贷款利息按期末偿还期初再借的方式处理，按一年期贷款利率计息，在计算期最后一年完成流动资金贷款全部偿还。

（3）短期贷款利息是指运营期间由于资金的临时需要而发生借款时，其计息方式与流动资金贷款计息方式相同，利息计入总成本费用。

4.5　成 本 控 制 措 施

海上风电场建设运营管理是一项集经济、技术、管理为一体的综合性工作，其中成本管理是最为重要的一个方面。随着海上风电行业的发展，海上风电资源将全部通过竞争性方式获得，海上风电上网电价由标杆电价调整为指导价。自 2020 年底海上风电的国家补贴全面推出等新政策的出台，降本增效是推动风电行业持续健康发展的着力点，海上风电产业各参与方不得不将风电成本管理模式从"事后算账"向"事前算赢"转变、从被动反映设计和施工向主动影响设计和施工转变、从只关注施工和结算阶段的成本管理控制向全生命周期成本管理控制转变。从投资人角度出发应重点从"管投向、管程序、管风险、管回报"四个方面，采取成本前置控制管理措施，构建权责对等、运行规范、信息对称、风险控制有力的投资管理体系，研究全生命周期电力技术经济服务框架。

4.5.1　完善项目评估和决策方法

引入平准化度电成本指标体系，作为现有经济评价指标的补充，实施全生命周期成本的精准化管理。自 2009 年上海东海大桥海上风电场建设以来，成本管理的重点主要放在建设投资上，缺乏对未来运营期及报废拆除成本的重视，没有形成完善的全生命周期成本管控体系。因此，有必要从顶层设计角度出发，转变"重建设、轻运维"的思路，引导行业提高在政策研究、产业发展、工程造价、运维成本、资金成本分析等方面的工作水平，并结合信息化技术形成供海上风电项目投资决策、实现目标成本前置管理、事前算赢的重要管理工具。

4.5.2　完善工程计价体系

建立适应国有投资监管的海上风电工程项目计价依据标准体系，形成涵盖建设投资估算、概算、预算，运营期技术改造、检修、营销，报废期的拆除和回收的全生命周期基础标准计价依据体系。服务于海上风电项目成本核算、投资管理和发承包需要，梳理完善海上风电工程造价费用项目构成，完成对市场化工程计量与计价依据体系的顶层设计。

推行全费用综合单价，建立和完善满足不同设计深度、不同复杂程度，适用于海上风电项目不同阶段需要的工程量清单计价规范，并且提高不同阶段定额与相应层级工程量清单项目在项目划分、工作内容、计量规则等方面的匹配性，全面提升定额和工程量清单规范的统一协调性、科学适用性。

4.5.3　概预算管理

4.5.3.1　投资估算、设计概算管理

海上风电场投资决策是决定投资行为的重要过程，通常需要从技术方案、投资估算、财务评价等全方位对拟投资项目的必要性、可行性、经济性等进行论证分析和详细比选，以供决策。投资估算、设计概算、财务评价是项目建议书或（预）可行性研究报告的重要组成部分，是投资决策的重要依据之一，也是全生命周期成本管理控制的第一步，在项目实施过程中应予以高度重视。

在编制投资估算、设计概算、财务评价时应满足如下要求：

（1）重视造价管理人员，将技术的先进性、方案的科学性、经济的合理性有机结合。

（2）收集拟决策项目所在地工、料、机市场价格水平，类似工程的各种技术参数和经济指标，风电机组、塔筒、变压器等主要设备的厂家报价。

（3）根据国家及地区现行规程、规范或行业相关规定，编制满足深度、精度要求的投资估算、设计概算及财务评价，做到费用齐全，不重不漏。

（4）对建设项目的融资方案进行详细的分析论证，收集融资利率、资金到账时间，详细规划建设期资金的使用时间。

（5）投资估算、设计概算、财务指标与类似项目经济指标做对比，加强审查、对于偏差较大部分需作重点分析，以达到总体价格水平合理、财务指标可行。

（6）推行限额设计、标准化设计、设计监理等制度，加强设计变更管理、实行限额动态控制。

4.5.3.2　业主预算管理

业主预算以核准概算或执行概算为基础，根据海上风电场合同，按设计概算价格水平年进行编制。通过编制业主预算，可建立海上风电场合同项目与业主预算项目的一一对应关系，按工程管理组织机构归集考核目标，落实各工程建设管理单位成本控制责任。业主预算是对工程项目投资进行控制管理的目标和对投资管理绩效进行考核的依据。业主预算预测的是项目建设阶段成本，建设阶段成本作为影响平准化度电成本的最主要因素，应作为成本控制的重点关注对象，通过进行有效的管理可以降低平准化度电成本。

4.5.3.3　对标概算管理

通过研究国外海上风电场建设投资项目划分和编制方法，分析国外海上风电项目

概算编制方法的特点和优点，并对照国内现行行业做法，形成国内外海上风电项目概算对标的标准化方法。在消化吸收国外做法的基础上，结合中国的实际情况，对国内海上风电场建设投资概算编制方法加以完善，实现施工方法、施工进度、施工资源配置与概算编制方法的有机结合和协同联动，使建设投资更加直接、灵活、准确地反映风电场厂址的水深、离岸距离、地质条件、施工设备规格型号、施工作业时间等技术参数。

4.5.4 招标管理

海上风电项目在完成可研和设计后的招标内容包含设计招标、设备招标、施工招标、监理招标、材料供应商招标等，其中最重要的是设备招标、施工招标。

设计成果的优劣直接关系到海上风电场的建设成本和实际效益，选择设计单位是设计阶段的关键性工作，在设计招标时，建设单位或其委托的招标代理机构应采用公开招标的方式优选技术能力强、方案优的设计单位。

（1）设备招投是成本控制的重要环节和重点工作，设备招标时可采取如下措施：

1）在主要设备采购前应充分调研，对各设备厂家的产品特点、产品质量、技术能力、供货能力、资金实力、市场信誉等进行对比，保证招标决策时所需要信息的全面、真实、及时。

2）不断完善主要设备的关键技术条件、供货范围、交货进度，对于风电机组等主要设备还需要厂家在投标时提供发电量保证等条款。

3）充分营造竞争环境，选择"经济、质优"的设备和资质信誉良好的设备制造商。

（2）在施工招标时可采取如下措施：

1）在准备招标文件前，根据项目特点以及潜在投标人情况等进行招标策划，招标策划可从标段的划分、评标办法、合同计价方式及合同类型选择几方面进行。

2）重视招标文件，尤其是工程量清单和招标控制价的编制工作，招标文件的编制对整个招标的成败起到尤为关键的作用，招标文件作为要约邀请文件，既是投标单位投标报价的依据，也是后续中标签订合同的重要组成部分，是招标过程中成本控制的纲领性文件。一份完善的招标文件，既能够充分体现招标人的意愿，又要有利于后续合同执行和工程成本的控制。

3）重视合同条款的拟定、抓好合同的签订工作，不断完善规范边界条件、计价规则、结算方式等容易在施工过程中出现分歧的内容。

4.5.5 合同管理

合同是建设单位和承包单位（或设备供应商）为完成相关工作内容，明确相互权利、义务而签订的协议，是双方必须共同遵守的法律性文件，也是双方必须履行的技术经济文件，还是工程付款、结算和索赔、成本核算的重要依据。

做好合同管理，应做到如下几点：

（1）合同是约定海上风电参建方责任、权利和义务的载体，合同文件签订后，合同双方必须履行合同的约定，兑现相关承诺，不能提出合同外的无理要求或随意增加合同成本、费用。

（2）将成本控制目标按照施工阶段不同时期、不同特点合理分解，根据施工进度，将工程成本实际值与目标值进行科学合理的、全方面的、多角度的比较，如果偏差超出可控范围，需找出原因，并采用有效的应对措施，保证整体工程成本控制目标的最终实现。

（3）按照合同和规范的要求组织设计施工及竣工后验收，加强施工过程中各种现场签证的审核和管理。签证发生后必须及时按照合同和相关规范及时处理，签证中的描述必须准确、客观、详细，并提供原始签证记录以及必要的现场照片，审核应严格按照实事求是的原则和相关规定执行。

4.5.6　变更索赔管理

建设项目实施过程中的变更管理效果对控制建设成本起重要作用。高效的变更管理首先明确了重大合同变更、一般合同变更的准确定义和判定标准，从量变和价变两个方面进行了约定，避免在理解上发生歧义。同时应本着控制成本、加快进度、提高效益、保证质量原则来确定变更的可行性和必要性，并建立对于不同额度、不同类型的变更分级授权决策机制。另外，加强过程管控，通过事前控制与事中管理来提高工作质量和效率，主要表现在以下三个方面：通过增加变更立项管理，加强事前控制；引入全过程造价咨询；建立变更管理信息系统，提高工作效率和质量。

4.5.7　定额管理

定额作为控制项目投资的基础依据，反映的是一定技术和组织条件下完成某项工作全部内容所消耗的人工、材料、机械台班（时）数量标准，可为资源投入计划提供参考。目前，海上风电场工程建设领域主要依据的定额是根据国家能源局发布，并参考近海、潮间带风电场工程施工组织设计文件、工程招标、投标文件和已有近海和潮间带风电场工程实际资料编制而成的。

随着深远海风能资源开发利用及大容量风电机组的发展，风电机组机型、基础型式正呈现多样化，施工机械（船舶）已趋向新式专业化，大容量风电机组安装、远距离海缆敷设、大直径钢管桩沉桩、大直径嵌岩基础等施工技术也正推广应用，因此，进行定额管理，持续开展海上风电项目相关定额子目的测定工作是十分必要的。海上风电场定额测定工作是海上风电场建设成本管理控制机制的有机组成部分，可为海上风电场投资预测、成本控制、投资决策提供重要参考依据。

4.5.8 推行全过程造价咨询

建立由具有资质的造价咨询机构提供全过程造价咨询服务的工作机制，突破传统上只提供基本建设程序中某一阶段的造价咨询业务，将各阶段造价咨询业务整合在一起，为委托方提供一整套投资控制方案。建立动态管理过程，重视过程中的造价控制，有效解决信息不对称问题，发挥造价咨询的整体优势，实现真正意义上工程投资的合理控制，从根本上为委托方控制好工程造价。

开展海上风电项目全生命周期成本最优管理应用研究，明确技术经济专业范围，优化业务结构，在服务阶段、服务层次、服务领域等进行全方位的业务拓展，大力推进全生命周期成本管理理念，技术经济专业从传统的建设工程管控和咨询，逐步向项目投融资管理、投资决策、投资评估评价、风险管控和分析、项目全生命周期综合管理研究咨询等方面拓展。

4.5.9 运维成本管理

运维成本在海上风电场全生命周期成本中占比达 25％～35％，欧洲十分重视海上风电场运维管理，不断优化运维模式、加强运维管理水平，在提高海上风电机组的可利用率、降低度电成本、增加投资收益方面取得很大的成效。运维成本控制可从如下方面进行：

（1）通过分析运维成本的关键组成部分，探索运维规模、运维模式，提升海上风电运维能力。

（2）研究分析国外风场的运维方案和运维费用计算方式方法，厘清国内外运维费用的范围，实现运维方案和运维费用的对标管理。

（3）合理的库存配置，降低因风电机组故障导致的发电量损失，为精细化运维管理、优化运维策略提供支持，提升海上风电机组的可利用率。

（4）为深远海域风电场制定合理、经济的运维方案提供解决方案。深远海域风电场离岸距离远，风电机组运维要对海上气候、出海成本、停机损失等进行综合分析，制定经济合理的维护策略。

（5）探索标准化的运维费用动态监测机制，及时掌握海上风电项目运维成本主要驱动因素的价格变化趋势，提高成本预测、分析能力。

4.5.10 财务成本管理

海上风电场资金通常由资本金、债务资金两部分组成。资本金的筹措方式主要根据项目融资主体的特点，按照一定的原则进行选择，如股东增资扩股、发行股票、货币直接出资、实物等作价出资；债务资金的来源通常包括商业银行贷款、企业债券、融资租赁等。项目资本金与债务资金的比例应符合国家有关法规规定，符合金融机构信贷规定及债权人有关资产负债比例的要求，满足权益投资者获得期望投资回报的要求，满足防范财务风险的要求。

加强融资管理，可通过引入低资本金回报要求的战略投资者、低利率的债务资金等方法来控制财务成本，从而降低海上风电全生命周期成本。

4.5.11　信息管理

实现成本有效控制的一项重要手段就是充分利用信息，因此构建工程数据资产标准体系，建立高效的成本管理信息系统是今后成本管理方面的必然趋势。信息管理可从以下方面进行：

（1）及时掌握与海上风电项目相关的国家及地方政策、工程建设成本及变化情况，以提高成本预测、分析能力，指导项目设计概算、招标控制价、业主预算等投资控制经济文件的编制和审查，还可以指导项目建设实施过程中变更审核。

（2）通过开展询价跟踪等基础性工作，分析报价人报价规律，增强工程建设成本的透明度、时效性，指导招投标工作，统一工程交易阶段造价信息数据交换标准，为形成规则统一、专业化、市场化、动态化的计价依据体系提供数据支撑。

（3）使用经分析整理后的报价结果来测算并直观反映不同因素变化后的海上风电场电价成本水平，及时掌握这些变化对建设成本影响的程度，通过动态监测建立市场行情分析、多方联动、快速反应管理机制，引导项目参与方对价格发展进行预判，指导建设管理单位针对降低成本潜力大的因素进行有效管控。

（4）通过动态掌握风机、塔筒、主变压器等主要设备价格以及设备制造用主要材料的市场价格变化情况，分析测算各主要材料价格（如铜材、钢材）对设备价格的影响程度。

（5）通过定期发布信息价，为国家主管部门制定电价或电价改革政策、行业标准提供数据支持。

第5章 财务评价分析

5.1 概　　述

5.1.1 财务评价的主要目的

财务评价是海上风电场项目规划、决策、建设中的关键环节和核心问题，是决定海上风电场项目投资可行性的重要决策依据。财务评价的本质是通过财务效益和费用计算以及编制财务辅助报表的基础上编制财务报表，对项目建设和生产过程中的多种经济因素给出明确、综合的量化概念，从而进行财务分析和比较，考察和分析项目的盈利能力、清偿能力和财务生存能力，判断项目的财务可行性，明确项目对财务主体的价值以及对投资者的贡献，为投资决策、融资决策提供依据。财务评价的主要目的如下：

（1）从投资主体或项目角度出发，分析投资效果，明确投资主体或项目所获得的实际利益。

（2）为企业资金筹措和资金使用计划提供依据，确定项目实施所需资金的数额，根据资金的可能来源及资金的使用效果安排恰当的用款计划以及选择适宜的筹资方案。

（3）为项目资金提供者们安排各自出资计划提供依据，保证项目所需资金能及时到位。

5.1.2 财务评价的主要内容

对于海上风电场项目，由于它属于经营性建设项目，因此应全面评价其盈利能力、清偿能力和财务生存能力，评价指标应正确反映生产的收益和费用两个方面。项目盈利能力、清偿能力等财务状况是通过编制财务报表及计算相应的评价指标来进行判断的，财务生存能力取决于项目的财务效益和费用的大小及其在时间上的分布情况。因此，海上风电项目财务评价包括以下主要内容：

（1）财务效益和费用的识别及基础数据的收集、预测。

1）海上风电项目的财务效益主要表现为生产经营产品（即风电场所发电量）的

销售收入，财务费用主要表现为项目投资、经营成本和税金等各项支出，此外，项目得到的各种补贴、项目寿命期末回收的固定资产余值和流动资金等，也是项目得到的收入，在财务评价时应视作效益处理。

2）收集、预测财务评价所需的基础数据主要包括：①年度销售的电能产量；②预测的产品价格即电价，电价可能是固定的，也可能是浮动的；③固定资产、流动资金及其他投资估算；④成本费用及其构成估算。基础数据的准确度是财务分析质量的关键。基础数据预测形成的财务报表主要是投资计划与资金筹措表、总成本费用估算表等。

（2）编制资金来源与筹措计划。对可能的资金来源和数量进行调查和估算，如筹集到的银行贷款种类、数量，可能发行的股票、债券，企业可用于投资的自有资金数量，未来可用于偿还债务的资金等，根据项目建设计划，估算出分年投资，计算逐年债务偿还额，在此基础上编制资金来源与运用财务报表。

（3）财务计算和分析。根据财务基础数据和资金筹措使用计划编制财务现金流量表，据此计算出财务评价的经济指标，并分析项目的财务可行性。主要可量化的评价指标包括财务内部收益率、财务净现值、投资回收期、投资利润率、借款偿还期、资产负债率、利息备付率、偿债备付率等。

对于规划建设的海上风电场，前期决策阶段的财务评价至关重要。项目规划阶段应在初步方案和投资匡算的基础上，对海上风电项目的财务指标进行初步测算，评价项目的初步财务可行性，判断项目从财务角度是否可行。在项目可行性研究阶段，应在较为详细的满足阶段深度的优化设计的基础上，通过分析论证和财务指标计算，选择技术经济性最优的作为最佳方案，并通过财务指标衡量项目的优劣，为投资决策提供技术支持和参考。对建成后的海上风电项目，仍需进行进一步的财务评价，研究进一步发挥工程经济效益的途径并为类似项目的建设提供参考经验。通过不断收集相关资料，分析项目实际运行状况与预期目标之间的差距及产生的原因，提出改进措施，提高运营管理水平，尽可能增加项目财务收益。

5.2　财务评价主要指标

海上风电场财务主要指标包括盈利能力指标和偿债能力指标。

5.2.1　盈利能力分析指标

海上风电项目盈利能力分析的主要指标包括项目投资财务内部收益率和财务净现值、项目资本金财务内部收益率、投资回收期、总投资收益率、项目资本金净利润率等。

1. 财务内部收益率

财务内部收益率是指在项目计算期内资金流入现值总额与资金流出现值总额相等、净现值等于零时的折现率。财务内部收益率是一项投资渴望达到的报酬率，该指标越大越好。一般情况下，内部收益率大于等于基准收益率时，该项目是可行的。投资项目各年现金流量的折现值之和为项目的净现值，净现值为零时的折现率就是项目的内部收益率。

财务内部收益率可计算为

$$\sum_{t=1}^{n}(CI-CO)_t(1+FIRR)^{-t}=0 \qquad (5-1)$$

式中　　　CI——现金流入量；

　　　　　CO——现金流出量；

　$(CI-CO)_t$——第 t 期的净现金流量；

　　　　　n——项目计算期；

　　$FIRR$——折现率。

财务内部收益率是考察项目盈利能力的主要动态指标。项目投资财务内部收益率、项目资本金财务内部收益率和投资各方财务内部收益率均按式（5-1）计算，但所用的现金流量应分别采用项目投资现金流量、项目资本金现金流量和投资各方现金流量。

在计算 $FIRR$ 时，一般采用试算法，求得 $FIRR$ 后应与所设定的判别基准 i_c（基准收益率）比较，当 $FIRR \geqslant i_c$ 时，项目在财务上是可行的。项目投资财务内部收益率、项目资本金财务内部收益率和投资各方财务内部收益率可以有不同的判别标准。

2. 财务净现值

财务净现值是指在项目计算期内，按行业基准折现率 i_c 或其他设定的折现率计算的各年净现金流量现值的代数和。财务净现值 NPV 的计算公式为

$$NPV=\sum_{t=1}^{n}(CI-CO)_t(1+i_e)^{-t} \qquad (5-2)$$

一般来说，$NPV \geqslant 0$ 则方案在财务上可行，且净现值越大，方案越优，投资效益越好。

3. 投资回收期

投资回收期是指以项目的净收益回收总投资所需要的时间，一般以年表示，且一般从项目建设开始年计算，用 P_t 表示。投资回收期分为静态投资回收期和动态投资回收期，静态投资回收期不考虑资金的时间价值，动态投资回收期考虑资金的时间价值。项目投资回收期短，表明投资回收快，抗风险能力强，投资项目越有利。项目投

资回收期从项目建设开始年基于项目投资现金流量表计算。

（1）静态投资回收期，即

$$P_t = 累计净现金流量出现正值的年数 - 1 + \frac{出现正值年份的上年累计净现金流量绝对值}{出现正值年份当年净现金流量}$$

$$(5-3)$$

（2）动态投资回收期，即

$$P_t = 累计净现金流量的折现值出现正值的年数 - 1 \qquad (5-4)$$

$$+ \frac{出现正值年份的上年累计净现金流量折现值的绝对值}{出现正值年份当年净现金流量折现值}$$

一般来说，投资回收期越短，表明项目投资回收快，抗风险能力强。

4. 总投资收益率

总投资收益率 ROI 反映项目总投资的盈利水平，指项目达到设计能力后正常年份的年息税前利润或运营期内年平均息税前利润与项目总投资的比率。该指标表示项目总投资的盈利水平，当总投资收益率高于同行业的收益率时，表明用总投资收益率表示的盈利能力满足要求。总投资收益率计算公式为

$$ROI = \frac{EBIT}{TI} \times 100\% \qquad (5-5)$$

式中　　$EBIT$——项目正常年份的年息税前利润或运营期内年平均息税前利润；

　　　　TI——项目总投资。

5. 总投资利税率

总投资利税率是指当项目达到设计能力后，正常年份的平均息税前利润、销售税金及附加之和与总投资的比值。由于考虑了销售税金及附加，总投资利税率比总投资收益率要高。总投资利税率的计算公式为

$$总投资利税率 = \frac{年平均利税}{项目总投资} = \frac{年平均利润 + 年平均销售税金及附加}{项目总投资} \times 100\%$$

6. 资本金净利润率

资本金净利润率 ROE 表示项目资本金的盈利水平，指项目达到设计能力后正常年份的年净利润或运营期内年平均净利润 NP 与项目资本金 EC 的比率。资本金净利润率高于同行业净利润率参考值时，表明用项目资本金净利润率表示的盈利能力满足要求。资本金净利润率计算公式为

$$ROE = \frac{NP}{EC} \times 100\% \qquad (5-6)$$

5.2.2　偿债能力分析指标

项目偿债能力分析主要通过借款还本付息计算和资产负债计算，分析项目财务主

体的偿债能力，反映海上风电场偿债能力的主要指标包括资产负债率、利息备付率、偿债备付率、流动比率和速动比率，通过分析这些指标来了解项目的清偿能力。

1. 资产负债率

资产负债率 LOAR 指各期末负债总额与资产总额的比值。适度的资产负债率表明企业经营安全、稳健，具有较强的筹资能力，也表明企业和债权人的风险较小。对于该指标的分析，应结合国家宏观经济状况、行业发展趋势、企业所处竞争环境等具体条件判定。一般认为资产负债率为 60% 比较合适，债权人认为资产负债率越小，风险越小，股东认为在利润率大于利率时，可以发挥财务杠杆作用，因此经营者对资产负债率的大小要权衡利弊。资产负债率计算公式为

$$LOAR = \frac{TL}{TA} \times 100\% \tag{5-7}$$

式中　　TL——期末负债总额；

　　　　TA——期末资产总额。

2. 利息备付率

利息备付率 ICR 指在借款偿还期内息税前利润与应付利息的比值，该指标从付息资金来源的充裕性角度反映项目偿债债务利息的保障程度。利息备付率按年计算，利息备付率越高，表明偿付利息的保障程度越高。利息备付率至少应大于 1，并结合债权人的要求确定。利息备付率计算公式为

$$ICR = \frac{EBIT}{PI} \times 100\% \tag{5-8}$$

式中　　$EBIT$——息税前利润；

　　　　PI——计入总成本费用的应付利息。

3. 偿债备付率

偿债备付率 DSCR 指在借款偿还期内，用于计算还本付息的资金与应还本付息金额的比值。该指标表示可用于计算还本付息的资金偿还借款本息的保障程度。偿债备付率计算公式为

$$DSCR = \frac{EBITAD - T_{Ax}}{PD} \times 100\% \tag{5-9}$$

式中　　$EBITAD$——息税前利润加折旧和摊销；

　　　　T_{Ax}——企业所得税；

　　　　PD——应还本付息金额，包括还本金额和计入总成本费用的全部利息。融资租赁费用可视同借款偿还。运营期内的短期借款本息也应纳入计算。

如果项目在运行期内有维持运营的投资，可用于还本付息的资金应扣除维持运营的投资。偿债备付率分年计算，偿债备付率越高，表明可用于还本付息的资金保障程

度越高，偿债备付率应大于 1，并结合债权人的要求确定。

4. 流动比率

流动比率是企业某个时点流动资产和流动负债的比率，反映企业资产流动性的大小，考察流动资产规模与流动负债规模之间的关系，判断企业短期债务到期前可以转化为现金用于偿还流动负债的能力。流动比率的计算公式为

$$\text{流动比率} = \frac{\text{流动资产}}{\text{流动负债}} \times 100\% \tag{5-10}$$

5. 速动比率

速动比率是企业某个时点的速动资产和流动负债的比率，是衡量企业资产流动性的指标，反映企业的短期债务偿还能力。速动比率的计算公式为

$$\text{速动比率} = \frac{\text{速动资产}}{\text{流动负债}} \times 100\% \tag{5-11}$$

$$\text{速动资产} = \text{流动资产} - \text{存货} \tag{5-12}$$

5.2.3 平准化度电成本

目前，在可再生能源技术经济评价方面，欧美国家普遍采用平准化度电成本 *LCOE* 指标分析发电成本，以更直接地反映投资项目的成本水平，从另一个侧面也可反映项目的竞争力和盈利能力。*LCOE* 是从项目的全寿命周期视角，对发电项目的经济性进行评估，可用于比较分析不同发电技术综合竞争力，也可用来分析比较不同风电场竞争力的分析方法。计算公式为

$$LCOE = \frac{E_0 + \sum_{n=0}^{N} \frac{A_t}{(1+i)^t}}{\sum_{n=0}^{N} \frac{M_{t,\text{el}}}{(1+i)^t}} \tag{5-13}$$

式中　$LCOE$——平准化度电成本；

A_t——第 t 年的运营支出；

E_0——项目初始投资；

i——投资收益率；

$M_{t,\text{el}}$——当年的发电量；

N——财务分析时考虑的项目寿命；

t——项目运行年份（1，2，3，…，n）。

由式（5-1）～式（5-13）可知，影响度电成本的因素为风电全寿命周期成本和发电量，风电成本可分解为风电机组采购成本、建设成本（包括塔筒和基础等）、运行维护成本、人工成本及材料费等。

平准化度电成本是投资人为了回收其投资及投资回报、债务本金及利息、运行维

护成本、企业所得税等税费而在项目整个寿命期内所需收取的"平均"单位度电成本，也可理解为单位度电成本价或盈亏平衡价。通常用全寿命周期的总成本现值与全寿命周期的总发电量现值之比进行计算，该值在全寿命周期内保持不变。

平准化度电成本方法的优点有：①有利于分析成本结构，发现影响发电成本的主要因素，针对降本潜力大的因素，进行有效管控；②LCOE 综合考虑了建设期、运营期投资和电量，因此能较好地分析不同设计方案对成本的影响；③可以很好地平衡建设投资、运维费用、提高风能捕获而增加的投资之间的矛盾，对技术经济评价十分有用；④有利于不同机构部门之间的交流沟通，增加透明度，减少人为增加的不确定性，从而降低不必要的风险溢价；⑤可以用来监测海上风电技术进步对成本带来的影响以及降低的幅度；⑥通过 LCOE 研究，实现国内外海上风电度电成本之间的同口径对比，促进国际交流，建立共同"语言"。

在计算 LCOE 时，建设投资和运维费用都应该用当年价格水平表示，依据计算发电量贴现值时采用的贴现率。

一般来说，LCOE 指标越低，表明风电场的单位发电成本越低，其效益相对越好。因此，从降本增效角度，根据 LCOE 的组成因素，降低风电项目度电成本，提高效益的方法主要有降低风电机组采购成本、建设成本、运行维护成本以及提高风电项目的发电量等。

5.3 财 务 计 算

5.3.1 计算期

计算期是项目财务评价的重要参数，它是指财务计算与评价中，为进行动态分析所设定的期限，包括建设期和运营期。

（1）建设期是指项目资金正式投入开始到项目建成投产运行为止所需要的时间，可按合理工期或预计的建设进度确定。

（2）运营期分为投产期和达产期两个阶段：投产期是指项目投入生产，但生产能力尚未完全达到设计能力的过渡阶段；达产期是指生产运营达到设计预期水平后的时间。运营期一般应以项目主要设备的经济寿命期而定。目前，海上风电场运营期一般为 25 年。

5.3.2 财务效益计算

海上风电场项目的财务效益主要是指风电场项目的收入，包括发电销售收入和补贴收入。

1. 销售收入

销售收入主要包括售电收入和其他收入，销售收入计算方法为

$$售电收入＝年上网电量×上网电价(含税)＋其他收入 \qquad (5-14)$$

式中　年上网电量——根据测风数据、选用的风机和布置方案设计等进行估算的，一

　　　　　　　　　般为理论发电量扣除各种损耗之后的电量，kW·h；

　　　其他收入——除售电收入以外通过销售商品、提供劳务及让渡资产使用权等

　　　　　　　　所发生的收入。

风电场在建设初期尚未并网发电时不产生售电收入。

2. 补贴收入

补贴收入主要包括即征即退、先征后返的增值税和按销售电量依据国家或地方规定的补助标准计算并按期给予的定额补贴，或属于财政扶持而给予的其他形式的补贴资金等。

补贴收入同营业收入一样，应列入利润与利润分配表、财务计划现金流量表、项目投资现金流量表与项目资本金现金流量表。补贴收入应按规定分别计入或不计入应税收入。

从以上财务收益的来源可以看出，海上风电场收益来源相对较为单一，主要是售电收入，要提高售电收入，只能通过提升项目发电量或增加电价两个途径。从我国海上风电电价发展过程来看，经历了特许权电价、标杆电价、竞争电价以及即将到来的平价上网时代，根据国家发展改革委发布的《关于完善风电上网电价政策的通知》(发改价格〔2019〕882 号)，2019 年符合规划、纳入财政补贴年度规模管理的新核准近海风电指导价调整为 0.8 元/(kW·h)，2020 年调整为 0.75 元/(kW·h)。2018 年底前已核准的海上风电项目，如在 2021 年底前全部机组完成并网的，执行核准时 0.85 元/(kW·h) 的上网电价；2022 年及以后全部机组完成并网的，执行并网年份的指导价。相比沿海省份的标杆燃煤电价，目前海上风电电价高约 0.4 元/(kW·h)。实现平价后，海上风电上网电价将降至约 0.45 元/(kW·h)，几近腰斩。为降低补贴强度，推动海上风电成本下行，我国 2019 年将标杆电价改为指导电价，参与项目实施竞标机制，中标电价不得高于指导价。可以看出，海上风电电价的降低是不可避免的趋势，因此，要提高海上风电的财务收益，只能依赖技术进步来提升发电效率，以获得更多的电量。

5.3.3　费用计算

海上风电场项目支出的费用主要包括总投资、总成本费用、经营成本和税费。

5.3.3.1　总投资

海上风电场总投资包括建设投资、建设期利息和流动资金。

1. 建设投资

建设投资是根据确定的建设规模和工程技术方案，通过建设投资最终形成海上风电场固定资产。建设投资由施工辅助工程费、设备及安装工程费、建筑及安装工程费、其他费用和预备费组成。建设投资中的可抵扣增值税部分不计入固定资产原值。可抵扣增值税计算公式为

$$可抵扣增值税 = \frac{可抵扣的设备购置费}{(1+增值税率)\times增值税率} + \frac{可抵扣的建筑工程费}{(1+增值税率)\times增值税率}$$

$$(5-15)$$

根据《财政部 税务总局 海关总署 关于深化增值税改革有关政策的公告》（财政部 税务总局 海关总署公告 2019 年第 39 号），纳税人发生增值税应税销售行为或者进口货物，原适用 16% 税率的，调整为 13%；原适用 10% 税率的，调整为 9%。

专利权、非专利技术、商誉和土地使用权等费用形成无形资产。

生产人员培训及提前进厂费、管理用具购置费、工器具及生产家具购置费等形成其他资产。

如图 5-1 所示，海上风电场的总投资主要包括风电机组设备费、电力设施费、基础费、安装费和其他费用。由图 5-1 可以看出，风电机组设备费用占总投资的近 50%，因此，从降本增效的角度，首先从降低风电机组设备投资的途径，可以降低风电场的投资，其次

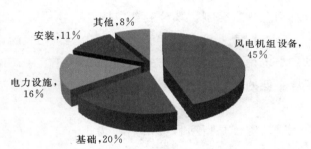

图 5-1 海上风电场的总投资主要构成

风电机组和海上升压站基础、电力设施、安装三部分的费用也占总投资的近 50%，因此从优化风电场设计节约工程量、集中或批量采购电气设备、安装工程等方面也可以降低风电场的投资，最后，从节约财务成本等方面也可以节省一些费用。

2. 建设期利息

建设期利息指筹措债务资金时在建设期内发生并在投产后计入固定资产原值的利息。建设期利息包括银行借款、其他债务资金的利息以及其他融资费用。其中，其他投融资费用是指某些债务融资中发生的手续费、承诺费、管理费、信贷保险费等融资费用。建设期利息应在完成建设投资估算和分年投资计划的基础上，根据筹资方式（银行贷款、企业债券）、金融及筹资费率（银行贷款利率、企业债券发行手续费）等进行计算。在进行工程建设期利息计算时，假设当年借款均在当年年中支用，故当年借款按半年计息，其后年份按全年计息。按是否考虑利息的时间价值，利息的计算

分单利计息和复利计息两类。

按单利计算为

$$各年应计利息 = \left(年初借款本息累计 + \frac{本年借款额}{2}\right) \times 名义年利率 \qquad (5-16)$$

按复利计算为

$$各年应计利息 = \left(年初借款本息累计 + \frac{本年借款额}{2}\right) \times 实际年利率 \qquad (5-17)$$

对于有多种借款资金来源，每笔借款的年利率各不相同的项目，既可分别计算每笔借款的利息，也可先计算出各笔借款加权平均的年利率，并以加权平均利率计算全部借款的利息。

对于其他融资费用，一般情况下，应将其单独计算并计入建设期利息，在项目前期研究的初期阶段，也可作粗略估算并计入建设投资，对于不涉及国外贷款的项目，在可行性研究阶段，也可作粗略估算并计入建设投资，其与按式（5-16）、式（5-17）计算的各年应计利息相加即为建设期利息。一般情况下，在海上风电项目第一台风电机组投产前发生的借款利息应全部计入工程建设投资，第一台风电机组投产后，应对利息进行分割，部分利息应按投产容量转入生产成本。

利息在海上风电全生命周期中占大约15％的比重，因此从降本角度，如何减少利息支出也是一个值得研究的问题，主要可以从获取比较低的财务融资费用角度出发，获取更低的银行贷款利率或发行一些财务费用较少的金融产品如债券等。

3. 流动资金

流动资金是指项目投产后，为进行正常的生产运营，用于购买原材料、燃料动力、备品备件，支付工资及其他经营费用等所必不可少的周转资金。流动资金在项目投产前预先垫付，到项目寿命结束时，全部流动资金退出生产及流通，以货币形式回收。流动资金需根据风电机组年度投产批次和容量计算，其中资本金的比例不低于30％。流动资金可根据项目情况和资料条件，采用分项详细估算法或扩大指标估算法。

（1）流动资金分项详细估算法。流动资金分项详细计算法是将其按流动资产和流动负债的用途性质进行分析，并分别进行估算，估算公式为

$$流动资金 = 流动资产 - 流动负债 \qquad (5-18)$$

其中

$$流动资产 = 应收账款 + 预付账款 + 存货 + 现金$$

$$流动负债 = 应付账款 + 预收账款$$

$$流动资金本年增加额 = 本年流动资金 - 上年流动资金$$

在进行估算时，一般先确定流动资产和流动负债中各分项的最低周转天数并计算

周转次数，再逐项进行估算，即

$$\begin{cases} 应收账款 = \dfrac{年经营成本}{年周转次数} \\\\ 存货 = \dfrac{年材料费用}{年周转次数} \\\\ 现金 = \dfrac{年工资及福利费 + 年其他费用}{年周转次数} \\\\ 应付账款 = \dfrac{年材料费用}{年周转次数} \\\\ 年周转次数 = \dfrac{360}{最低周转天数} \end{cases} \qquad (5-19)$$

（2）流动资金扩大指标估算法。参照同类项目流动资金占固定资产价值、经营成本、销售收入、销售利润等的比例，或单位产量资金率即单位产量占用流动资金金额，综合估算拟建工程项目流动资金的需要量。目前海上风电项目常用的为单位产量资金率估算法，即

$$流动资金 = 年生产能力 \times 单位产量资金率 \qquad (5-20)$$

流动资金一般应在项目投产前开始筹措，为简化计算可在投产第一年开始安排，其贷款利息计入发电成本，本金在计算期末一次回收。

5.3.3.2 总成本费用

总成本费用指项目在运行期内为生产所发生的各种费用，海上风电场总成本主要包括折旧费、摊销费、修理费、职工工资及福利、保险费、材料费、其他费用和利息支出等。

1. 折旧费

折旧是指资产价值的下降，折旧费是定期地计入成本费用中的固定资产的转移价值。固定资产经过使用后，其价值会因为固定资产磨损而逐步以货币形式进入产品成本和费用，构成产品成本和期间费用的一部分，并从实现的收益中得到补偿。折旧费指根据企业的固定资产原值，剔除不提折旧的固定资产因素，按照规定的残值率和折旧方法计算提取的折旧费用。

折旧费的计算方法有直线折旧法、年数总和法及双倍余额递减法等，一般情况下，折旧年限应按税法规定的分类折旧年限确定，也可取行业规定的综合折旧年限。

（1）直线折旧法包括年限平均法和工作量法。

1）年限平均法是将应提折旧的固定资产价值按其使用年限平均分摊，即

$$D = K_0 f \qquad (5-21)$$

其中

$$f = 1 - \frac{S'}{T} \times 100\%$$

式中 D——年折旧额；

K_0——固定资产原值，是指项目投产时可形成固定资产价值部分，包括建设投资、建设期利息，但要扣除增值税抵扣部分；

f——年折旧率；

S'——预计净残值率，一般取原值的 $3\% \sim 5\%$；

T——折旧年限。

2）工作量法是指按规定的总工作量（总工作小时、总工作台班、总行驶里程数等）计提固定资产折旧的一种方法。这种方法应用于某些价值很大，但又不经常使用或生产变化大，磨损又不均匀的生产专用设备和运输设备等的折旧计算。根据设备的用途和特点又可以分别按工作时间、工作台班或行驶里程等不同的方法计算折旧。

（2）年数总和法。年数总和法是指将应计折旧总额乘以剩余可用年数（包括计算当年）与可使用年数所有数字总和之比，作为某年的折旧费用额。

（3）双倍余额递减法。双倍余额递减法是指根据各年年初固定资产折余价值和双倍的不考虑残值的直线法折旧率计提各年折旧额。

一般来说，海上风电项目采用直线折旧年限平均法。

2. 摊销费

摊销费是指无形资产和递延资产在一定期限内分期摊销的费用，也指投资不能形成固定资产的部分。摊销费在可行性研究中，列入成本的待摊费用。待摊费用指已经发生或支付，但需要逐步分批摊入产品成本的各项费用，如引进技术项目的许可证费、专利费、设计费、咨询费等，这些费用一般在项目投产前支付，投产后一次或分批列入成本。

无形资产应按规定期限分期摊销，没有规定期限的，按不少于 10 年的期限分期摊销。递延资产的开办费按照不短于 5 年的期限分期摊销。无形资产和递延资产一般采用平均年限法，不计残值。

3. 修理费

修理费是为保持海上风电场项目固定资产的正常运转、使用，充分发挥其使用效能，而对其进行必要修理所发生的费用。项目需要维护的固定资产包括风电机组设备、海上或陆上升压站设备及海底电缆等。根据海上风电场运行条件和检修计划，结合固定资产的磨损状态，采用预提的方法，根据在项目中所占投资比例合理地选取修理费率，在风电机组安装期按照装机容量比例计算修理费。修理费的简化计算公式为

$$年修理费 = 固定资产原值 \times 修理费率 \times 投产率 \tag{5-22}$$

固定资产原值应扣除所含的建设期利息。根据海上风电项目的特点，修理费率在

生产运营初期取较低值，以后逐渐取高值。

4. 职工工资及福利

职工工资及福利是指企业为获得职工提供的服务而给予各种形式的报酬以及其他相关支出，通常包括职工工资、奖金、津贴和补贴以及职工福利费、医疗保险费、养老保险费、失业保险费、工伤保险费、生育保险费和住房公积金中由企业缴付部分，即

$$职工工资及福利费＝职工人数×工资×(1＋福利费率) \qquad (5-23)$$

5. 保险费

海上风电场所处环境相对复杂、恶劣，海上风电项目进入运行期后，其风险更多来源于水文方面、气象方面、生物环境方面、人为方面等。

水文方面，海水对风电机组基础会施加多种作用荷载，包括潮汐对风电机组基础施加的疲劳荷载，海冰与风电机组基础产生刚性碰撞等；高盐雾造成风电机组金属材料的电化学腐蚀；风暴潮使海水水位暴涨从而影响风电机组顶部设施；海上船只偏离航道意外碰撞风电机组，船舶的非正常抛锚可能会钩断海缆等。

气象方面，热带气旋等极端天气因产生很大的瞬时风速，会对风电场设施的结构造成破坏；雷电可能会导致风电场电路故障、火灾等；地震、海啸等自然灾害也会对风电场造成严重的破坏。

生物环境方面，鸟类飞行可能会撞击运行中的风电机组叶片从而损坏风机，水生生物依附风电机组基础会有潜在风险。

人为方面，海缆用于将风电机组产生的电能传输至陆上，途经区域如有锚区、捕捞作业区，操作不当可能导致海缆被相应工具损坏；从欧洲海上风电的运营记录看，海上风电的技术含量高、危险性强，如果运维人员培训、管理不当，易造成巨大损失。

国内的海上风电保险始于 2008 年东海大桥海上风电的开工建设，目前已进入国内海上风电保险领域的主要是中国人民保险集团股份有限公司、中国太平洋保险（集团）股份有限分司、中国平安保险（集团）股份有限公司等中资大型保险公司，普遍采用联合体共保的形式，还会与国际再保签订分保协议，将其所承保的部分风险和责任向其他保险人进行保险。海上风电项目保险从建设到运营，涉及水险和能源险中的许多领域，建设期主要是建筑安装工程一切险（附带第三责任险）、设备运输险、船舶保险等，运营期主要是财产一切险、机器损坏险、公众责任险等。

近几年，海上风电建安险费率一般为 5‰～7‰。海上风电运输险以保险标的金额为基数进行计费，保险费率为 1.5‰～5‰。根据海上风电场所处的海域环境、风电机组基础型式、风电机组可靠性、免赔额等因素确定财产一切险的保险费率在 1.5‰～2‰。海上风电机损险费率在 3‰～5‰。

在海上风电场前期财务评价时，保险费可以估算为

$$保险费＝固定资产价值×保险费率 \qquad (5-24)$$

6. 材料费

材料费包括海上风电场运行、维护等所耗用的材料、事故备品、低值易耗品等费用，一般按单位容量指标估算，计算公式为

$$材料费＝风电场装机容量×材料费率 \qquad (5-25)$$

7. 其他费用

其他费用包括不属于上述各项费用而应计入风电场总成本费用的其他成本，包括公司经费、工会经费、职工教育经费、劳动保险费、董事会费、咨询费、聘请中介机构费、诉讼费、业务招待费、技术转让费、研究开发费、房产税、车船使用税、土地使用税、印花税，可用费率的方法计算。此外，还包括风电场项目运营期发生的海域使用金、土地费用等。其他费用计算为

$$其他费用＝风电场装机容量×其他费用率＋海域使用金＋土地费用 \qquad (5-26)$$

《中华人民共和国海域使用管理法》第三十三条规定：国家实行海域有偿使用制度。单位和个人使用海域，应当按照国务院的规定缴纳海域使用金。海域使用金应当按照国务院的规定上缴财政。海域使用金是指国家以海域所有者身份依法出让海域使用权，而向取得海域使用权的单位和个人收取的权利金。

海上风电工程所涉及的征海费用主要包括风电机组基础和海缆的。风电机组基础作为透水构筑物，按照海域等级来进行海域使用金的征收；海缆的海域使用金不作等别划分，均为 0.45 万元/hm²（按年度征收）。对于海上风电工程用海面积计算则参照《海上风电开发建设管理办法》（国能新能〔2016〕394 号）第二十条规定：单个风电机组塔架用海面积一般按塔架中心至基础外缘线点在向外扩 50m 为半径的圆形区域计算；海底电缆用海面积按电缆外缘向两侧各外扩 10m 宽为界计算。

8. 利息支出

运营期财务费用中的利息支出包括长期借款利息、流动资金借款利息和短期借款利息。建设期借款余额应在运营期支付的利息计入长期借款利息，运营期分年度按照年末偿还、年初再借一年期计算的流动资金借款利息。短期借款利息按照当年借款下年偿还处理。

（1）长期借款利息。长期借款利息是指对建设期间借款余额（含未支付的建设期利息）应在生产期支付的利息，长期借款还本付息可按照等额还本付息方式、等额还本利息照付方式和约定还款等三种方式计算。

1）等额还本付息方式计算公式为

$$A = I_c(A/P, i, n) = I_c \frac{i(1+i)^n}{(1+i)^n - 1} \qquad (5-27)$$

式中 A——等额年金（每年还本付息额）；

           I_c——还款起始年年初的借款余额；

           i——年实际利率；

           n——预定还款期；

$(A/P, i, n)$——资金回收系数。

2）等额还本利息照付方式计算公式为

$$A_t = \frac{I_c}{n} + I_c \left(1 - \frac{t-1}{n}\right) i \qquad (5-28)$$

式中 A_t——第 t 年还本付息额；

         I_c/n——每年偿还本金额；

$I_c \left(1 - \dfrac{t-1}{n}\right) i$——第 t 年支付利息。

3）约定还款方式指上述两种方式以外的按照项目法人与借款债权人签订的借款协议所约定的还款方式。

（2）流动资金借款利息。流动资金借款利息是为满足生产经营者在生产经营过程中短期资金需求，保证生产经营活动正常进行而发生借款产生的利息。流动资金按期末偿还、期初再借的方式处理，并按一年期利率计息。年流动资金借款利息计算公式为

年流动资金借款利息＝年初流动资金借款余额×流动资金借款年利率 $(5-29)$

（3）短期借款利息。短期借款是指企业根据生产经营的需要，从银行或其他金融机构借入的偿还期在一年以内的各种借款，包括生产周转借款、临时借款等。短期借款利息计算与流动资金借款利息计算相同。

5.3.3.3 经营成本

由于在总成本费用中，折旧费和摊销费并不是企业生产经营过程中实际发生的现金支出，都属于对项目建设期发生的固定资产投资在其投入运营后的经济寿命期内的一种分摊处理。因此，在财务分析中，除了使用总成本费用的概念外，还常需用到经营成本的概念。经营成本是在一定期间（通常为一年）内由于生产和销售产品及提供劳务而实际发生的现金支出，它不包括虽计入产品成本费用中，但实际没发生现金支出的费用项目，即

经营成本＝总成本费用－折旧费－摊销费－利息支出 $(5-30)$

提高海上风电项目的收益，除了尽可能降低建设期工程造价，在运营期降低成本支出也是一个重要途径。由于折旧和利息是需要按规定计提或支出的，因此需要通过降低经营成本来达到降低成本支出的目的。随着时间的流逝，风电机组会累积特定位置的疲劳损伤，这是长期使用设备所造成的正常磨损。通过先进的运维手段更好地运营和管理海上风电场，特定地点的累积疲劳损伤在许多情况下可能会低于设计认证的

疲劳损伤，这样可以减少修理费用的支出，降低维护费用。此外，随着海上风电的快速发展，逐渐形成区域风电场群，风电场间不再孤立，对区域资源进行整合、机构设置进行优化，用创新的区域化模式进行专业化、精细化管理，改善人员环境并提高生产效率。"少人值守、无人值班、集中监控"的区域化管理模式、以及通过大数据挖掘实现状态检修以及备品备件统一区域化管理调配，可有效降低风电项目运行维护费用，提高风电场的综合效益。

5.3.3.4　税金

海上风电场项目属于电力工程行业，其缴纳的税金包括增值税、销售税金附加、企业所得税。

1. 增值税

海上风电项目的增值税是以销售电力的增值额为对象所征收的一种流转税。增值税实行价外计征的办法，即按不包含增值税税金的电力销售价格和规定的增值税率计征增值税。目前，海上风电场项目增值税税率为 13%，根据《关于资源综合利用及其他产品增值税政策问题的通知》（财税〔2008〕156 号），风电场项目增值税实行即征即退 50% 的政策，此外，根据增值税转型相关政策，允许企业购进机器设备等固定资产的进项税金可以在销项税金中抵扣。

2. 销售税金附加

销售税金附加包括城市维护建设税和教育费附加。

（1）城市维护建设税是随同增值税附征并专项用于城市维护建设的一种附加税。它以纳税人实际缴纳的增值税为计税依据，与增值税同时缴纳。其应纳税额计算公式为

$$应纳税额＝增值税实纳税额×适用税率 \qquad (5-31)$$

城市维护建设税按纳税人所在地区实行差别税率。项目所在地为市区的，税率为 7%，项目所在地为县城、镇的，税率为 5%；项目所在地为乡村或矿区的，税率为 1%。

（2）教育费附加是为了加快地方教育事业的发展，扩大地方教育经费的资金来源而开征的，教育费附加作为教育专项基金，主要用于各地改善教学设施和办学条件。教育费附加随增值税同时缴纳，税率为 5%（含地方教育费附加 2%）。

3. 企业所得税

企业所得税是对企业就其生产、经营所得和其他所得征收的一种税。纳税人应纳税额按应纳税所得额乘以适用税率计算，即

$$应纳企业所得税额＝应纳税所得额×适用税率 \qquad (5-32)$$

其中　　　　应纳税所得额＝发电利润总额－免税补贴收入－以前年度亏损

海上风电企业所得税的适用税率目前为 25％。根据《国家税务总局关于实施国家重点扶持的公共基础设施项目企业所得税优惠问题的通知》（国税发〔2009〕80 号），其投资经营的所得，自该项目取得第一笔生产经营收入所属纳税年度起，第 1～3 年免征企业所得税，第 4～6 年减半征收企业所得税（12.5％），6 年后所得税按照 25％征收。

5.3.4 利润

利润是指企业销售产品的收入扣除成本和税金以后的余额。

利润总额是企业在一定时期内生产经营活动的最终财务成果，是衡量和评价企业生产经营成果和经济效益的综合性指标。海上风电企业利润总额计算公式为

$$利润总额＝发电收入－实缴增值税－营业税金及附加－总成本费用＋补贴收入$$

$$(5-33)$$

$$净利润＝利润总额－所得税 \qquad (5-34)$$

5.4 财 务 评 价

5.4.1 融资前财务评价

财务评价一般先进行融资前财务评价，在融资前评价结论满足要求的情况下，再确定融资方案，进行融资决策，再进行融资后财务评价。

融资前财务评价是指在考虑融资方案前就可以开始的财务评价，即不考虑债务资金的筹集、使用和还本付息等融资问题对项目建设和运营效益的影响，只考察项目对财务主体的价值或项目自身的财务可行性。

融资前财务评价主要进行项目投资财务现金流量分析，现金流量分析中各项成本费用及所得税应剔除利息的影响，因此融资前项目投资现金流量分析的现金流量主要包括销售收入、建设投资、流动资金、经营成本、营业税金及附加、所得税。其中，现金流入主要是发电销售收入，在计算期的最后一年，还包括固定资产残值和回收流动资金；现金流出主要包括建设投资、流动资金、经营成本、营业税金及附加、所得税。这里的所得税应根据息税前利润乘以所得税率计算。

根据现金流入和现金流出编制项目投资财务现金流量表，计算项目投资税前和税后财务内部收益率和净现值、静态投资回收期。所得税前财务内部收益率指标可作为初步决策的主要指标，用于考察项目是否基本可行并值得为之融资，当财务内部收益率大于或等于基准收益率时（此时净现值应大于或等于零），表明项目基本可行，所

得税后财务内部收益率指标用以判断项目对企业价值的贡献。

5.4.2 融资后财务评价

在融资前财务评价可行的前提下，可以考虑融资方案，进行融资后财务评价。融资后财务评价是指在确定的融资方案基础上进行的财务评价。融资后财务评价考虑了债务资金的筹集、使用和还本付息等融资问题对项目建设和运营效益的影响，以考察项目对投资者的财务贡献。融资后财务评价包括盈利能力分析、偿债能力分析以及财务生存能力分析，进而判断项目在融资条件下的合理性。

1. 融资后盈利能力分析

融资后盈利能力分析包括动态分析和静态分析。

（1）动态分析。主要是从项目投资者的角度，进行项目资本金财务现金流量分析，编制项目资本金现金流量表，根据资金的时间价值，计算财务内部收益率、财务净现值，分析项目的获利能力。融资后现金流量分析的现金流入与融资前相同，主要是发电销售收入，在计算期的最后一年，还包括固定资产残值和回收流动资金；现金流出主要包括项目投资资本金、流动资金资本金、还本付息、经营成本、营业税金及附加、所得税。这里的所得税与融资前分析中不同，采用收入扣除总成本费用后的利润总额乘以所得税率得到。当计算的项目资本金财务内部收益率大于或等于最低可接受收益率时，说明在一定的融资方案下的投资获利水平大于或达到了项目投资者整体对投资获利的最低要求，是可以接受的。其中，最低可接受收益率主要取决于当时的资本收益水平以及投资者对资金收益的要求。

（2）静态分析。主要是依据利润与利润分配表，并借助现金流量表计算相关盈利能力指标，包括项目资本金净利润率、投资收益率等，不采取折现方式。当静态指标分别符合其相应的参考值时，认为盈利能力满足要求。

2. 偿债能力分析

主要通过计算借款偿还期、利息备付率、偿债备付率和资产负债率等指标，分析判断财务主体的偿债能力。

3. 财务生存能力分析

海上风电场项目运营期间，确保从各项经济活动中得到足够的净现金流量，是项目能够持续生存的条件。运营期内拥有足够的现金流量是项目财务可持续的基础，各年累计盈余资金大于或等于零是项目财务生存能力的必要条件，财务评价中应根据财务计划现金流量表，综合考察项目计算期内的投资活动、融资活动和经营活动所产生的各项现金流入和流出，就是净现金流量和累计盈余资金，分析项目是否有足够的净现金流量维持正常运营。

财务生存能力应结合偿债能力分析进行，如果安排的还款期过短，致使还本付息负担过重，导致为维持资金平衡必须筹措的短期贷款过多，可以通过调整借款期限减轻还款负担。

5.4.3 资金来源与融资方案分析

海上风电场项目资金来源可分为项目资本金和项目债务资金。

项目资本金的筹措方式可根据项目融资主体的特点，按照既有法人项目和新设法人项目进行选择。既有法人融资项目的新增资本金可通过原有股东增资扩股、吸收新股东投资、发行股票、政府投资等方式筹措。投资者可以用货币出资，也可以用实物、工业产权、非专利技术、土地使用权、资源开采权等作价出资。新设法人融资项目的资本金可以通过股东直接投资、发行股票、政府投资等方式筹措。

项目债务资金的来源可以包括商业银行贷款、政策性银行贷款、企业债券和融资租赁等。

风电场项目资本金与项目债务资金的比例应符合国家有关法规规定，符合金融机构信贷规定及债权人有关资产负债比例的要求，满足权益投资者获得期望投资回报的要求，满足防范财务风险的要求。

5.4.4 不确定性分析

海上风电场财务评价所采用的基本变量都是对未来的预测和假设，因而具有不确定性。不确定性分析是以计算和分析各种不确定性因素如价格、产量、经营成本、投资费用等的变化对项目财务效益的影响程度为目的的一种经济分析方法，通过对影响较大的不确定性因素进行分析，计算由于基本变量的增减引起的财务指标变化以及变化程度，预测项目可能承担的风险，使项目决策建立在较为稳妥的基础上。

不确定性分析包括盈亏平衡分析和敏感性分析。

5.4.4.1 盈亏平衡分析

盈亏平衡分析是通过计算项目达产年的盈亏平衡点，分析项目成本与收入的关系，判断项目对产出品数量变化的适应能力和抗风险能力。海上风电场项目的产出品主要指销售电量。盈亏平衡点是指项目盈利与亏损状态的转折点，这时企业既无盈利也不亏本，即利润等于零。一般来说，在项目生产能力许可的范围内，盈亏平衡点越低，项目盈利的可能性就越大，造成亏损的可能性越小，项目的适应能力和抗风险能力越强。

5.4.4.2 敏感性分析

敏感性分析是用于考察项目涉及的各种不确定因素对项目基本方案财务评价指标的影响，找出敏感性因素，估计项目效益对它们的敏感程度，预测项目可能承担的风险。在进行敏感性分析时，一般采用单因素敏感性分析，即每次改变一个因素的数值进行分析，估算单个因素的变化对项目效益产生的影响。对于海上风电场项目，主要对建设投资、电量、电价、利率等不确定因素，或财务内部收益率和资本金财务内部收益率指标进行敏感性分析，一般选择不确定因素的变化幅度为±5％、±10％等。敏感性分析的结果汇总形成敏感性分析表，将不确定因素变化后计算的财务评价指标与基本方案进行对比分析，并计算敏感度系数和临界点，按不确定性因素的敏感程度进行排序，找出最敏感的因素，分析可能造成的风险并提出应对措施。其中，敏感度系数是指项目评价指标变化率与不确定因素变化率之比，临界点指不确定性因素变化使项目由可行变为不可行的临界值。

第 6 章　建设管理的降本增效

6.1　概　　述

建设管理，即建设工程项目管理。我国《建设工程项目管理规范》（GB/T 50326—2017）将建设管理的定义解释为：运用系统的理论和方法，对建设工程项目进行的计划、组织、指挥、协调和控制等专业化活动。英国皇家特许建造学会（The Chartered Institute of Building，CIOB）对建设管理的含义解释为：自项目开始至项目完成，通过项目策划和项目控制，以使项目的费用目标、进度目标和质量目标得以实现。CIOB的解释"自项目开始至项目完成"指的是项目的实施期，包括设计准备阶段、设计阶段、施工阶段、动用前准备阶段、保修阶段，不包括决策阶段和使用阶段。

为进一步完善海上风电管理体系，规范海上风电开发建设秩序，促进海上风电产业持续健康发展，2016年12月29日，国家能源局、国家海洋局颁布了《海上风电开发建设管理办法》（国能新能〔2016〕394号）。海上风电建设管理的主要工作内容包括海上风电发展规划、项目核准、海域海岛使用、环境保护、施工及运行等环节的行政组织管理和技术质量管理。

按照国能新能〔2016〕394号文规定，海上风电建设管理向前延伸至决策阶段的发展规划、项目核准等前期工作，向后拓展至使用阶段的运行维护环节，贯穿于项目全过程，是集成化和统一化的全寿命建设管理。

本章结合海上风电项目及其建设管理特点，研究在项目全过程中降低成本、增加效益的增值服务方法，并进一步探索设计、施工一体化和施工、运维相结合对降本增效的促进作用。

6.2　决策阶段建设管理的降本增效

根据国能新能〔2016〕394号文，海上风电项目决策阶段的建设管理按照发展规划、项目核准、海域海岛使用、环境保护等环节的行政组织管理和技术质量管理流程，办理项目核准前、项目开工前的审批手续。

6.2.1　发展规划

（1）海上风电发展规划包括全国海上风电发展规划、各省（自治区、直辖市）以及市县级海上风电发展规划。全国海上风电发展规划和各省（自治区、直辖市）海上风电发展规划应当与可再生能源发展规划、海洋主体功能区规划、海洋功能区划、海岛保护规划、海洋经济发展规划相协调。各省（自治区、直辖市）海上风电发展规划应符合全国海上风电发展规划。

（2）海上风电场应当按照生态文明建设要求，统筹考虑开发强度和资源环境承载能力，原则上应在离岸距离不少于 10km、滩涂宽度超过 10km 且海域水深不得少于 10m 的海域布局。在各种海洋自然保护区、海洋特别保护区、自然历史遗迹保护区、重要渔业水域、河口、海湾、滨海湿地、鸟类迁徙通道、栖息地等重要、敏感和脆弱生态区域，以及划定的生态红线区内不得规划布局海上风电场。

（3）国家能源局统一组织全国海上风电发展规划编制和管理；会同国家海洋局审定各省（自治区、直辖市）海上风电发展规划；适时组织有关技术单位对各省（自治区、直辖市）海上风电发展规划进行评估。

（4）各省（自治区、直辖市）能源主管部门组织有关单位，按照标准要求编制本省（自治区、直辖市）管理海域内的海上风电发展规划，并落实电网接入方案和市场消纳方案。

（5）各省（自治区、直辖市）海洋行政主管部门，根据全国和各省（自治区、直辖市）海洋主体功能区规划、海洋功能区划、海岛保护规划、海洋经济发展规划，对本地区海上风电发展规划提出用海用岛初审和环境影响评价初步意见。

（6）鼓励海上风能资源丰富、潜在开发规模较大的沿海县市编制本辖区海上风电规划，重点研究海域使用、海缆路由及配套电网工程规划等工作，上报当地省级能源主管部门审定。

（7）各省（自治区、直辖市）能源主管部门可根据国家可再生能源发展相关政策及海上风电行业发展状况，开展海上风电发展规划滚动调整工作，具体程序按照规划编制要求进行。

6.2.2　项目核准

（1）省级及以下能源主管部门按照有关法律法规，依据经国家能源局审定的海上风电发展规划，核准具备建设条件的海上风电项目。核准文件应及时对全社会公开并抄送国家能源局和同级海洋行政主管部门。未纳入海上风电发展规划的海上风电项目，开发企业不得开展海上风电项目建设。鼓励海上风电项目采取连片规模化方式开发建设。

（2）国家能源局组织有关技术单位按年度对全国海上风电核准建设情况进行评估

总结，根据产业发展的实际情况完善支持海上风电发展的政策措施和规划调整的建议。

（3）鼓励海上风电项目采取招标方式选择开发投资企业，各省（自治区、直辖市）能源主管部门组织开展招投标工作，上网电价、工程方案、技术能力等工作，并将其作为重要考量指标。

（4）项目投资企业应按要求落实工程建设方案和建设条件，办理项目核准所需的支持性文件。

（5）省级及以下能源主管部门应严格按照有关法律法规明确海上风电项目核准所需支持性文件，不得随意增加支持性文件。

（6）项目开工前，应落实有关利益协调解决方案或协议，完成通航安全、接入系统等相关专题的论证工作，并依法取得相应主管部门的批复文件。海底电缆按照《铺设海底电缆管道管理规定》（国务院令第 27 号）及实施办法的规定，办理路由调查、勘测及铺设施工许可手续。

6.2.3 海域海岛使用

（1）海上风电项目建设用海应遵循节约和集约利用海域和海岸线资源的原则，合理布局，统一规划海上送出工程输电电缆通道和登陆点，严格限制无居民海岛风电项目建设。

（2）海上风电项目建设用海面积和范围按照风电设施实际占用海域面积和安全区占用海域面积界定。其中：海上风电机组用海面积为所有风电机组塔架占用海域面积之和，单台风电机组塔架用海面积一般按塔架中心点至基础外缘线点再向外扩 50m 为半径的圆形区域计算；海底电缆用海面积按电缆外缘向两侧各外扩 10m 宽为界计算；其他永久设施用海面积按《海籍调查规范》（HY/T 124—2016）的规定计算。各种用海面积不重复计算。

（3）项目单位向省级及以下能源主管部门申请核准前，应向海洋行政主管部门提出用海预审申请，按规定程序和要求审查后，由海洋行政主管部门出具项目用海预审意见。

（4）海上风电项目核准后，项目单位应按照程序及时向海洋行政主管部门提出海域使用申请，依法取得海域使用权后方可开工建设。

（5）使用无居民海岛建设海上风电的项目单位应当按照《中华人民共和国海岛保护法》等法律法规办理无居民海岛使用申请审批手续，并取得无居民海岛使用权后，方可开工建设。

6.2.4 环境保护

（1）项目单位在提出海域使用权申请前，应当按照《中华人民共和国海洋环境保护法》《防治海洋工程建设项目污染损害海洋环境管理条例》以及地方海洋环境保护相关法规及相关技术标准要求，委托有相应资质的机构编制海上风电项目环境影响报告书，报海洋行政主管部门审查批准。

（2）海上风电项目核准后，项目单位应按环境影响报告书及批准意见的要求，加强环境保护设计，落实环境保护措施；项目核准后建设条件发生变化，应在开工前按《海洋工程环境影响评价管理规定》（国海规范〔2017〕7 号）办理。

（3）海上风电项目建成后，按规定程序申请环境保护设施竣工验收，验收合格后，该项目方可正式投入运营。

6.2.5　决策阶段建设管理的降本增效

（1）重视规划选址。海上风电项目建设管理应重视规划选址工作，选择风能质量好（年平均可利用风速较高、可利用风功率密度大、风频分布好、可利用小时数高）、风向基本稳定（即主要有一个或两个盛行主风向），风速变化小，风电机组高度范围内风垂直切变小，湍流强度小的风电场选址位置可有效提高风能转化效率，增强发电效益，进而达到降本增效的目的。

（2）提前考虑电网接入方案。接入电力系统条件是海上风电项目能否建设和确定建设规模的重要条件，提前考虑电网现有容量、结构及其可容纳的最大容量，选择尽可能靠近电网的项目最佳建设范围，可有效减少网损（线损）和入网工程的建设成本。

（3）关注制约条件。对制约海上风电大件运输或施工安装的道路、港口、码头、桥涵及其他条件进行初步分析和评价，风电机组场址、单机容量及风电机组选型、施工安装方案等应与制约条件相适应。

（4）设计提前介入。海上风电项目实施降本增效最有效的阶段是前期决策阶段和设计阶段，统计资料显示，前期决策阶段和设计阶段影响项目造价的可能性为 30%～75%。为提高项目决策的可靠性，前期决策阶段可以委托或邀请专业设计单位提前介入，深度融合决策与设计，形成"1+1大于2"的效果。

根据风电机组的发电效益、技术成熟度及价格，并结合风电场的风能资源情况、风电机组的安装、运输条件，确定单机容量范围，拟定若干不同的单机装机容量方案；依据拟定的单机容量范围选择若干机型，比较特性参数、结构特点、塔架型式、功率曲线和控制方式等，以充分利用风电场土地和减小风电机组之间相互影响为原则，不断优化各机型方案，计算标准状态下的理论年发电量，初步估算风电机组及其有关配套费用；最终通过技术经济比较选定推荐机型。设计提前介入，凭借雄厚的专业技术团队、相对完整的数据库、对海上风电前沿技术的了解和掌握，对拟投资建设的项目提出优化建议，为决策提供科学支撑。

6.3 设计阶段建设管理的降本增效

设计阶段是项目投资控制和降本增效的重要阶段，决定着工程将来实施的投资规模、难易程度。海上风电能否高效实现项目目标在很大程度上取决于设计的优劣。本节从设计单位的管理、设计标准的选用、设计优化及保障、设计变更管理等方面论述如何做到降本增效。

6.3.1 设计单位的管理

海上风电设计工作涉及不同部门和单位，需要协调各单位之间的关系，而对设计统一协调具有一定的难度。海上风电项目建设管理过程中可以通过搭建设计管理平台、建立设计总体管理机制，实现对设计单位的系统管理，包括建立统一的设计标准、风格，协调设计界面，控制设计进度等。通过设计管理平台，将各专业设计单位有机串联起来，合理界定各单位的职责，发挥各方优势，提高沟通协调效率，提升工作效能，降低间接成本；同时通过设计管理平台，各专业设计单位之间相互学习、相互借鉴，取长补短，共同提升海上风电设计能力，设计单位选择过程中有充分的竞争环境和土壤，降低设计成本。

6.3.2 设计标准的选用

我国首部海上风电场国家标准《海上风力发电场设计标准》（GB/T 51308—2019）于 2019 年正式出台，填补了我国海上风电场设计标准的空白。为更好地指导海上风电场设计工作，促进海上风电场工程设计规范化、标准化，充分发挥海上风电能效，保障海上风电安全运行，需要进一步根据国家能源主管部门相关标准和政策，结合海上风电项目的具体工况审慎选用设计标准，不断补充完善制造设计体系、巩固优势，在顶层标准体系上统一市场标尺和要求，指导海上风电行业加快降本增效，实现电价平准化。

6.3.3 设计优化及保障

设计单位可以利用自身技术、信息的优势，协同设备生产厂家对设备进行优化，在确保质量的同时实现对材料用量的减少，进而达到降本的目的；也可以通过技术创新、结构优化达到降本的目的。

（1）制定设计优化考核管理办法。设计优化主要内容包括主设备选型论证、风电机组微观选址、电气系统、集电线路、施工组织设计等。海上风电项目开工前，应及时下达设计优化考核指标，制定设计优化考核管理办法，视设计优化考核指标完成情况，对设计团队和个人予以奖惩，促进设计优化真正落地。

（2）主设备选型设计优化。设备选型设计优化，对于风电机组，需结合风能资源、海底地形地貌、风电机组载荷强度、交通运输和安装条件等情况，对主流机型从不同单机装机容量、不同轮毂高度、不同叶片长度等方面进行上网电量比较和技术经济比选，要全面分析同一风能资源状况下不同风电机组厂家各种机型的风能捕获率，选择单位电能静态投资最低、技术经济性最佳的机型，并优先选用国产风电机组。风电机组箱式变压器除沿海、防火等有特殊要求的地区可采用干式变压器外，一般选择油浸式变压器。除开关柜关键元件可采用合资品牌外，其他元件均应采用国产的。无功补偿设备应选择动态调节响应时间不大于30ms、动态部分能够自动调节、电抗器和电容器支路在紧急情况下能快速正确投切的设备。

（3）升压站设计优化。升压站设计优化，在满足技术规范要求和布置条件情况下，应尽量采用敞开式，整体布局应紧凑有序，高压配电间尽量靠近控制室，减少电缆及沟道长度。严格控制现场中控室、仓库、办公及生活建筑面积和装饰标准。

（4）风电机组机位设计优化。风电机组机位设计优化，应优先选择风能资源优良、便于运输、吊装的地点。

6.3.4 设计变更管理

项目招标设计管理过程中，可在主机设备型号确定后，再开展其他部分的招标设计，避免后期出现较大的设计变更；在项目施工图设计管理过程中，应对设计单位提交的施工图供图计划进行审查，各设备供应商的供货计划、现场施工的进度计划和施工图供图计划的逻辑关系应正确；在项目设计变更管理过程中，应建立工程分标、工程量和设备清单的标准化清单，降低设计工作的缺项、漏项风险；在项目现场设计服务管理过程中，对施工图交底工作填写交底记录，相关记录和会议纪要等须完整。

海上风电项目受限于各式固定或浮动桩基、高压交流和高压直流升压站、输出和阵列间电缆以及风电技术等的各种不确定性与风险性，无法确保其不进行变更。虽然制定了初始被认为是合理详细的项目规划，但受外部环境变化的影响，必然会出现或多或少的变更。设计变更管理应建立有效的变更流程，包括确认变更、评估变更的项目价值、分析变更对项目的影响，明确变更的主体、变更的有效价值、变更的影响范围以及可接受变更的成本代价，进行技术经济评价后决定是否执行变更。

6.4 招投标阶段建设管理的降本增效

招投标是应用技术经济的评价方法和市场经济的竞争机制之间相互作用，通过有组织、有规则地开展择优成交的一种相对成熟、高级和规范化的交易活动。招投标作为一种竞争性市场交易方式，是基本建设程序中非常重要的一个环节，在决策（设计）阶段和实施阶段之间发挥着承上启下的作用，其目的是通过市场竞争，在保证质量、安全、工期等满足要求的前提下，寻求降低成本、节省造价的实施方案和单位。

6.4.1 招投标流程

（1）工程招投标首先由招标人发出招标信息（招标公告、招标文件），说明拟交易的工程项目内容、范围及边界条件，邀请投标人在规定的期限内提出实施方案和投标报价。

（2）投标人取得招标文件后，经过认真分析研究（不限于现场实地考察），根据市场行情和自身竞争力编制投标文件，投标文件内容必须明确，投标有效期内不得撤回、变更投标文件或报价，也不得作实质性修改。

（3）招标人依法选择专家组成评标委员会，根据招标文件中的评标标准和方法，分别对比、分析所有投标人实施方案的技术可行性和投标报价的经济合理性，在其中选择最有利条件的投标人作为中标人，与之签订合同并履约，使建设项目得以付诸实践。

6.4.2 招投标的降本增项

1. 选择合适的招标组织形式

成功组织实施招标采购工作的前提是选择合适的招标组织形式，招标组织形式分为自行招标和委托代理两种。招标人自行招标的，应具有编制招标文件和组织评标的能力；不具备自行招标条件的，应当委托具有相应专业资格能力的招标代理机构实施。

由于组织招投标活动是一项专业技术要求比较高的工作，海上风电项目自身的专业技术要求更高、更复杂，且海上风电项目一般规模较大，因此选择具备一定专业水平的委托代理不仅是保证招投标工作合法合规并得以有效实施的前提，还是避免发生重复工作、无效工作甚至重新招标等无用功事件进而影响招投标工作成本费用增加的必要条件。

2. 分析项目基本特征和需求信息

查阅海上风电项目审批文件及其他有关资料，了解掌握项目名称、项目法人、项目主要内容、范围，项目投资性质、规模大小、技术性能、质量标准、实施计划等需求特点和目标控制要求，项目进展和所处阶段，如决策调研、规划设计、项目批复等。通过分析海上风电项目基本特征和需求信息，准确把握项目的技术性能、质量标准、实施计划和目标控制要求，在满足上述要求的前提下，采取经济适用原则编制实施方案，以达到降低成本的目的。

3. 分析市场供求状况

通过调研海上风电已完工类似项目的历史资料、实地调查等方式分析市场供求状况，了解风电机组、塔筒（法兰）、海缆、升压站、集控中心等设备制造潜在投标人的数量、资质能力、类似业绩、技术特长、产能供应等有关信息，在此基础上还要重点调研施工安装潜在投标人的船机设备、资源获取及调配能力，分析预判潜在投标人的规模、数量以及投标报价等情况，为招标项目标段（包）的划分、投标人资格条件的设置、评标标准和方法的选择提供依据，建立健全合格供应商目录。假如预判市场竞争比较充分，潜在投标人数量可观，可以适当增加评标标准和方法中的商务报价评分权重，以选择报价较低的投标人降低建设成本，假如技术复杂，潜在投标人数量较少，市场竞争不充分，则需要在评标标准和方法中向技术可行性、可靠性倾斜，选择技术先进可靠的投标人保障海上风电项目的整体效益。

4. 选择合适的招标方式

工程招投标的目的是增强市场竞争，节省工程成本，但工程招投标本身也需要付出经济成本和时间成本。只有招标节省的成本大于招标自身成本，招投标才有经济意义。对于单项合同估算金额较小的项目而言，招标付出的成本可能会大于招标节约的资金。因此，需要选择合适的招标方式，并依法设置招标的最低限额标准。

凡是低于规定的最低限额标准的项目，可以采用其他方式进行采购；属于同一企业集团或者一个大型项目内部的各个零星小额货物，可以通过组织集中采购的方式，将多个同类内容的小额货物合并，组包成一个较大的合同标包进行招标。一些特殊项目由于供应商数量有限而不能形成有效招标竞争的，可以采用竞争性谈判、竞争性磋商、询价、单一来源采购等方式进行采购。

5. 合理确定分标标段

根据海上风电项目特点、进度计划和市场调研情况，明确标段划分边界条件、技术条件和招采范围，合理确定分标标段。比如塔筒与法兰两种设备，施工顺序方面是紧前进后关系，并且塔筒设备厂家与法兰设备厂家往往有密切的战略合作关系，塔筒设备厂家可以预约锁定法兰设备厂家的年度生产产能，因此可以将塔筒和法兰设备划分为一个标段。

6. 细化招投标阶段的设计

工程招投标阶段的设计工作宜细化至施工图深度，尽量减小两者之间的差异，这样可以有效避免合同之外的索赔事件发生，降低变更签证引起的费用增加。

6.5　施工阶段建设管理的降本增效

施工阶段投入量大、工期较长、协调关系复杂，是实现海上风电项目价值和参建各方自身利益的关键，是建设管理的重要环节。本节从优化施工组织设计、做好进度控制、合理控制投资、运营提前介入等环节阐述海上风电施工阶段建设管理的降本增效措施。

6.5.1　优化施工组织设计

结合海上风电项目施工窗口期，通过对施工组织设计进行技术、经济比较，在保证施工质量和安全的前提下寻求降本增效途径，科学合理调配施工资源，并根据实际情况适时调整。

6.5.2　做好进度控制

海上风电项目的进度目标不仅要结合施工窗口期、设备供应、施工方法和工艺等工况等因素，还应结合国家宏观价格政策影响、电网接入条件和市场消纳能力来制定合理的发电目标。通过科学合理的建设管理，使海上风电项目按时或提前并网发电，早日产生收益，利用资金的时间价值增加效益。

6.5.3　合理控制投资

施工阶段需要对投资目标进行详细的分析、论证，针对投资风险制定防范对策；按合同约定，审核各类工程付款和设备采购款的支付申请，及时处理各类索赔事宜；编制资金使用计划，利用挣值分析法定期进行计划值与实际值的比较，找出费用偏差和进度偏差，为费用、进度控制及寻求降本途径指明方向。

挣值分析法又称为赢得值法或偏差分析法，是在工程项目实施中使用较多的一种方法，是对项目进度和费用进行综合控制的一种有效方法。

挣值分析的三个关键变量为：计划价值 $BCWS$、实际成本 $ACWP$ 和挣值 $BCWP$。四个评价指标包括：费用偏差 CV、进度偏差 SV、费用执行指标 CPI 和进度执行指标 SPI。

费用偏差 CV：CV 是指检查期间 $BCWP$ 与 $ACWP$ 之间的差异，计算公式为 $CV=BCWP-ACWP$。当 CV 为负值时表示执行效果不佳，即实际费用超过预算值即超支；反之当 CV 为正值时表示实际费用低于预算值，表示有节余或效率高；若 $CV=0$，表示项目按计划执行。

进度偏差 SV：SV 是指检查日期 $BCWP$ 与 $BCWS$ 之间的差异。其计算公式为 $SV=BCWP-BCWS$。当 SV 为正值时，表示进度提前；当 SV 为负值时，表示进度延误；若 $SV=0$，表明进度按计划执行。

费用执行指标 CPI：CPI 是指挣得值与实际费用值之比。$CPI=BCWP/ACWP$，当 $CPI>1$，表示低于预算；当 $CPI<1$，表示超出预算；当 $CPI=1$，表示实际费用与

预算费用吻合。若 $CPI=1$，表明项目费用按计划进行。

进度执行指标 SPI：SPI 是指项目挣得值与计划值之比，即 $SPI = BCWP/BCWS$，$SPI>1$ 表示进度提前，$SPI<1$ 表示进度延误，$SPI=1$ 表示实际进度等于计划进度。

费用与时间曲线如图 6-1 所示，当前日期 $BCWP<ACWP$，即 $CV<0$，实际费用超过预算值；$BCWP<BCWS$，即 $SV<0$，进度延误。根据上述分析结果可知，需要及时调整施工组织、平衡资源比例，减少实际费用投入、加快施工进度。

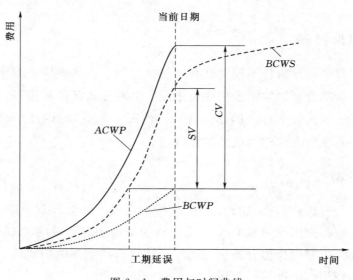

图 6-1　费用与时间曲线

6.6　竣工验收及后评价阶段建设管理的降本增效

竣工验收是海上风电项目实施阶段的最后一道程序，是建设管理的重要内容和重要工作，也是我国建设项目的一项基本法律制度。竣工验收是全面考核建设工作，检查项目是否符合设计要求和工程质量是否符合验收标准的重要环节，对促进海上风电项目及时投产、获得效益有重要作用。本节从竣工结（决）算、档案管理、后评价等方面说明竣工验收及后评价阶段建设管理的降本增效。

6.6.1　竣工结（决）算

受海上作业环境工况复杂且变化多样的影响，海上风电项目具有很大的不确定性，竣工结（决）算工作量也因此增加。工程结（决）算包括建设程序合规性审查、合同条款的核对及执行、财务审核、工程量的申报及审批、变更签证和索赔事件的审核等工作，涉及参建各方的直接利益，需要与造价咨询单位、施工单位多次沟通，短时间内难以完成。

因此，制定工程结（决）算专项进度计划，规定工程结（决）算的申报时间和完成时间，督促项目法人、监理单位、总承包单位、施工单位和造价咨询单位在规定期限内完成，尽快确定最终价款结算并按照合同约定完成支付，使参建各方尽快获得工程价款，增加资金的时间价值。同时，尽快确定竣工结（决）算也为竣工验收提供了必要条件，加快海上风电的投产使用，增加发电效益。

6.6.2 档案管理

海上风电项目档案记录着丰富的工程经验，是一笔巨大的财富。大型海上风电项目档案资料繁杂。因此，应就档案管理制定专项计划并保证按时档案验收，一方面应提前配置独立且满足业务发展需要的档案库房、档案装具及保护设备，建立数字档案馆，包括对档案资料收集、整理、保管、鉴定和统计管理流程的网络化和对电子档案利用服务的网络化、信息化；另一方面要提前请专业人员进行档案的编排等工作。提前做好档案管理等收尾准备工作可减少项目后期工作时长，提高项目精细化管理程度，降低项目成本达到降本增效的目的。

6.6.3 后评价

后评价是指在项目已经完成并运行一段时间后，对项目的目的、执行过程、效益、作用和影响进行系统的、客观的分析和总结的一种技术经济活动。

海上风电项目后评价是对项目建设全过程的检查总结，通过统计预测法、对比分析法、逻辑框架法、定量和定性相结合的效益分析法等手段确定预期的目标是否达到，是否合理有效，项目的主要效益指标是否实现，查找项目成败的原因，总结经验教训，及时有效反馈信息，提高未来海上风电新项目的管理水平，为海上风电项目投入运营中出现的问题提出改进意见和建议，达到提高投资效益的目的。海上风电项目后评价应具有透明性和公开性，能客观、公正地评价海上风电项目成功与失误的主客观原因，比较公正地、客观地指出项目决策者、管理者和建设者的工作业绩和存在的问题，从而提高建设管理者的责任心和工作水平，进一步提升海上风电项目的建设管理水平。高水平的建设管理又将反作用于海上风电项目全过程，继而推动海上风电整个行业的降本增效。

6.7 设计、施工一体化的降本增效

设计、施工一体化，是设计阶段与施工阶段深入融合的重要举措，两个阶段的深

度贴合、长效搭接有利于寻求项目全寿命期的成本最优解。大力推行工程总承包和设计、施工一体化不仅有利于促进企业提质增效，更有利于加快产业升级，带来整个行业的降本增效。有效降低了投资方在建设期间的决策难度，预期收益可见清晰。

6.7.1　企业的提质增效

住房城乡建设部《关于进一步推进工程总承包发展的若干意见》指出，建筑业要通过完善工程建设组织模式，大力推行工程总承包，发展全过程工程咨询服务，提高设计水平，促进设计施工深度融合，注重设计优化、深化，强调总包统筹。

对于以设计为龙头的海上风电总包项目，设计企业需要提升项目建设管理能力，提升安全风险意识，强化项目质量、进度、成本控制能力；对于以施工为主的海上风电总包项目而言，施工企业需强化设计能力，增加设计管理，深化设计与全过程工程咨询的把控力度。设计企业和施工企业从专精、单一的业务模式向全面、全过程的建设模式转变，增强了企业的核心竞争力，促进了企业提质增效。企业提质增效后，利润空间增大，参与市场竞争的活力增强，充分的市场竞争又将进一步带来工程成本的降低。

6.7.2　行业的降本增效

（1）充分发挥设计施工一体化的先导作用。通过强化对使用功能、性能与质量的作用，发挥设计的先导作用。设计施工一体化，总包要统筹设计的统一性、系统性、关联性，优化设计，把控深化设计，充分利用各方资源，统筹设计、施工、运维要素，争取项目成功率，协调相关专业节点，对参建各方统一管理、统一发包、统一协调，减少冲突、避免重复、提高效率、节约成本。

（2）全面应用 BIM 技术。以"全面普及、应用升级、融合发展、品质效益，争先创新"为原则，推进 BIM 技术与互联网、物联网、云计算、大数据、数字化加工、PM、移动通信等融合发展。通过加快 BIM 技术标准建设，强化人才队伍培养，发挥示范作用，建立协同机制，打造集成应用平台，开展数据资源开发，形成可视化模型、达到精细化管理，实现对工料机等资源的科学准确配置，减少浪费、节约成本，促进行业降本增效。

（3）制度改革激发行业活力。设计施工一体化是未来的发展趋势，是完善建设模式的重要举措，是发展全过程工程咨询的纽带，是促进企业提质增效、拓展市场新动能、创造精品、增强企业核心竞争力的基础。通过建设阶段改革、设计阶段改革、资质制度改革、监理制度改革、收费制度改革、保险制度改革、招标制度改革、诚信体制改革等保障设计施工一体化的顺利实施，激发整个行业的活力，提高市场竞争力，促进行业降本增效。

6.8 施工、运维相结合的降本增效

　　建设管理的核心任务是目标控制，建设管理的目标主要包括费用目标、进度目标和质量目标。费用目标、进度目标和质量目标之间既相互矛盾，又相互统一，它们之间是对立统一的关系。

　　施工阶段与运维阶段相结合的降本增效应确立不同阶段的目标，并将施工阶段、运行阶段的三大目标辩证统一起来，要站在全寿命周期的高度分析论证海上风电项目施工阶段和运维阶段如何降本增效，不能单一地从施工阶段来考虑如何降本增效，也不能单一地从运维阶段思考如何降本增效。

6.8.1 统一施工阶段和运维阶段的三大目标

　　（1）施工阶段的费用目标控制要和运维阶段统一起来。实施降低成本措施，不仅要考虑实施后能够降低多少施工阶段的成本费用，还要兼顾是否会增加运维阶段的成本费用，反之亦然。通过经济效果对比，从而分析判断降本措施的可行性、经济性，是否达到了增效目的。

　　（2）施工阶段的进度目标控制要和运维阶段统一起来。运维机构的组织、管理程序、人员培训等要结合施工阶段的进度和实际情况有序开展，运维机构应提前介入施工阶段，参与风电机组的生产、安装过程。风电场的多样性和特殊性决定了运维策略的多样性，复杂多变的现场情况等因素使不同风电场的运维质量很难保证稳定统一的标准。运维机构在提前介入的过程中不仅要利用自己的经验为施工阶段的生产提供建议性意见，还要熟悉风电场的环境、机型等实际情况，从而有针对性地制定运维策略，编制运维手册，进行标准化管理。

　　（3）施工阶段的质量目标控制要和运维阶段统一起来。施工阶段的质量目标应满足运维阶段的要求。海上风电场一般离岸距离较远，加之可能受台风、风暴潮、大浪等恶劣天气影响，近海还可能面临大幅浅滩，在保证在经济、安全的情况下，将维护人员和配件运抵机组现场、安全到达机舱对风电机组进行检修或维护的可达性较差；海上气候环境恶劣，易腐蚀，造成风电机组、升压站设备及平台、海缆等运行维护困难。根据欧洲海上风电场运行、维护经验，海上风电场运行维护工作量约为同等规模陆上风电场的 2～4 倍。优良的施工质量提高了能源、原材料的利用效率，节约了劳动力和管理费用，降低了施工阶段的建设成本；同时有效降低了风电场故障的发生概率，减少了检修维护的频次，进而降低运维成本。因此施工阶段一定要控制好质量目标，不仅要满足施工阶段的质量要求，更要满足运维阶段的质量要求。

6.8.2　建立健全管理制度，全面压实生产责任

降低成本，必须要抓住管理这个纲，要建立健全管理制度，压实经济责任制、安全责任制等生产责任。强化成本核算，在产、供、销、财务等各个环节都要加强管理，把生产成本中的原材料、辅助材料、燃料、动力、工资、制造费、行政费等每一项费用细化，使成本核算进车间，进班组，到人头，变成本的静态控制为动态控制，形成全员、全过程、全方位的成本控制格局。

（1）加强供应管理，控制原材料成本。风电机组中涡轮、齿轮箱、塔杆以及风机基础支撑的生产需要消耗大量钢材，电缆的生产则需要消耗大量铜，因此风电场成本受市场上钢铁、铜等原材料价格的影响很大；风电机组陆上运输和海上运输、安装的过程中需要消耗大量燃料柴油，因此风电机组的安装和运行维护成本还受石油原材料价格的影响。施工企业要根据风电场对成本影响，制定采购原材料控制价格目录，实行比价采购的办法，货比三家、择优选购，做到同质的买低价，同价的就近买，同质同价，能用国产不用进口，以达到降低成本的目的。

（2）加强物资管理，降低物化劳动消耗。物资储量和消耗量的高低，直接影响着产品成本的升降。因此，各企业要从物资消耗定额的制定到物资的发放都要实行严格的控制，对原材料等各种物资的消耗用品，要实行定额分类管理，在订货批量和库存储备等方面实行重点控制，要按照适用、及时、齐备、经济的原则下达使用计划，并与市场原材料价格波动、财务收支计划、订货合同相结合，纳入经济责任制考核，对影响成本的各种消耗进行系统控制和目标管理，防止各种不必要的浪费，从而达到合理储存、使用物资、降低成本、提高效益的目的，使之既保证生产的合理需要，又减少资金占用。

（3）加强预算管理，降低管理成本。项目执行预算是费用控制的基准，费用控制的目的就是使项目发生的费用严格控制在批准的预算范围以内。项目实施过程中，在批准的项目执行预算内以合理从紧的原则控制成本；项目预算控制应遵循单项控制与总额控制相结合的原则，避免出现因某一单项严重偏离而掩盖了其他各项预算的实际执行情况出现。

管理人员的数量、工资、奖金、差旅费、补助、业务费和项目管理经常费用等本着既要节约又能调动积极性的原则制定相应的管理办法，并严格考核与奖惩，将降低管理成本落实到每个管理人员。

（4）加强资金管理，控制支出节约费用。施工企业要建立健全财务监督体系，通过推行模拟市场核算来降低成本，控制费用来提高经济效益，避免因用钱无计划、开支无标准，多头批条和资金跑冒滴漏现象严重从而造成在资金使用上不计成本的做法，严格加强对资金的控制，特别要加强行政费用及一些事业性费用的核算，包括管

理部门的行政、差旅费、办公费等的开支。

6.8.3 管理促进技术创新

近年来，原材料价格上升、能源提价对成本上升的影响很大。如何在这些不利因素存在的情况下降低成本、提高效益。通过施工阶段与运维阶段的深度融合，及时总结海上风电项目建设和运维过程中的经验教训，进一步反馈给有关设计单位、设备制造商等，形成行之有效的反馈机制，树立技术创新才是降本增效根本途径的观念，促进行业技术创新，采用新技术、新工艺、新材料，提高产品技术含量，开辟降低生产成本的途径。引导设计、施工、设备制造安装、运行维护全产业链的深度融合，提出集成化整体解决方案；特别注重工艺技术改革，积极采取新技术、新工艺节能降耗，从根本上减少原材料的消耗，在达到产品质量目标的同时，保证成本控制目标的实现；在项目建设中应注意降低项目建设成本，注重以较少的投入求得较多的回报，在保证质量的前提下，千方百计加快工程进度，降低项目建设成本，争取早日取得投资回报。

6.8.4 深化改革降低成本

深化海上风电管理体制改革，不断激发参建单位的热情，提高施工人员和运行维护人员的业务素质，建立适应市场经济的精干高效的运行机制，也是降低成本的重要一环。海上风电各参建单位、相关政府部门要把深化改革作为降本增效的重要工作，认真研究探索海上风电建设运维一体化建设管理模式，打通施工阶段与运维阶段之间的考核壁垒，促进施工与运维深度融合，站在海上风电全寿命期的高度系统思考如何降本增效。

第7章 勘测设计优化

7.1 海上风电场海洋水文参数合理选择

7.1.1 海上风电场海洋水文参数选择

海上风电海洋水文要素包括潮汐、潮流、波浪、泥沙等要素，是海上风电场重要的建设条件之一。海洋水文条件直接影响到风机基础和海上升压站基础型式的选择和基础工程量的确定以及施工、运维等作业安排。风电场设计阶段需通过现场调查及资料收集，深入分析本工程海域潮汐、潮流、波浪、泥沙等调查要素的时空分布特征和水文泥沙运动规律，为工程设计、海域使用论证以及海洋环境评价和施工组织安排等提供海域水文特性的基本资料。

根据相关规范要求，海上风电项目可行性研究阶段海洋水文观测需要满足以下要求：场址区域需要进行专门的海洋水文观测，包括连续一年的潮位资料、波浪资料、春秋两季的大中小潮观测资料等。场址区域海洋水文观测站数量和观测资料质量若不能满足准确评估整个场址区域海洋水文条件要求的话，有可能造成基础工程量浪费或者后期运行基础安全隐患。因此海洋水文参数作为重要的设计输入参数，其合理选择非常重要。

海上风电项目海洋水文参数主要包括以下方面：
(1) 潮汐特性、潮位特征值、基面关系、设计高低水位、不同重现期高低水位。
(2) 波浪特性、风浪联合分布、不同重现期设计波浪要素。
(3) 潮流特性、余流、可能最大流速、不同重现期设计流速。
(4) 泥沙特性、底质粒度、海床演变及局部冲刷预测。
(5) 风暴增减水、海水温度、盐度、海冰等。

7.1.2 海上风电场海洋水文参数确定的合理性分析

合理的海洋水文参数依赖于原始数据的可靠性和数据对场区的代表性。

数据可靠性方面，应收集工程附近海洋站长期潮位、波浪、风速等实测数据，对海域已有历史数据进行全面分析。对于现场测验获取的数据，可从规划阶段充分考虑场区的海洋水文区域差异，统筹考虑资料获取方式和模式，节约时间和经济成本，实现高效整合基础数据。

现场数据获取，测验仪器应有认证和标定，测验人员操作应规范，测验数据要满足相关海洋水文观测规范。

采用非场区数据时，选取参证应对场区有代表性，采用数值模型对场区潮流、波浪、泥沙等水动力条件进行数值模拟，应对模型地形、边界条件等输入、模型参数设置等进行验证，各要素率定也需满足相关规范要求。

7.2 海上风电岩土参数分析与选定

7.2.1 海上风电岩土参数合理选取的重要性

岩土体是在漫长的地质年代中形成的具有一定的结构和构造的矿物集合体，经受了不同的地质构造和地质引力作用，经历了沧海桑田的自然变迁以及人类活动的影响，始终处于"风化剥蚀→搬运→沉积→固结→压密成岩→风化剥蚀"的动态循环过程中。

岩土体的物质组成、结构具有非常大的随机性、不确定性，同时其又处于一定的地质环境中，因此也就决定了岩土体具有随机性、不确定性、时空变异性等复杂的性质。

由于岩土体是一种比较散碎且不连续或部分连续的介质，与其他物质材料相比，岩土特性不可能完全按指定的规格或要求进行制造或加工，反映岩土体性质的参数主要通过岩土工程勘察中的各种原位测试和室内试验获取。原位测试的缺点是应力条件复杂，边界难以描述清楚，具有区域性特点，所反映的仅仅是"点"或"线"的性质。室内试验的缺点是土样扰动应力释放，边界条件、地质环境与实际情况相差较大，试验成果离散性大，可靠性低等。除了岩土体本身性质复杂外，原位测试和室内试验手段的固有缺点更加剧了通过原位测试和室内试验获得准确合理岩土参数的难度。

相对陆域工程而言，海上风电工程具有地质条件更复杂、环境荷载更多、基础型式更多样、基础和地基承受反复荷载作用等特点。海床地基岩土层成因、物质组成比陆上岩土工程更复杂，如海床地基岩土层除了陆相成因外，还有海相和海陆交互相成因，不同成因的岩土体岩土工程性质差异大；海床浅表层一般是咸水饱和或接近饱和，是一种特殊的三相体（即土骨架＋水＋水中盐分）或四相体（即土骨架＋水＋水中盐分＋空气），土的颗粒结构、孔隙性和结构特征同陆域土体有差异。此外海上风电机组位于由复杂的风、浪、流等构成的特殊海洋环境中，海上风电机组基础不仅承受结构自重、风荷载，而且还承受波浪、洋流等荷载，因此海上风电机组地基岩土体需要经常承受反复荷载和水平荷载作用，在反复荷载作用下，土体的强度会发生变化。陆上风电机组基础型式一般以重力式基础、承台桩基础为主；海上风电机组基础型式多样，有重力式基础、吸力桶基础、单桩基础、多桩基础（三脚架基础、四桩导管架基础、高桩承台基础）、浮式基础等，基础型式多样性决定了海上风电机组基础设计所需岩土参数复杂、更多样。同时，海上风电机组地基岩土体位于海水下，勘探测试手段有限，要准确地查清岩土体性质难度更大、成本更高。海上风电工程地质条件特殊性、海洋环境复杂性、勘探手段有限性及高成本等使海上风电工程获取准确合理岩土参数的难度更大。

目前，我国从事海上风电工程勘测设计的单位主要以水电、电力行业的设计单位为主，这些单位以前都是从事陆域勘测设计工作。随着风电建设从陆地走向海洋，这些勘测设计单位慢慢"下海"，虽然经过十多年的发展，但勘探设备仍以陆域勘探设备为主，从事海上风电工程的岩土勘察工程师还没完全摆脱陆域岩土工程勘察思维桎梏。我国海上风电勘探钻探设备大多以陆域 300 型～1000 型钻机为主，随着带波浪补偿的海洋钻机逐渐推广，慢慢运用于海上钻探作业。海上钻探载体一般采用海洋运输船舶改造的临时性海上勘探船或自升式勘探平台。两者有三种作业模式组合，即"勘探船＋陆域钻机""勘探船＋海洋钻机""自升式平台＋陆域钻机"。从勘探成果质量看，"自升式平台＋陆域钻机"最优；"勘探船＋海洋钻机"其次；"勘探船＋陆域钻机"最差。由于受到我国海上风电建设勘察投入总体较低、自升式勘探平台成本高且目前适用水深在 30m 以内等因素制约，海上风电钻探仍以"勘探船＋陆域钻机""勘探船＋海洋钻机"两种方式为主。海上静力触探测试是海洋工程岩土勘察的常用手段，其作业方式有三种，即自升式平台＋陆域静探机、海床式孔压静力触探（海床式 CPTU）、井下式孔压静力触探（井下式 CPTU）。三种方式各有优缺点：自升式平台＋陆域静探机成本略高，由于可采用钻探扫孔措施，深度能达到桩基设计要求；海床式 CPTU 成本略低，但贯入深度受砂土密实度限制，往往深度不能满足桩基要求，达不到桩端；井下式 CPTU 采用专业海洋调查船，深度能达到桩基要求，但成本高。虽然海上钻探取样扰动大、标准贯入试验锤击数准确性差等已经成为共识，但受勘察费用低的影响，目前我国海上风电工程勘探仍以钻探为主。海上静力触探测试虽然运用越来越多，但仍未达到国外海洋工程（包括海上风电工程）岩土工程勘测以海上静力触探测试为主、钻探为辅的程度。以钻探为主的海洋岩土工程勘察，无法克服土样扰动、地层分层易受采芯率低分层精度差、互层或夹层力学敏感性差等缺点，依据其进行的岩土工程评价可靠性低，建议的岩土参数精度必然不高。我国海上风电工程的桩基设计多采用港口行业桩基设计规范，桩基设计所需侧摩阻力、端阻力根据土的物理指标（黏性土液性指数、粉性土孔隙比、砂性土密实度）查表获取，精度差，没有充分体现土性差异、应力状态的影响，也体现不出岩土工程师的能力差异。因此，我国海上风电勘察行业受勘探设备限制、规范规定过细、勘察获取的基本岩土参数精度不高等因素影响,勘察报告建议的岩土参数普遍偏保守,对海上风电建设成本降低不利。

岩土参数是风电机组基础设计的基础数据,岩土工程评价是否客观正确,岩土工程设计是否经济可靠,很大程度上取决于岩土参数选取的合理性,合理选取岩土参数是保证工程安全、优化设计的先决条件。岩土参数不合理、不准确带来的后果轻则导致建设成本增加,重则导致风电机组不安全。目前我国海上风电工程岩土参数主要还是以偏保守为主,风电机组基础成本偏高,推高了风电工程的建设成本,无法适应行业的发展趋势,需要从业单位和工程师探索中国特色的海上风电工程岩土参数合理取值的手段和方法,要求所选用的岩土参数能够准确反映岩土体在风电机组运行条件下的性状和发展趋势,满足海上风电机组岩土工程设计精度的需要。

7.2.2 海上风电基础设计所需要的岩土参数

目前我国海上风电开发主要集中在水深小于 50m 的浅海海域,深海海域风电开发处于研究阶段。浅海海域的风电机组基础型式有重力式基础、吸力式基础、桩基础(单桩基础、多桩基础),在基岩浅埋地区也有地基处理案例(如采用砂桩处理提高浅部覆盖层物理力学指标,以克服基础入岩的难度)。不同的基础型式设计理念不同,所需的岩土参数也不同。重力式基础重点关注土层承载力、变形特性及土质均匀性;吸力式基础重点关注土的强度、渗透特性对基础下沉带来的难度以及砂土液化、软土震陷对基础长期稳定的影响;桩基础重点关注浅层土的水平抗力、桩基侧摩阻力、端阻力。总之,海上风电基础选型和基础设计通常包括承载力、基础稳定、水平变形与地基沉降等方面计算,为完成上述设计,需要全面掌握风场区及风电机组位岩土性质和提供相应的岩土物理力学参数指标。

(1)物理性质。土的物理性指标包括含水量、密度、比重、液限、塑限、砂的相对密度、颗粒级配;岩石物理性指标包括含水率、块体密度等。

(2)强度指标。土的强度指标包括不固结不排水强度、固结不排水强度、固结排水强度、无侧限抗压强度、灵敏度等指标;岩石的强度指标包括单轴抗压强度、抗拉强度及耐崩解性等。

(3)变形指标。土的变形指标包括压缩系数、压缩模量、先期固结压力、固结系数、超固结比、弹性模量、三轴不固结不排水剪切的 0.5 倍破坏应力差对应的应变等指标;岩石变形指标包括变形模量、弹性模量、泊松比等。

7.2.3 我国海上风电设计岩土参数获取方法

目前岩土参数主要是通过室内试验测定、原位测试直接或间接获取。物理性指标一般通过室内试验获取。强度、变形及渗透性指标一般采用室内试验和原位测试方法获取。土的基本物理力学指标确定方法见表7-1。岩石的基本物理力学指标确定方法见表7-2。

表7-1 土的基本物理力学指标确定方法表

指标类型	参数名称	试 验 方 法	用 途 说 明
物理性质指标	含水率	室内试验（烘干法）	计算其他物理力学性质指标；评价土的承载力
	密度	室内试验（环刀法、蜡封法）、静力触探	计算其他物理力学性质指标；计算土的自重压力；计算地基的稳定性和地基土的承载力
	比重	室内试验（比重瓶法、浮称法、虹吸筒法）	计算其他物理力学性质指标
	液限、塑限	室内试验（联合测定法、搓条法）	黏性土的分类；划分黏性土状态；评价黏性土承载力；评价土的力学性质
	砂的相对密实度	—	评价砂土液化可能性；评价砂土密度
	颗粒级配	室内试验（筛析法、密度计法、移液管法）	砂土分类；评价砂土粉土液化可能性；评价土的抗冲刷性、渗透破坏特性
强度指标	不排水抗剪强度	室内试验（三轴不固结不排水压缩试验、直剪快剪试验）、静力触探试验、十字板试验、旁压试验	划分土层判定土层类别，查明软硬夹层及土层在水平和垂直方向的均匀性，评价地基土的承载力、压缩性指标、不排水抗剪强度和水平向
	固结不排水强度	室内试验（三轴固结不排水压缩试验、直剪固结快剪试验）	固结系数，并对砂土液化势、砂土密实度和内摩擦角、土的侧向基床反力系数等进行评价，选择桩基持力层，判断沉桩可能性等
	无侧限抗压强度	室内试验	评估土的承载力；估计土的抗剪强度
	灵敏度	室内试验	评价土的结构性
变形指标	压缩系数、压缩模量	室内试验（压缩试验）	评价地基变形；评价土的承载力
	先期固结压力、超固结比	室内试验（固结试验）	评价土的应力状态和压密状态
	固结系数	室内试验（固结试验）	计算沉降时间及固结度
	三轴不固结不排水剪切的0.5倍破坏应力差对应的应变	室内试验（三轴不固结不排水压缩试验）	桩基水平变形计算
地球物理特征	纵波、横波	波速测试	场地类别划分、岩体岩完整性系数和风化系数、饱和砂性土液化判别、动强度等
	电阻率	高密度电法、电阻率测井等	岩土体导电性和腐蚀性评价
	热阻系数	土壤热阻测定	评价岩土体的导热性能
动力学参数	动三轴、共振柱试验	动强度、动模量、阻尼比和土的抗液化剪应力	评价土体在动力作用下的力学性能

表 7-2 岩石的基本物理力学指标确定方法表

指标类型	参数名称	试验方法	用途说明
物理性质指标	吸水率	室内试验（吸水率试验）	评价岩石吸水能力
	块体密度	室内试验（块体密度试验）	评价岩石致密程度、孔隙发育程度、工程岩体稳定性及确定围岩压力等
强度指标	岩石单轴抗压强度	室内试验（单轴抗压强度试验或点荷载试验）	评价岩石地基承载力
变形指标	岩石变形模量	室内试验（单轴压缩变形）	评价岩石的变形特征
	岩石弹性模量		
	泊松比		

7.2.4 我国海上风电岩土参数选定存在问题

岩土参数确定的方法有室内试验和原位测试。土的物理性指标以室内试验为主；黏性土的力学强度、变形指标以室内试验为主，原位测试为辅；砂性土以原位测试为主；岩石物理力学指标以室内试验为主。通过直接或间接获取岩土参数，在采用数率统计基础上结合工程经验提供岩土参数建议值。目前，海上风电项目中岩土参数确定中存在以下问题：

（1）采取土样数量有限，统计指标偏少。风电场区相邻风电机组相距较远，距离一般 1000m 左右。因此每台风电机组就是一个独立的项目或独立的工程场地，其物理力学性质指标需要单独统计，工程地质条件应单独评价。每台风电机组位置钻孔数量有限，进行的原位测试或采取土样数量有限，导致统计的物理力学指标组数较少，统计结果离散性偏大，代表性差。

（2）土样扰动对室内试验强度指标影响较大。土体天然应力状态是一种典型的侧限应力状态，在自重应力作用下土体只发生竖向变形，不会产生侧向变形。当荷载传递给地基土体后，土体上叠加的附加应力都是以天然应力状态为起点。地面下自然状态的土体都处在一定的应力环境中，埋深越深应力越大。

黏性土的不排水抗剪强度是海上风电桩基设计关键指标之一，目前多通过钻探取样进行室内三轴不固结不排水剪切（三轴 UU）试验获得。我国海上风电勘探以使用勘探船舶进行钻探作业采取土样为主，在使用勘探船舶进行钻探作业时，在风浪的作用下，船舶不可避免地会产生左右摇摆或上下颠簸，在取样的过程中必然会造成土样扰动，影响土样采样级别和降低岩芯的采取率。同时土样在采取的过程中，脱离了原来的应力环境，会产生应力释放，土样在运送到试验室过程中也会产生第二次扰动。土样扰动和应力释放必然对土样室内试验力学指标产生影响。当土样取出地表后，天然状态下的自重应力和侧向应力都卸除了，产生了应力释放和重新分布。应力释放导致土样含水量、结构等发生改变，土样体积发生膨胀，土样上的有效应力发生了改变。三轴 UU 试验是在不排水条件下施加不同的围压，然后在不排水条件下进行剪切。对于饱和试样，不排水条件下围压增量只能引起孔隙水压力的变化，土样中的有效应力保持不变。不管怎么施加围压，只能得到同一个有效应力圆，因此抗剪强度是不变的。土样试验前的初始有效应力状态决定了三轴 UU 试验抗剪强度，初始有效应力越大，不排水强度也越大。现场采取的土样直接进行三轴 UU 试验，其初始应力状态为应力释放后的状态，与土样在地下一定深处受力剪切的状态有明显的区别。研究表明，应力历史对土的强度、压缩及固结性状影响很大，而且室内试验土样不可避免会受到扰动，其成果准确性必然也会受到影响。根据统计，室内不排水强度仅为原位强度的 40%。

（3）部分原位测试手段在海上风电的适用性尚待研究。原位测试是在天然位置对岩土工程性能进行测试的一种技术，不需要取样，简便快捷，是准确获得土性参数的有效方法。在陆域岩土工程勘察中，标准贯入测试、动力触探测试、静力触探、十字板剪切试验、旁压试验等原位测试运用广泛，是软弱土、砂土、卵砾石等土类判断密实度、确定地基承载力、抗剪强度、变形参数等的有效手段。

目前在建的海上风电场最大水深接近 50m，如此深的测试水域对标准贯入试验、动力触探测试等锤击数的影响多大至今仍没有研究清楚，此外标准贯入试验锤击数、动力触探测试受勘探载体（漂浮式船舶或固定式勘探平台）、钻杆直径、海洋环境等因素影响较大，上述原位测试手段的适用性需要进一步研究，有关经验公式的参数需要根据海洋岩土特征进一步总结。

（4）静力触探测试先进技术研究程度不高、应用不够。静力触探测试具有工作机理明确、自动化程度高、探头功能多、参数准确精度高、稳定性好等优点，而且可以在现场直接得到土层的贯入阻力指标且直观效果好。在岩土工程勘察中，应用于对地基土进行力学分层和土类判别，估算地基土的物理力学参数（强度、模量、状态、应力历史），评价地基土的承载力，选择桩基持力层、估算单桩承载力、判定沉桩的可能性，判定场地土层的液化势。

1948 年，荷兰成功研制静力触探测试设备并在欧美得到广泛运用。我国静力触探测试技术运用也较早，在 20 世纪 60 年代就开始推广，运用也比较广泛，特别是在长三角软土深厚地区有成熟的应用经验。我国静力触探测试主要采用传统的单、双桥探头和电测试技术，通过单桥、双桥静力触探实测参数与土性指标的回归关系评价土的工程性质和总结一些区域性的回归经验公式。

自 20 世纪 70 年代欧美国家研制出能测孔压的静力触探设备以来，欧美静力触探测试技术取得了很大的进步。目前欧美的孔压静力触探（CPTU）实现了多功能化、数字化，能够进行锥尖阻力修正，使锥尖阻力真正反映土的性质；可以评价渗流、固结特性；可以区分排水、部分排水、不排水贯入方式；提高了土分层与土质分类的可靠性。同时在作用机理、理论研究与工程应用取得了很大进步。静力触探测试是国外海上风电勘察常用手段，数字式多功能孔压静力触探技术成熟，广泛运用于海上风电工程的桩基设计和打桩分析。

相比国外而言，我国静力触探设备耐久性和可靠性较差，测试结果受人为因素影响大；国内主要采用区域适应较好的经验公式，由于各地地层差异较大，工程设计应用可靠性不够，精度不高。目前我国海上风电引入了 CPTU 测试，但由于刚刚起步，工程应用的经验不足，因此在海上风电岩土工程评价和设计中一般直接利用国外的公式或直接采用国内陆上经验公式对岩土参数评价或指标计算，对海上风电基础设计的可靠性、经济性不利。

（5）规范欠缺，取值方法、原则、依据不充分。当前海上风电勘察主要执行或参考的标准有《海上风力发电场勘测标准》（GB 51395—2019）、《海上平台场址工程地质勘察规范》（GB/T 17503—2009）、《水运工程岩土勘察规范》（JTS 133—2013）等，上述标准依据国内的实际制定，与国外岩土勘测体系存在一定的差异。而海上风电设计中部分方法或公式来源国外规范及海洋石油系统等，由于国内外试验方法和原位测试设备及修正标准不同，直接采用国内勘察成果套用于国外规范进行风电机组基础设计，存在一定的风险。

7.2.5 提高海上风电岩土参数合理性的手段

由于岩土体的复杂成因和环境特征，工程中很难十分精确地获取场地的岩土参数。为了更客观准确地评价场地岩土体的工程性质，提供更合理的岩土参数，需要对室内试验或原位测试等手段获取的岩土参数进行可靠性、适用性、敏感性等分析。

（1）进行敏感性分析聚焦高敏感性参数，优化参数获取方法。敏感性分析是系统分析中分析系统稳定的一种方法，利用敏感性分析的方法对海上风电基础设计所需的岩土物理力学参数的敏感性进行分级，依据岩土参数的敏感程度分为高敏感性参数（主要参数）和低敏感性参数（次要参数）。聚焦于高敏感性岩土参数，优化高敏感性岩土参数的室内试验或原位测试方法，尽量采用反映岩土体原位应力环境和实际受荷状态的方法，增加高敏感性岩土参数的数量，提高岩土参数的精度。对高敏感性岩土参数采用室内试验、原位测试等多种手段获取综合选定，对低敏感性岩土参数可采用单一手段或工程地质类比获得。

（2）进行可靠性与适用性分析，提高参数可靠性和精度。按照相关标准的要求，在对岩土工程评价时应对所选用的岩土参数的可靠性与适用性分析。可靠性是指参数能正确反映岩土体的基本特征，能够准确地估计岩土参数所在的区间。适用性是指参数能满足岩土工程设计的假定条件和计算精度要求。岩土参数可靠性和适用性主要取决于两方面因素：一是岩土结构受扰动的程度；二是试验方法和取值标准。岩土试样从地层中取出到试验室进行再制样的过程中，土样的原来的应力状态发生改变，土样受到不同程度扰动，研究表明这种扰动使土的抗剪强度降低。试验方法对岩土参数也有很大的影响，对于同一地层的同一指标，不同的试验方法和标准所得的结果有很大的误差。

因此进行岩土工程评价时，要对岩土参数可靠性和适用性进行分析评价，分析评价内容包括：取样方法和其他因素对试验结果的影响；采用试验方法和取值标准；不同测试方法所得结果的分析比较；测试成果的离散程度；测试方法和计算模型的配套性等。

（3）重视通过孔压静力触探测试获取合理岩土参数的作用。孔压静力触探具有机理明确、功能齐全、参数准确、精度高、稳定性好等优点，既可以用超孔压的灵敏性准确划分土层进行土类判别，又可计算土的状态参数、强度参数、变形参数、动力参数等。在国外海洋工程或海上风电岩土工程勘察中，孔压静力触探应用非常广泛，在桩基设计、打桩分析中取得很好的效果。虽然我国海上风电孔压静力触探测试也逐渐应用，但起步较晚，需要积累经验和总结工程应用，提高海上风电勘察技术水平。

（4）重视原位测试成果与室内试验成果的对比研究。室内土工试验是工程勘察中获取土层物理力学指标不可或缺的手段之一，试验方法成熟，试验成果经统计分析后，可用于设计专业应用。其最大的不足之处是由于应力环境的改变，不能真实反映原始的应力状态。原位测试可以有效弥补室内试验的不足，通过原位测试成果与室内试验成果的对比研究，通过大量的数值统计分析，实现对室内试验成果的修正，以及建立由原位测试成果与相关其他岩土参数的经验公式，增加岩土参数获取的途径。

（5）重视试桩成果反分析，修正岩土参数。目前已经开发的海上风电项目，多进行过试桩。项目勘察过程中需要收集邻近区域风场的试桩成果和施工数据，通过试桩、施工中的监测数据进行反分析来修正岩土参数，使建议的物理力学参数更能趋于反映实际状态。

7.2.6　海上风电岩土参数建议的流程和方法

由于岩土参数区间变化大，另外在实际勘察过程中，由于勘察工作量和勘察手段的限制勘探成果达不到理想状态，试验或测试数据偏少，加之试验测试的不准确性，岩土参数应在开展高质量、大量足够的勘察工作基础上，按照一定的流程谨慎估计，采用最可靠的取值。岩土参数建议流程如下：

（1）根据场地地貌单元类型，勘探揭露的岩土性质、成因类型、地质时代，通过野外勘探或室内岩土试验直接获取或通过野外勘探、室内岩土试验数据采用经验公式、相关关系、理论公式推导出岩土参数值初始值，初步划分工程地质层。

（2）同一工程地质层的物理力学参数，其值域的分布具有相同或相似的规律，可以采用数率统计的方法进行统计，根据统计成果对工程地质分层进行复核和修正。

（3）在对岩土参数初始值采用一定置信区间统计基础上结合经验公式和经验查表，综合评估获得岩土参数特征值。

（4）结合野外地质编录、室内试验、原位测试成果建立岩土模型，根据岩土模型和岩土参数特征值、结合收集风电场区试桩成果、邻近风场区地质资料、施工监测数据等进行岩土参数的建议。

7.3 海上升压站工程设计优化

7.3.1 海上升压站工程主要设计技术原则

（1）按照有关规范要求，近海海上风电场海上升压站按无人驻守平台设计，在日常正常运行条件下，平台上无人；特殊条件下，如定期巡检、检修期间、应急故障处理期间，人员登台，但一般不得在平台上过夜，其间如遇恶劣天气，人员无法返回，平台上设应急生活间，提供短暂的临时生活条件。

（2）合理规划布置各层的吊装平台位置，合理规划设备搬运路径，合理确定悬臂吊臂长及其吊程，保证平台设备维护维修的便利性。

（3）平台长边和短边两侧设靠泊装置，一般情况下，运维船可采用侧靠和顶靠的方法靠泊；平台顶部设直升机悬停平台或直升机起降平台，可在恶劣天气下，利用直升机适航等级高的优势，迅速可达海上升压站，满足及时处理应急故障或人员安全撤回的要求。

（4）平台消防设被动防火和主动防火，被动防火采用 H 或 A 级防火墙将平台分隔成若干防火分区，凡暴露在火灾中，一旦坍塌断裂使火灾危险性升级的结构，均考虑了结构防火措施；主动防火采用高压细水雾灭火系统，保护主变及其散热器，及其他主要设备，并在平台每层均设有高压喷枪，对电气盘柜还采用火探管灭火系统、消除电气初期火灾。

（5）规划完善的平台安全疏散方案，各层均设有室外环形通道，无超过 7m 长度的袋形走道，并且设有两个尽可能远离的便于到达登船甲板的脱险通道，避免出现因平台疏散方面存在安全隐患造成人员伤害事故。

（6）平台设计在满足电气设备布置的基础上，以重量控制为主要原则，通过优化设计严格控制平台上部组块重量，满足起重船进行组件吊装作业的需求。

7.3.2 海上升压站工程选址设计优化

大型海上风电场海上升压站选址主要考虑海上平台的建设条件、运维条件、工程投资及运行损耗等因素，具体涉及所处位置的水深、离岸距离、高压海缆上岸长度、场内集电线路 35kV 海缆长度等。根据国内外海上风电场建设经验，一般情况下，升压平台设置在风场内偏向登陆点处，并考虑下述四个因素：

（1）海上升压站越往风电场内部布置，水深越深，导管架高度越高，需考虑海工结构建设成本的增加。

（2）海上升压站位置选择考虑送出线路的可靠性要求，高压海缆线路以减少工厂软接头数量为宜，如 220kV 海缆生产厂家三芯 220kV 海缆无工厂接头的最长距离约为 20km，单根有接头海缆最大制造长度约 60km。

（3）所选择位置地质条件应满足方便基础施工的要求，以减少施工难度和费用。

（4）海上升压站站址处应有足够的水深，以满足海上升压变电站上部组块的运输和吊装。

对海上升压站站址选择进行经济比较时应考虑 35kV 海缆和高压海缆工程建设费用及风场运行期内的损耗，并且计入海域使用费用、渔业补偿费用及升压站投资等费用差异。

7.3.3　海上升压站总体布置型式

海上升压站布置的总体思路是"紧凑"，最大限度地减小尺寸和重量，便于上部组块的建造和安装，节省工程投资。

"先陆上后海上""先水上后水下"的原则，是海洋工程施工的基本原则。因海上施工、水下施工的费用高、风险大，应尽量避免或减少海上施工和水下施工的作业环节。

7.3.3.1　整体式海上升压站

目前国内规划与建设开发中的海上升压站以整体式海上升压站为主，海上升压站上部组块的结构建造、电气设备安装、平台的舾装、电缆敷设及调试试验均在平台陆上建造基地完成。结构建造遵循"由下至上、由里至外"的原则，即先建造底层结构及甲板，然后建造各个舱室的舱壁和安装底层设备；底层安装完成后，建造一层，接着建造二层，最后建造顶层。

整体式海上升压站有以下缺点：①需将海上升压站一次性建造完成，无法分期过渡建设；②设备上部甲板很难做到及时吊装，电气设备安装均在露天情况下安装，不利于电气设备的防护、防腐及防盐雾；③电气设备安装与平台的舾装等工种存在交叉作业的情况，设备安装环境脏乱差，对安装质量影响较大；④平台建造需每一层逐步建造，建造周期较长。

7.3.3.2　紧凑模块化海上升压站

紧凑模块化海上升压站可多个模块分别建造，整体拼装，扩大建造的作业面，缩短建造周期。对环境要求较高的电气设备可在厂房内安装施工，改善了电气设备安装的环境条件。可减少电气设备安装和平台舾装交叉作业，有利于电气设备的防护。但由于紧凑模块化海上升压站从平台布局、结构特点及重量控制、模块式电气设备舱室的大小及设备安装、模块式舱室的防火、暖通、消防设置及后期电气设备的运行维护均无相关的经验及研究，而海上升压站如前所述是海上风场内的核心枢纽，投资巨大，地位重要，因此对紧凑模块化海上升压站还需进一步加大力度研发，攻克相关瓶颈技术，进一步挖掘其技术优势，找到投资节约的设计、建造和施工的技术方案，才能真正应用于实际工程项目。

7.3.4 集中连片开发海上风电场开发方案

根据《国家能源局关于 2018 年度风电建设管理有关要求的通知》（国能发新能〔2018〕47 号）中要求：新增集中式陆上风电项目和未确定投资主体的海上风电项目应全部通过竞争方式配置和确定上网电价。为此，设法降低海上风电工程单位千瓦时成本意义重大。为实现海上风电项目开发的规模效益，不同规模海上风电采用集中连片开发和逐个独立开发的经济性是影响海上风电电气方案造价的主要因素。

7.3.4.1 逐个独立开发方案

根据目前国内海上风电场的经验，百万千瓦级海上风电场如采用逐个独立开发方式，可分为 3～4 个，每个容量按 300～400MW 考虑，风电场集电线路采用 35kV 电压等级，风电机组采用一机一变的方式升压至 35kV。根据风电场场内风电机组布置及风电机组的单机容量，采用 3～5 台风电机组组成一个风电机组群，场内集电线路每回输送容量为 18～30MW 接入风电场海上升压站。

采用逐个独立开发方案，单座海上升压站的重量在 2200～3600t，其建造、运输、吊装技术均已成熟，国内已建成并投运多座同等规模海上升压站。

7.3.4.2 集中连片开发方案

百万千瓦级海上风电工程集中连片开发电气设计在国内外均未实践过，如何发挥规模效益、减少工程投资是电气设计技术方案需考虑的最重要问题。为充分体现规模化集中连片开发海上风电技术优势和经济优势，考虑可采用建设百万容量等级的海上升压站技术方案。

目前，国内已建或在建的海上风电场装机规模均在 400MW 以内，场内设置一座海上升压站，采用 35kV 电压等级的集电线路，接入海上升压站集电线路回路数比较合适，集电线路路由长度也比较合理。但随着百万规模的海上风电场的集中连片开发，若场内集电线路仍采用 35kV 电压等级，则登陆同一个海上升压站的集电线路回路数大大增加，从而造成海上升压站附近海缆根数多、海缆间距小，海上升压站附近的海缆路由选择困难、敷设难度大的问题。同时，随着同一个风电场的总装机容量的扩大，使大量的风电机组与海上升压站的距离也越来越远，从而造成 35kV 海缆数量及投资加大，且后期运行时海缆损耗费用再提高。鉴于百万千瓦级海上风电场多为离岸远、水深较深，风电机组基础一般采用导管架式基础，可利用风电机组导管架基础顶部平台较大的特点，合理布置相应的 110kV 电气设备，从而在距离海上升压站较远的风电机组基础平台上设置若干座 110kV 分布式海上升压站，无须建设 110kV 分布式海上升压站的下部基础和上部平台。且与风电机组荷载相比，电气设备重量及运行对风电机组基础平台受力影响非常有限，不会造成风电机组基础与平台成本的明显上升。可将 2～3 回 35kV 集电线路先接入至分布式 110kV 海上升压站，升压汇流后采用 1 回 110kV 海缆接入至风电场海上升压站，从而减少 35kV 海缆的数量，减少登陆海上升压站集电线路回路数，减小海缆的敷设难度。且采用较高电压等级接入海上升压站，有利于减小场内电缆的运行损耗，节约了工程投资和后期运行维护成本。

单座百万千瓦 220kV 海上升压站，其重量在 5000～6000t，可采用起重船整体吊装法，目前国内有蓝鲸号（起重量 7500t）、振华 30（起重量 12000t）等满足整体吊装要求。此外，海上升压站也可采用分体吊装方式，国内多艘 3600～5000t 吊装船均满足要求。

7.3.5 海上升压站电气一次设计优化

7.3.5.1 电气主接线

海上升压站电气主接线设计应满足接入系统设计的要求，遵循可靠性、灵活性、经济性的原则。

海上升压站主变压器高压侧接线宜采用变压器线路组接线或单母线接线，也可采用单母线分段、桥形接线。主变压器低压侧接线宜采用单母线接线或单母线分段接线。

7.3.5.2 主变压器的选择

1. 容量选择

主变压器的容量选择应综合考虑以下因素的影响：

（1）主变压器型式。分别就双绕组变压器或者分裂绕组变压器进行短路电流计算，计算出离升压站最近的一台风电机组 35kV 侧的短路电流，根据短路电流选择合适的主变压器形式。

（2）风电场最大输出容量。两台主变压器容量之和不小于风电场最大输出容量。

（3）主变压器运行损耗。输送相同负荷容量的情况下，主变压器容量越大，空载损耗越大，但负载损耗越小。

（4）主变压器故障或检修时停电的发电量损失。一台主变停电时，该主变压器低压侧部分发电量可通过另一台主变压器送出，主变压器容量越大，主变压器故障停电损失越小，运行成本越低。

（5）主变压器投资成本。主变压器容量越大，设备投资和海上升压站平台的投资越大，前期建设成本越高。

（6）海缆输送能力。两台主变压器容量之和应小于送出海缆的最大输送容量。

2. 变压器型式比较

目前国内建设的海上升压站主变压器主要采用分裂绕组变压器，也有部分工程采用双绕组变压器。海上升压站工程设计初期应对双绕组变压器和分裂绕组变压器进行短路电流计算，计算出离升压站最近的一台风电机组 35kV 侧的短路电流。由于风电机组配套 35kV 环网柜额定短时耐受电流水平为 20kA/s，因此应选择短路电流小于 20kA 的主变压器。

如果双绕组变压器计算出离升压站最近的一台风电机组 35kV 侧的短路电流小于 20kA，则应选择双绕组变压器。较同容量分裂绕组变压器的海上升压站 35kV 电气设备的数量减少了 1/3 左右，简化了升压站主接线，提高了可靠性和经济性。

3. 变压器参数比较

当主变压器的型式确定后，则选择合适的变压器容量，不同主变压器容量方案高低压侧设备相同，主要差异体现在设备造价、结构重量、运行损耗三个方面。

（1）设备造价及平台结构重量比较。可通过主变要求设备的造价，不同容量的主变压器外形尺寸的不同造成变压器室面积的增加的不同从而造成平台结构成本增加进行经济比较。

（2）故障情况损失电量估算。

1）主变压器年均运行损耗计算如下：

根据各风速区间内的运行时长及主变负载率估算主变年均运行损耗为

$$\Delta W_t = P_0 t + \sum P_k \left(\frac{S_t}{S_N} \right)^2 \tau$$

式中　P_k——负载损耗；

　　　P_0——空载损耗；

　　　S_t——变压器实际负载（各风速区间内负载）；

　　　S_N——变压器额定容量；

　　　τ——负载损耗小时（各风速区间内的运行时长）；

　　　t——空载损耗小时（取 8760h）。

经计算，得出各方案主变年均运行损耗进行比较。

2）主变压器故障或检修时发电量损失计算。可根据变压器可用系数计算出每年每台变压器故障停运时间，然后 25 年运行期间内主变压器故障停运时间。由于海上升压站变压器的故障检修难度较大，故障处理时间长，海上升压站按 25 年内每台主变压器故障修复时间考虑按 3 倍的变压器故障停运时间考虑。

经计算，得出各方案主变故障停电期间内损失发电量进行比较。

经过设备造价、运行损耗、结构重量比较后选择合适的主变压器容量。

7.3.6　陆上集控中心设计优化

目前已建成的海上风电场除福建某风电场外均设置陆上集控中心，陆上集控中心主要作为海上风电场的集中控制中心及 35kV 动态无功补偿装置的布置场地。由于需将 35kV 动态无功补偿装置布置在陆上集控中心，则增加了 GIS 设备，无功补偿用降压变压器及相应的建筑物。

目前海上风电均建设在经济发达的沿海地区，陆上集控中心一般占地面积较大，部分地区由于高压海缆登陆点附近及周边区域存在选址困难及所选场址建设条件困难、开挖量较大且需解决建边坡防护等问题，可通过经济技术比选将登陆点陆上集控中心取消，改为采用将 35kV 动态无功补偿装置设置在海上升压站。这样海上风电场可通过远方进行控制，远方控制中心可设置在区域海上风电控制中心，从而节省陆上集控中心的投资及人员成本。

7.3.7　海上升压站结构设计优化

作为海上风电场的电能汇集、升压、配电、控制中心，海上升压站在整个工程中居于核心地位。其所处的海洋环境十分复杂，在运行过程中不仅受到风、浪、海流等海洋环境作用，对于某些特定区域还需考虑飓风、地震和海冰荷载影响。

海上升压站结构型式不仅决定了整个结构的安全，也影响整个平台的重量及最终的工程造价。结构方案设计时，首先要对其所设计的各个方面做全面考虑，包括舾装、结构、施工以及其功能、美观、技术和经济等方面的考虑，还要考虑整体与局部之间的关系。升压站平面形状宜简单、规则，避免过多的外伸、内凹，以预防在地震和飓风作用下产生大的灾害。结构布置尽可能满足竖向均匀布置、立面设计中优先考虑楼层刚度变化均匀。对于任何平面形式的升压站，抗力结构的布置原则都是尽量使平面的质量中心接近于抗力结构的刚度中心。承载力和刚度在平面内及高度尽量均匀分布，避免刚度及重量突变和应力集中，有利于防止薄弱的子结构过早破坏。在实际工程中，质量分布不可能做到绝对均匀，因此不可避免地会产生扭转效应。这时除了考虑结构的平面对称以外，要通过结构抗力构件的布置来提高结构的抗扭能力。

传统的结构设计是以单个构件为研究对象，认为组成结构的所有杆件和节点都满足规范要求时，结构是安全的。实际的结构大都是多次超静定体系，单一构件的破坏并不意味着整体结构失去承载能力。当一个杆件或节点失效后，如果结构仍具有冗余度，其依然能承担相当的载荷。因此，对结构进行极限承载力分析，掌握极端环境荷载作用下结构内力分布规律，准确评估结构的强度和刚度，可为结构优化设计及后期运营维修提供依据。

7.3.7.1 优化设计原则

（1）海上升压站结构设计应全面满足结构强度、稳定性和刚度以及防腐蚀、制造、运输、安装、运行维护要求，按照"均衡可靠度、适宜刚度"双控制的准则进行全生命周期优化设计，为建成功能合理、方便适用、安全耐久的海上升压站创造条件。

（2）上部组块结构设计遵循功能优先准则，根据海上升压站主要设备功能优化结果以及相应的设备及荷载的分布进行上部结构布置，不片面追求结构对称和规则性，而是通过合理安排柱距和悬挑长度，控制结构刚度中心与荷载中心的偏心，实现结构整体的适宜刚度。

（3）广泛吸取国内外海上升压变电站建设经验，高度重视结构水平刚度的控制和靠泊稳定性，为升压站的运维创造良好条件。

7.3.7.2 结构布置原则

（1）传力路径短，应尽量使构件在各种受力状态下都能发挥较大作用，构件数量和规格力求少，结构尽量对称；不宜在飞溅区内设置水平构件；不宜在冰作用区内设置水平构件和斜撑。

（2）一般情况下，管节点宜设计为简单节点。

（3）导管架斜撑的角度（即与水平面夹角）宜在 45°～50°。

（4）导管架腿的表观斜度宜在 10∶1～7∶1。

（5）各桩的受力要均匀。

7.3.8 海上升压站舾装设计优化

7.3.8.1 舱壁的优化

舱壁是海上升压站较重要的构件之一。舱壁按结构型式分为平面舱壁和槽形舱壁。其中：平面舱壁由扶强材与舱壁板组成，根据扶强材的布置又可分为水平扶强材与垂直扶强材两类；槽形舱壁利用折曲的舱壁板代替扶强材，根据板折曲的剖面形状又分有弧形、梯形、三角形以及矩形等数种。

目前，国内海上升压站舱壁均采用槽型舱壁，而国外有些平台已开始采用平面舱壁。应对这两种舱壁型式进行全面的比较，并对其进行结构受力分析、结构强度计算，在满足功能要求的前提下，选择更轻便，更容易施工的舱壁布置型式。

目前的升压站设计中，舱壁不考虑为结构整体提供墙体，仅起到围护和分隔舱室的作用。但在船舶设计中，舱壁可以为船体结构起到很大的补强作用。在船体内分布着横向和纵向布置的舱壁,其中横向布置的舱壁主要承受横向载荷,对船梁有一定的加强作用;纵向布置的舱壁如果在一定范围内是连续分布的,则可以提供纵向强度。船舶内部的舱壁的主要作用是提高船梁抵抗变形的能力、支撑顶部甲板与底部结构。

在海上升压站结构设计计算中,将舱壁纳入计算,可以有效降低结构的整体用钢量,减轻平台自重,降低造价。

7.3.8.2　内装材料的优化

绿色环保已经成为船舶与海洋平台设计行业发展的趋势,海上平台内装的环保设计也进行了多年,发展出了很多新材料、新科技。针对海上升压站的特点,它的内装材料需要具备以下方面特性:

(1)重量。海上升压站造价影响最大的因素之一就是自重,控制材料重量,不仅能使平台更轻量化,更进一步使平台在施工、吊装、运输等各个阶段均能受益,因此在同等性能下内装材料需要尽量轻。

(2)简化材料种类。为简化海上升压站设计,需尽可能采用较少的材料种类,避免材料的生硬堆积。需根据其空间特点和使用功能,选取适合的材料。

(3)隔热、隔音、防震。由于海上平台的特殊环境,舱室内部的振动和噪声要控制在一定范围内,满足"规范"和"公约"规定。此外,材料还需具备一定的隔热性能,新型的隔音材料可以显著的降低噪声,改善舱室内部的声环境。

(4)工艺性能。材料的工艺性能需足够优良,加工难度较低,以减少加工过程中的废品率,降低能耗。

(5)无毒、无害。内装材料需无毒、无害。新型的纳米热绝缘材料有很好的隔热性能,新型环保板材等释放的有害气体较低。

海上平台的内装材料经过了多年的发展和多次的技术革新。第一代以蛭石板、石膏板为代表、第二代以硅酸钙板为代表的、第三代复合岩棉板,现逐步向新一代复合板材发展。复合材料性能优秀,广泛应用于交通、航天、船舶等行业,其中船用的主要复合材料如下:

(1)三维立体增强复合材料。三维立体增强复合材料是一种新型夹芯材料,主要由玻璃纤维、碳纤维、芳纶等纤维通过织造而成,在抗爆、减振、降噪方面性能优秀,克服了传统的蜂窝夹芯结构的易分层、抗冲击性能差的缺点。选用合适的夹芯可以实现其本身特殊的功能-阻燃,选用聚合物芯材可以实现隔热、隔冷的功能。

(2)蜂窝夹芯复合材料。蜂窝夹芯复合材料由蜂窝芯材、纤维和树脂复合而成,具有质轻、强度大等特点,受到垂直荷载时,其弯曲强度可以与同厚度实心板材相媲美。

(3)泡沫夹芯结构复合材料。泡沫夹芯复合材料由泡沫芯材、纤维等材料复合而成,具有比刚度大、比强度高、质轻、隔热性能好等特点。通过在受热面采用耐高温材料，在远热面采用导热系数低的隔热材料可以具备良好的隔热性能，在航天等领域应用广泛。

目前海上升压站普遍使用第三代的内装产品——复合岩棉板。复合岩棉板具有阻燃、保温性能好，易施工，价格低廉的优点，但也存在一些缺点。一是自重较大，如果室内普遍使用复合岩棉板作为内装材料，其自重可达到全部舾装材料自重的30%以上，是自重优化的关键之一；二是其采用了岩棉作为填充材料，岩棉中细小的纤维会在施工中被工人吸入肺部，一旦吸入量大则会造成肺部损伤。

新型的复合内装材料目前价格还不具有优势，但是其优异的性能，且随着使用厂家和生产厂家的增多，价格稳步下降，其未来必然是海上升压站降本增效的重要影响因素。

7.3.8.3　动线设计的优化

动线设计在建筑与室内设计中非常重要，如何使人员在室内移动方便、易辨识、顺畅、不易迷路，是动线设计的重点。

海上升压站的动线主要分为两类，人员巡检动线和人员疏散动线。一般海上升压站的人员巡检动线和人员疏散动线互相融合借用，其设计上需考虑简单清晰、通达性、识别性、移动快速。

（1）简单清晰。海上升压站的动线设计需简单明了，没有太多分岔路，非常清晰，可以很大程度避免巡检人员走错路、迷路。

（2）通达性。海上升压站的设计需考虑到每个舱室易于发现，容易到达，避免在死角布置舱室，做到少分岔路，没有回头路，没有死角。

目前有些平台采取无内走廊设计，看似极端精简了内部空间，实则造成了部分房间必须通过其他房间到达，通达性较差。再者，所有舱室进出需开启外舱壁门，容易导致盐雾进入，损伤设备。且巡检人员反复进出室内外，工作舒适度较差。

（3）识别性。海上升压站常见的三种内部动线布局：一字形、二字形、H形。因海上升压站内部装饰简单，缺乏识别性（一般为纯白色），二字形和H形通道容易发生巡检人员识别不清的情况。应通过配色或其他明显的标识，将不同线路形成明显的差异性，使巡检人员更易辨识自己所处方位。

（4）移动快速。通过分析平台上人员运动特征，建立人员疏散分析模型，以安全和缩短疏散时间为目标，尽快将工作人员疏散至安全地带。

7.3.8.4　空间的优化

目前国内海上升压站空间布局上的思路延续了陆上升压站的楼层布局概念和使用习惯，这会导致空间上的浪费。

（1）舱室的空间需求按照陆上使用习惯布置，会使空间偏大。如一般海上升压站舱室的净高为3.00～3.20m，而船舶的舱室净高常为1.95～2.20m，当然海上升压站的舱室高度要适配所选设备，但在非设备舱室，如走廊、备品备件间等，或是设备高度不高的，如蓄电池室、配电间等，在使用空间的高度上仍有进一步压缩的可能。

（2）所谓楼层概念是指在布置舱室时，习惯按最高的舱室来定义一层的层高，一般为5m，从而导致许多舱室的高度空间浪费。可考虑在升压站高度方向上加密，如层高按3m布置，层高要求较小的房间于一层内布置，层高要求较高的房间跨两层布置，主变压器室可跨三层布置。

（3）目前海上升压站舱室的设置均按设备功能独立设置房间，该方案简单明确，设备间互不干涉，但是存在舱室过多，空间利用率不高的缺点。

将平台上可以设置在同一舱室内的设备尽量放置在同一房间，如明确要求需分开房间设置的，同一火灾风险性分类的处所可考虑用复合岩棉板来替代钢板作为隔墙，如此可有效减少舱壁的数量，减轻自重，降低造价。

例如，平台上柴油发电机与柴油罐，出于安全考虑，设置在相邻的两个房间。如果将柴油发电机与柴油罐放在同一个房间内，则可以减少设备的检修空间，缩小舱室面积，提高空间利用率，且减少防火隔墙。

7.3.8.5　平台生活供水的优化

海上升压站一般均为无人平台，除了运维人员巡检时临时登上平台，其余时间长期无人。理论上本无须设置生活用水。但随着风电场从浅近海逐步迈向深远海，海上升压站离岸距离越来越远，一些平台上设置了可供运维人员短暂休憩或应急避险的场所。该类场所往往涉及生活用水的相关设施，而这一类设施的设置在实际使用中存在许多问题，急需优化。

海水资源虽然丰富，但由于其是由多种盐类组成的复杂溶液，无法直接用于饮用，运维人员每天的饮用、洗漱用水量在150～250L。海上平台上的淡水根据其用途，其质量有不同要求。洗漱用水：氯离子浓度不大于200mg/L、硬度不大于7mg/L；饮用水：清澈、无异味、无有害病菌、含盐量500～1000mg/L、氯离子浓度250～500mg/L，pH6.5～9.5。

目前的海上升压站生活淡水一般采用运维船补给的方式，由在甲板层靠船侧配备的国际通岸接头接入生活水箱储存。用水时通过变频泵加压后供至各用水点。

该方案的优点在于：①生活用水水质有保障。供水水质满足现行国家《生活饮用水卫生标准》（GB 5749—2006），维护好的情况下，可供运维人员直接饮用；②设备布置灵活，布局自由。设备布置在平台任意位置，均可用变频泵加压后供至各用水点；③受环境制约小。由于平台用水由陆上采用运维船补给，可保证平台储水量稳定，无用水枯竭的问题。

该方案的缺点在于：①设备多，且生活水箱大，占用平台空间较大；②运维船运输补给淡水成本极高；③平台上如长期无人，淡水储存过久会因生活水箱的污染和细菌的繁殖而变质，只能排海，白白浪费；④水箱中的淡水排海后，如未及时安排运维船补给淡水，则运维人员面临无水可用的处境。

由此可见，传统方案更适合平台上有运维人员长期生活的场景，例如石油平台或生活平台等。对于偶尔上人的海上升压站，应该对供水方案做进一步优化，具体如下：

（1）取消变频泵的设置，采用自流模式。变频泵作为机械设备，有一定故障的可能性，现场运维人员难以检修。海上升压站作为一个低频用水的空间，应减少此类非必要设施的设置。通过优化海上升压站布局，使生活水箱位于用水点之上，使生活用水可通过高差自流至用水点，可靠性得到提升。同时减少平台上设备，节省空间。

（2）针对运维船补给淡水的高额运维成本，可采用原地补给淡水的方法。一般有雨水收集与海水淡化两种方式。

雨水收集利用，主要是考虑到海上降雨频繁、雨水丰富。主要利用海上升压站的屋顶上汇集的雨水，通过集水、输水、净化等系统处理，得到可供饮用的淡水，储存以供备用。

常用雨水收集回用的工艺流程为：雨水收集管道→截污挂篮装置→雨水弃流设备→复合过滤装置→蓄水装置→净化消毒装置→变频提升泵提取到用水点。

雨水经过多道工序预处理后，已达初步水质要求，之后经过蓄水装置，再经过消毒、过滤等处理满足饮用标准后，进入用水箱，之后再分送至各个用水点。冲厕、洗刷甲板等也可直接使用储水箱内的中水，无须经过消毒、过滤。

海水淡化，主要是将海水通过一系列的工序处理，转变为盐度较低的淡水的过程。

海水淡化方法有海水冻结法、蒸馏法、电渗析法以及反渗透法，其中反渗透法成本最低，应用最广泛。原理主要是通过把海水加压，让其透过半渗透薄膜，其他一些盐类等杂志无法透过薄膜，得到淡水。反渗透法具有如下特点：

（1）选择性好，只允许水分子通过膜表面。

（2）出水质量高，能有效去除水中的无机盐、重金属离子、病菌等。

（3）维护方便，定期更换滤材，就可保证机器的正常运行。

（4）能耗小，电耗、水耗均低于电渗析法。

海水淡化有众多优点，但也有其不足之处，经过海水淡化得到的淡水矿物质含量极低，不宜长期饮用，需要另外加入矿物质。

以上两种供水方案均立足于平台自身原位取水，避免了后期从陆上运送淡水的高额费用，使得平台的经济效益大大提升。

7.3.8.6 平台污水排放的优化

海上平台工作人员产生的生活污水需经过处理之后排放，否则必然会污染海水。针对此情况，IMO 于 1973 年制定《国际防止船舶造成污染公约》，公约中规定：海上生产生活设施必须装有生活污水处理装置。现今常用的生活污水处理方法主要有以下几种：

（1）物化法。其原理是采用粉碎泵将污水粉碎，之后加入消毒剂，经过分离后，将清水排走，污泥留下，定期清除污泥。

此法对于消毒剂的需求较大，药剂的存放需要较大的空间、药剂不易保存。清除污泥需要人工清理，工作环境较差且容易造成二次污染，运行成本高昂，因此在海上平台上已经很少使用物化法处理污水。

（2）生化法。利用微生物处理污水的方法。微生物以细菌为主，细菌的细胞壁可以吸收污水中的有机物，通过其自身的生命活动，将有机物转化为了无害的无机物，以水和二氧化碳为主，同时产生细菌需要的原生质，以供细菌生长、分裂。当废水中有机物充足时，细菌主要通过处理有机物提供能量，当有机物含量很低或趋于耗尽时，细菌通过内源呼吸将自身一部分原生质氧化分解，用以维持生命活动。

（3）电解法。通过电解化学反应对污水进行氧化和消毒处理。原理是使污水流经特制的电解槽，电解槽内有多个电解室，氯离子通过与水反应，产生氧化氯离子（强氧化剂）和氢气。在氢气的搅拌作用下，氧化氯离子与细菌充分接触，将有机物分解为二氧化碳和水。

目前已建的海上升压站上的污水处理装置采用的均是生化法，主要是该方案的初期成本较低。但因为海上升压站是无人值守的平台，只是偶尔有运维人员巡检，导致该方案适用性较差。生化法存在以下不足：①可以处理的污水种类不够全面，比较单一；②装置长时间不维护会导致细菌死亡，需要再次填充细菌，运营成本较大；③细菌的培养、维护需要人员具有相应的专业知识，对维护人员要求较高；④装置较大，占用空间较大；⑤装置停机时会产生沼气与硫化氢等易燃、有毒气体，有安全隐患；⑥需要另加化学消毒剂，消毒剂不易保存且占据较大空间；⑦需要定期清除装置内的泥渣，增加了运维的负担。

因海上升压站日常无人居住，污水处理装置内的细菌因缺乏营养而死亡，运维人员需再次培菌，这不仅需要相关的培训，且培菌时间较久，往往要一天以上，无法做到即来即用。这有可能导致生化法的污水处理装置在后期运维阶段不能有效工作，最终成为摆设。

电解法相对于另外两种，虽然初期投资较大，但是装置体积小，处理污水种类较多，无须另加消毒剂；可以随时启动与停机，检修维护简便，不产生有害气体及无渣。能有效保证海上升压站后期的运行，并降低后期运维成本。

7.3.9　海上升压站消防系统设计优化

海上升压站将变电站中众多的电气设备集中布置在远离陆地的海上钢结构平台内，是海上风电工程中输送电力的核心部位。为保证机电设备的安全运行，按"预防为主，防消结合"的设计原则，消防设计应严格遵循有关标准规范，做到保障安全、方便使用、经济合理。

经过多年的建设实践，海上升压站消防设计积累了一定的经验。为了做好海上风电工程的降本增效，有必要从3个方面进行消防系统的设计优化，包括：分析海上升压站的消防特点；选择合适的消防灭火系统；考虑系统可靠性以及后期运维方便，优化消防灭火系统设备配置（包括防腐）及控制要求。

7.3.9.1　分析消防设计特点

海上升压站的消防，有如下特点：第一，从灭火对象上来看，海上升压站属于变电站的一种，消防设施应能扑灭（带油）电气设备尤其是油浸式变压器、柴油发电机的火灾；第二，从结构上看，升压站平台为钢结构件，在很小的空间里，布置众多的生产用房，一旦发生火灾或蔓延，钢结构受热变形将影响平台的结构强度，消防设施应能保护生产设备、钢结构平台，具有隔热、冷却、降温的效果；第三，从施救条件上看，平台距岸较远、无人值守，发生火灾时难以得到及时救援，消防设施应技术成熟、安全可靠、自动化操作简单，立足自救；第四，从环境和使用条件上看，海上平台长期受到水流冲击，处于振动和颠簸状态，空气湿度大、盐雾腐蚀大，消防设施应能适应海上恶劣的环境条件，具有防盐雾、耐腐蚀特性；第五，从布置上看，升压站平台体量小，消防系统的设置应经济、合理，设备布置紧凑。

因此，消防灭火系统应能适应海上环境条件，保护海上升压站的设备、钢结构平台以及巡视人员的安全，防止火灾的发生和蔓延。

7.3.9.2　选择消防灭火系统

消防灭火系统的设计选用，应在加强火灾自动探测、报警的基础上，对不同保护对象采用不同的灭火方式。

《风电场工程110kV～220kV　海上升压变电站设计规范》（NB/T 31115—2017）规定，海上升压站的主变室、柴油机房、柴油油罐室、电抗器室、开关柜室、GIS室、通信继保室、蓄电池室、低压配电室、避难所以及直升机平台（如有）等区域应设自动灭火设施，电气盘柜优先选用探火管式灭火系统。海上升压站灭火系统的选择应考虑灭火效率、灭火剂的更换周期及对环境、人员、设备的安全性等因素。规范中列了几种适宜的灭火系统，包括细水雾（工作压力不小于10MPa）、泡沫、气体等灭火系统。

1. 主要设备房灭火系统选择

与泡沫、气体灭火系统相比，水是最常用的灭火剂，在变电站消防以及建筑消防上使用广泛。

高压细水雾系统用水量少、水渍污染少、灭火除烟效率高、隔热冷却效果好、电气绝缘性能好，有利于保护人员疏散和消防员灭火；系统压力高、管道管径小、布置及安装方便，比较适合用于布置紧凑的海上升压站；欧美进口设备有很多海上平台的应用经验，经过国际上专业严格的试验检验，性能优异、技术可靠，有利于保护无人值守海上平台的安全。

目前国内基本所有海上风电工程的海上升压站主要设备房均采用了高压细水雾灭火系统。高压细水雾在给主要设备消防的同时，也可以给设备房的地板和墙面降温、防止钢结构过热变形。

2. 电气盘柜灭火系统选择

根据海上升压站的消防特点，在电气盘柜内通常配置探火管式气体灭火系统。其中，探火管不需任何外部电源，结构简单、感温自启动，能在起火的初期快速、准确、有效地探测及扑灭柜体狭小空间内的初期火灾，减少火灾蔓延事故发生。

目前，探火管式灭火系统中的气体灭火剂应用较多的有七氟丙烷（HFC - 227ea/FM200）、二氧化碳（CO_2）和 NOVEC1230（美国 3M 公司专利产品）三种。其中：七氟丙烷对环境无害，在自然中的存留期短，灭火效率高，在一定设计浓度下无毒无害；二氧化碳具有低毒性，当其在空气中超过一定的浓度将使人产生不适，甚至窒息；NOVEC1230 灭火效率高，完全无毒无污染，但是国外专利产品，灭火剂的更换可能会受限。

另外，还有《气体灭火系统设计规范》（GB 50370—2005）中的 IG541（一种混合气体）、新型灭火剂 FK5112（全氟乙酮）等洁净气体灭火剂的应用。这两种灭火剂都灭火高效、环保洁净、使用安全，不污染环境，无毒、无腐蚀，具有良好的电绝缘性能，不会对被保护设备构成危害。据网上公开的研讨资料显示，FK5112 灭火剂与 NOVEC1230 灭火剂效果相当；IG541 灭火剂释放后是与空气混合降低氧气浓度来灭火，因此其灭火效果略逊。

3. 其他灭火设施

海上升压站如设有直升机平台，则应严格按照相关标准要求，在直升机平台及附近配备一定容量的干粉灭火器、二氧化碳灭火器或等效设备；也可结合消防水系统（如有），配备固定泡沫灭火系统，设置水/泡沫两用炮式喷射器，以保护以直升机总长为直径的圆面积。

另外，根据保护对象和保护范围，在主要设备房出口附近、各层甲板及楼梯附近、平台吊机或其附近等处，配置一定数量的干粉灭火器。电气设备集中布置的封闭区域另设置一具二氧化碳灭火器。

7.3.9.3 优化消防系统设备配置

消防系统设备及附件均应适应海上升压站的空气环境条件（温度、湿度及盐雾含量等），主要设备和部件的设计、制造、验收均应满足中国消防行业有关规定。

1. 认证资质方面

（1）国家消防产品认证。我国消防产品的市场准入曾经实行强制性产品认证制度和型式认可制度。2014 年 12 月国家质量监督检验检疫总局、公安部、国家认证认可监督管理委员会联合公告，对 15 种消防产品实施强制认证，强制认证就是 3C（China Compulsory Certification）认证；2018 年国家应急管理部调整了部分消防产品的强制认证要求，其中细水雾灭火装置改为自愿性认证产品。

作为海上升压站主要的保护设备，具备中国消防产品自愿性认证（CNAS）是最基础的安全认证。

（2）海上设施认证。中国船级社（CCS）是受中国政府授权，为船舶、海上设施代行法定检验，另外，CCS 还提供鉴证检验、公证检验、认证认可等服务。因此，海上升压站的消防系统主要设备也必须具有相应的 CCS 认证。

（3）其他安全性认证。作为用在海上设施的消防系统设备，国际上还有挪威船级社（DNV）认证、美国国际工厂相互保险组织（FM）认证、美国保险商联合实验室（UL）认证、德国专业安全协会（VdS）认证等多种产品安全检测认证。

根据对国内应用在海上升压站的多个消防设备产品情况统计，不是每家都有上述认证，设计上应综合比较后选择，尤其是关键设备、关键部件的认证，要求更高。

2. 材质方面

为防止腐蚀，压力大于 3.5MPa 时高压细水雾灭火系统和探火管式灭火装置中的主要设备、管件采用 022Cr17Ni12Mo2 不锈钢（简称 316L，又称钛钢）材质或铜合金材料。如果有条件，也可采用 022Cr23Ni5Mo3N 不锈钢（简称 2205 双相不锈钢）或 00Cr25Ni7Mo4N 不锈钢（简称 2507 超级双相不锈钢）材质。

3. 其他

海上升压站距岸较远，基本按"无人值守"设计。消防系统宜做好以下配置：①在消防水箱上设置水位计，可远程随时监视、检查水箱的水位；②消防水箱设自洁消毒装置，防止水箱中的水变质，可满足半年更换一次消防水的用水水质要求；③在消防泵出口设泄放试验阀，可实现运维管理中"定期（由运维人员）手动对消防泵组进行启动试验"的要求。

对北方寒冷地区，海上升压站消防系统外露的管道，应采用干管无水方式或保温岩棉包裹、电伴热加热等措施。

7.3.10　海上升压站暖通专业设计优化

海上升压站一般位于沿海、近海或远海，其四周空气具有高湿度、高盐雾的特点，海上升压站各舱室的电气设备较为精密，对运行环境要求较高，在高湿度、高盐雾的腐蚀环境中很容易被腐蚀而无法运行。为防止各舱室盐雾侵蚀，解决方案是对舱室进行压力控制。通常采取措施是对舱室进行正压送风、自然排风。正压送风系统对舱室的气密性有一定的要求，还需要有合理的各舱室压力控制措施。

海上升压站因各电气设备舱室环控（温度、湿度、风速）要求不同，所需空调设备的配置及控制要求不同，设备的造价差距很大，各舱室合理的配置设备（包括设备的容量和防腐性能）也是设计优化的重要工作。

7.3.10.1　正压送风系统

海上升压站的正压送风系统，是室外的空气经高效盐雾过滤器过滤，再经冬季加热，夏季降温除湿处理后，由风电机组加压送入海上升压站各电气舱室。通过给相对封闭的舱室送风，提高设备舱室的气压，舱室内的自动泄压装置排除室内的空气，使电气设备舱室与室外维持 10Pa 左右压差。海上升压站的正压送风系统，在保证有效通风散热的基础上，避免电气设备暴露在腐蚀性环境中，保证电气设备不因腐蚀而失效，能维持海上升压站长时间正常运行。

海上升压站的正压送风系统，是由除盐雾系统（包括气液分离装置、初效、中效和高效过滤装置）、通风管道系统、舱室自动泄压装置和监控系统组成，新风是通过除盐雾系统集中处理后再通过通风管道分别与各设备舱室连通。

7.3.10.2　空调系统

目前，为了使电气设备正常运行和提高设备的使用寿命，对海上升压站各设备舱室均设置空调系统。整体式海上风电场升压站的规模有 200MW、300MW、500MW 的规模，超过 800M 的升压站因施工工艺的限制会做成分体式或模块化。

据统计，国内已建及在建的 95％以上的整体式海上升压站空调都采用风冷分体式空调器，每个舱室选用的空调设备两套（一用一备），只有 5％的升压站采用小型集中空调。分体空调跟小型集中空调相比，具有空调设备相互独立，控制系统相对简单，维护工作量较少的特点。各设备舱室温度采用风冷分体空调器调节，空调器能将设备运行时产生的热量带至室外，实现设备运行时的正常散热。

随着风电场往远海发展，升压站规模会越做越大。升压站越大，各电气房间空调冷量和台数均会增加，分体室外机的连接管路长度和摆放位置受限，分体空调设置有问题时，就得设置小型集中空调系统。

空调系统设置形式是依据风电场规模、升压站的布置、设备的适应性、稳定性、维护的性价比等多方面对比分析，最终确定合适的空调形式。

7.3.10.3 通风系统

海上升压站有配电装置室、GIS 室和蓄电池室，对于散发有毒有害和易燃易爆气体的场所，需要采用负压的控制方式。目前有两种做法，第一种是给舱室送新风即舱室压力高于室外气压，低于相邻舱室压力，以确保有危害气体不会进入相邻其他舱室，同时可阻止室外空气进入舱室内，使舱室设备免受室外空气的腐蚀。所送的新风是跟升压站新风系统连接一起，新风经过了盐雾处理和降温除湿处理。第二种就是给设备舱室设置机械排风系统，自然进风。

7.3.10.4 暖通设备防腐需求

海上升压站的设计寿命为 25 年，需要为之服务的所有供暖、通风、空调设备及附件均应适应海上升压站的空气环境条件（温度和湿度及盐雾含量），空调器、通风机及阀门的设计、制造、验收均应满足 CCS 中国船级社的相关规定。设备正常使用寿命不小于 87600h。

为防止锈蚀，暖通设备外露部件必须具有良好的防锈蚀保护措施。要求对于户外布置设备和基础，防腐等级至少应满足 C5－M 级。

7.3.10.5 暖通监控系统

供暖、通风与空调系统检测和控制功能包括参数检测、参数与设备状态显示、自动调节与控制、工况自动转换、设备连锁、自动保护与报警、能量计量以及中央监控与管理等。

暖通设备的运行工况需要实时传递到陆上集控中心，监控系统对电气设备舱室的温度、湿度、正压值、过滤器前后压差、设备及阀门的运行状态、室外空气的温度和湿度等信号进行采集，以保证各舱室正压和温湿度为原则，对各系统所有设备进行集中控制。

7.4 高压海缆工程设计优化

目前，海上风电总的装机容量越来越大，同时离岸也越来越远，高压海缆工程投资成为项目投资中一个较大的部分，需要予以关注，可以通过以下两个方面的技术提升来实现降本增效。

7.4.1 海缆载流量计算

目前国际上公认的电缆额定载流量计算方法采用的是 IEC－60287 系列标准，假设大地表面和电缆表面为等温面，基于稳态温度场理论，采用热网络分析法，将电缆视为以其几何中心为圆心的分层结构，用集中参数代替分布参数，把电流作用于电缆的热平衡视为一维形式的热流场，借助与欧姆定律、基尔霍夫定律相似的热欧姆等法则，进行简明的解析求解。IEC - 60287 标准方法适用于稳态的简单电缆系统和边界条件，具有载流量直接计算的优点，但不具备暂态计算能力，在复杂环境下适应电缆多样化使用有不足之处，特别是对于海上风电出力不连续，并且海缆有多种敷设方式的工程，包括陆地段穿管埋地敷设、登陆段浅滩敷设、海底埋设，弯曲限制器内敷设、J 型管内敷设、风电机组塔筒底部内外空气中敷设等，难于给出比较正确的成果。因此需引进数值计算方法。

数值计算的方法是在给定电缆敷设、排列条件和负荷条件下对整个温度场域进行分析，大地表面和电缆表面的温度都是待求量，需考虑回路间的电磁感应对电缆导体邻近效应和损耗的影响以及空气自然对流、热辐射和热传导等三种导热方式的耦合，因此，数值方法的计算结果更加接近实际情况，据此确定的电缆载流量比 IEC - 60287 更加准确。

目前部分海上风电工程已开始采用有限元计算弯曲限制器内海缆的载流量，今后应加强海缆载流量的数值计算和暂态载流量计算工作，挖掘海缆载流能力，减小截面，降低投资。

7.4.2　220kV/500kV 高电压等级、大截面海缆的研究

应用大截面、高电压等级的海底电缆进行电能输送，有利于减小送出海缆回路数，从而降低工程投资、满足集约用海要求，降低后期运行损耗，对规模化开发的风场是迫切需要的。

工程设计中应从制造能力、敷设施工能力、输送容量（载流量）及工程建设成本等角度分析，使用最合理的海缆截面。

今后的工作中，要重点研究海缆的故障对海上风电场影响的研究，应加强研究长距离海缆的无功损耗的研究工作，同时加强局部海缆载流量提升方法的研究，如登陆段采用铜丝铠装，加强铜—钢腐蚀的风险的研究。

7.5　集 电 线 路 设 计 优 化

集电线路是海上风电场的血管，作为风电场发电、变电、输电三大关键环节之一，场内集电线路承担着将风电机组发出电能汇集输送至升压站的功能。集电线路的可靠性直接关系风场的收益，同时又是海上风场的重要成本项，其优化设计显得非常重要。

7.5.1　集电线路连接型式选择

海上风电场集电线路型式主要可分为三种型式，普通环形连接、相邻回路风电

机组末端联络环形连接及普通环进环出方式（链式或链式放射式组合）连接等型式。

7.5.1.1 普通环形连接型式

该方案为在两个相邻集电线路回路最末端的两台风电机组通过一根联络海缆连接，如图 7-1 所示。35kV 海缆截面选择应满足当任何一根海缆故障，所有风电机组所发电能均可通过故障海缆两侧无故障海缆送至升压站，单根海缆故障不会影响风电机组出力。由于任何一处电缆故障，电流流向不是恒定的，因此回路内所有电缆均需考虑可能流过的最大电流值，采用相对截面较大电缆。该连接型式的集电线路，全场集电线路回路数过多，每个集电线路回路所连接的风电机组数量较少。

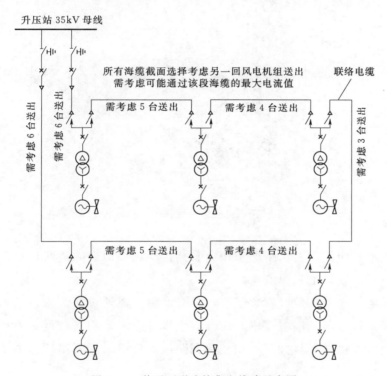

图 7-1　普通环形连接集电线路示意图

本方案可靠冗余度高，但投资成本大，经济性差，国内已建或在建的海上风电场均未考虑该类型集电线路方案。

7.5.1.2 相邻回路风电机组末端联络环形连接型式

该方案为在两个相邻集电线路回路最末端的两台风机通过一根海缆连接，两个相邻回路的集电线路海缆截面选择不考虑另一回风机组送出，末端联络电缆按最小截面海缆选择，如图 7-2 所示。当某一段海缆出现故障时，相邻回路通过联络海缆给故障海缆后面连接的风电机组提供电源，满足风电机组加热除湿装置、控制系统、偏航系统等持续运行的要求，保证风电机组的安全。但风电机组出力在大风情况会有所限制，运行管理复杂。

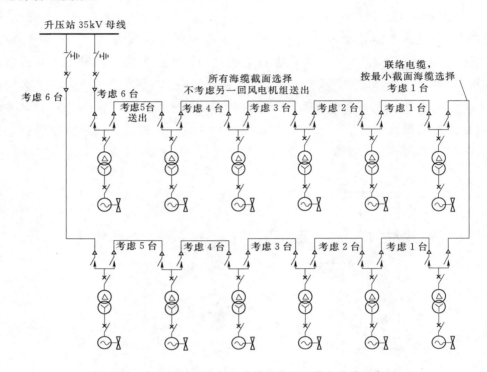

图 7 - 2　相邻回路风电机组末端联络环形集电线路示意图

目前，风电机组设计时已采取了相应安全措施，当海缆故障时，在常规修复时间范围内停电时可保证风电机组安全。

同时，风电场海缆均敷设在禁航区，只有渔船可能通过海缆敷设区域，但可以通过加强海缆保护，来降低锚害概率。而且海缆本身故障率相对较低，故仅仅为了提高风电机组备用电源供电可靠性而采用相邻回路风电机组末端联络环形方案，经济性不高、必要性不足。

7.5.1.3　普通环进环出方式（链式或链式放射式组合）连接型式

该方案为在每个集电线路由首端到末端各台风电机组依次链式状连接或链式放射式组合连接，如图 7 - 3 所示。该型式集电线路中如回路中某段海缆发生故障，可通过 SCADA 系统断开远端的故障海缆，该段海缆所连接风电机组全部停运。

普通环进环出方式（链式或放射式）连接型式其特点是结构简单，投资成本较低。

综上，普通环进环出方式（链式或放射式）连接型式的集电线路结构型式简单，投资成本较低。由于风电场内海缆保护较好，故障率低，现阶段已建或在建的海上风

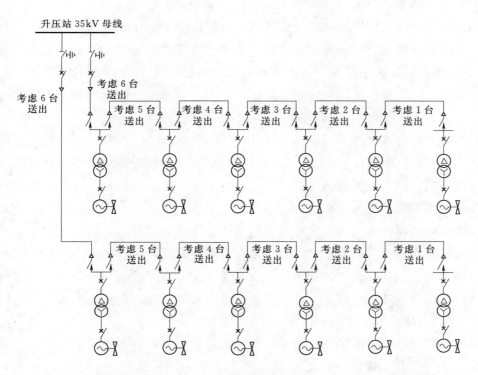

图 7-3 普通环进环出方式（链式或链式放射式组合）连接集电线路示意图

电场集电线路主要采用该种型式局。

7.5.2 场内集电海缆选择

7.5.2.1 集电海缆电压等级选择

目前国内已建及在建的海上风电场工程场内集电线路多采用 35kV 电压等级，相应海缆的设计、制造技术均已成熟。

欧洲一些海上风电场开始尝试提高场内海缆的电压等级。在建的英国 Blyth 海上示范风电场是全球第一个以 66kV 作为场内海缆电压等级的海上风电场。通过提高场内海缆电压等级可减少集电线路回路数、降低海缆损耗，节约成本。国内也有工程开始尝试采用 66kV 电压等级海缆，相关海缆标准也正在编制过程中。

7.5.2.2 海缆绝缘型式选择

场内 35kV 海底电缆的绝缘型式有交联聚乙烯绝缘（XLPE）和乙丙橡胶绝缘（EPR）。

交联聚乙烯绝缘（XLPE）电力电缆具有较好的电性能与物理性能，有优异的热稳定性和老化稳定性，正常运行温度可高达 90℃，事故短路可高达 250℃，能够输送较大的负荷。同时 XLPE 电缆弯曲半径小，重量轻，安装简便安全可靠。

乙丙橡胶绝缘（EPR）电缆与交联聚乙烯绝缘电缆一样具有较好的电性能与物理性能，有优异的热稳定性和老化稳定性，正常运行温度可高达 90℃，事故短路可高达 250℃，能够输送较大的负荷，且其更具抗水树性能，有利于海底电缆更有效地发挥功能。但是，乙丙橡胶绝缘电缆的介质损耗较大，不适用于高压绝缘，主要应用于中压海底电缆工程，最高电压等级的海缆是 2001 年应用在意大利的 150kV 海缆。

目前海底电缆两种型式 XLPE 和 EPR 均有生产和运行，都较为成熟。考虑到国内各大海缆生产厂家均能自主生产 XLPE 绝缘，且实际运行业绩较多，场内集电海底电缆推荐采用 XLPE 绝缘海底电缆。

7.5.2.3　导体截面选择

导体截面选择的原则为：①电缆长期允许电流应满足持续工作电流的要求；②短路时应满足短路热稳定的要求；③对于距离较远的海缆，应进行电压降校核。

海缆的载流量计算需考虑绝缘、金属护套、铠装损耗以及海缆内衬层、外护层、周围环境的热阻、环境温度等方面的影响。海缆长期允许的电流计算采用《电缆额定电流的计算》（IEC-60287）标准推荐的公式。

海底电缆线路如发生短路故障，线芯中通过的电流可能为额定电流的几十倍，但短路电流作用时间很短。短路热稳定计算采用《电力工程电缆设计标准》（GB 50217—2018）推荐的公式。

一般来说，海缆的阻抗很小，对于设置有海上升压站的工程，场内集电海缆长度不太长，其电压损失不会构成截面选择的制约条件；当海上风电场采用场内集电海缆直接送出至陆上升压站时，由于集电海缆较长，需校验其电压降。

7.5.2.4　金属护套的选择

海缆的金属护套除了能屏蔽电磁场和泄漏电流外，还起着阻水、防潮气的作用。铅护套密封性能好，可以防止水分或潮气进入海缆绝缘；熔点低，可以在较低温度下挤压到海缆绝缘外层；耐腐蚀性好；弯曲性能较好，因此海缆一般采用铅护套。

7.5.2.5　外护套的选择

海缆金属护套外须挤包外护套，其主要作用为抗压、防水、防潮及机械保护。此外，当海缆遭受短路和过电压冲击时，外护套应能耐受由此所产生的感应电压。当海缆遭受短路和过电压冲击时，金属护套中会出现较高的冲击感应过电压，且海缆越长过电压幅值越高，当达到一定的长度时，海缆外护套可能会因冲击感应过电压过大而击穿。

对于短距离海缆，若金属护套中冲击感应过电压不会对外护套构成威胁时，可选用聚乙烯外护套；当海底电缆较长，金属护套中冲击感应过电压过大时，宜采用添加炭黑的半导电聚乙烯作为外护套，为内层的金属护套和外层铠装提供等电位连接，以便降低金属护套上的感应电压。

7.5.2.6 铠装型式选择

铠装是海缆中至关重要的结构元件，它提供了机械保护和张力的稳定性。海缆在安装过程中经受张力的作用，张力不仅来自悬挂海缆的重量，还包括敷设船垂直运动产生的附加动态力，而安装过程中的合力会远大于海缆垂直下至海底的静态受力。此外，铠装还必须提供足够的机械保护，防止安装机具、渔具和锚具带来的外部威胁。常用的海缆铠装型式主要有镀锌钢丝铠装、不锈钢丝铠装、铜丝铠装。铠装层对交流单芯海缆的电气性能影响较大，对交流三芯海缆的电气性能影响较小，而集电海缆一般都采用三芯结构，其铠装普遍采用镀锌钢丝铠装。

7.6 海上风电机组基础工程设计优化

风电机组基础是风电机组的支撑结构，是海上风电场的重要成本项。海上风电机组基础作为高耸结构耸立于海洋环境中，并承受风电机组和海浪环境的协同作用，结构虽然较为简单却承受着较为复杂的外部作用。因此海上风电机能基础工程设计优化应从海浪环境条件优化着手，到基础组合优化再到单个基础结构优化，从而实现降本增效的目的。

7.6.1 海上风电机组基础工程特性概述

海上风电机组基础是典型的海洋工程结构，它具备海洋工程结构的一切特性，也有自己的显著特点。在海洋中长期作业的海洋结构与船舶面临的海洋环境显著不同。船舶可以根据天气预报躲避高幅值的海洋环境荷载，而海洋结构常年工作在海洋中，承受各种海洋环境力的作用，而且海洋环境条件错综复杂，变化没有规律性，要准确确定这些荷载较为困难，所以为满足安全运行需要，这要求海洋结构能够经得起50年的或者100年一遇高海情的考验。另外，海上风电机组作为风电设备，受各种工况风荷载的影响，具备大型动力设备基础的特性；同时，一般海上风电机组的轮毂高度都在90m以上，其具备高耸结构的特性。

海上风电机组作为大型动力设备基础，与结构静力计算相比，结构承受周期荷载、冲击荷载、随机荷载等动力荷载作用时，结构的平衡方程中必须考虑惯性力的作用，有时还要考虑阻尼力的作用，且平衡方程是瞬时的，荷载、内力、位移等均是时间的函数。由于在结构动力计算中要考虑惯性力、阻尼力的作用，故必须研究结构的质量在运动过程中的自由度。

海上风电机组基础作为海洋工程结构，具备海洋工程高技术、高投入等特点。海上风场建设对工程技术有高度依赖性。由于海上风能资源远比陆上丰富,海上风电机组的单机容量一般较大,这样风电机组尺寸、重量以及产生的风电机组荷载就较大,对风电机组基础要求较高,因此需要大型的打桩、吊装以及船舶设备;在风电机组安装时,对上下塔筒法兰水平度、倾斜度都有极高要求,因此需要高精度的安装系统;海上风电机组受海洋环境、施工技术和条件等因素影响,相比于陆上风电机组单位千瓦投资要高许多;海上施工作业受制约因素较多,要在合适的风浪条件下才能较好、较安全地开展施工工作,春夏季常规情况下一个月的有效施工时间为 10～15 天,秋冬季有效施工时间更短。因此建设周期较长。

海上风电机组作为高耸结构,具备高耸结构的特性,但是它所处的环境又比一般陆上的高耸结构要复杂很多。高耸结构又称塔桅结构,是一种特殊的结构型式,具有高度高、重量轻、刚度小、外形细长等特点,横向荷载起主要作用的一种非常重要的构筑物,有塔式和桅式两种结构。高耸结构应用量大而广泛,已深入到广播、邮电、旅游、环保、气象、交通、电力等国民经济的各个领域。对于陆上高耸结构,由于它的外形特征,高度和横向尺寸之比较大,结构抗弯刚度相对较弱,在横向荷载作用下,容易产生较大的振动和变形,因此横向荷载是它的控制荷载,在抗震设防烈度较高地区,地震荷载也比较重要;而对于海上风电机组,由于需要更大的扫风面积来发电,且所发电量与扫风面积有正比关系,这决定了海上风电机组比陆上高耸结构所受的风荷载要大很多。一般高耸结构需要简化结构、缩小迎风面积来优化设计,但是海上风电机组正好相反。另外,还要受到波浪水流力、船只靠泊、撞击等横向荷载的作用,从而使海上风机的风振研究更加复杂、困难,加大了风电机组基础的设计难度。

7.6.2　波浪荷载优化

波浪荷载是风电机组基础最主要的荷载之一。目前国内港工上常使用特征波法进行基础设计,即使用某一个特定波高(港工为 $H_1\%$ 波高),选用某种波浪理论进行确定性波分析计算。

特征波计算需要根据水深、波高、周期等波浪要素确定可用的波浪理论(如 Airy、Stokes、Stream function、Cnoidal、Solitary 等),如图 7-4 所示,然后根据 Morision 公式计算相应的波浪力。

线性波浪(Airy)理论下的 Morision 公式为

$$P_{\mathrm{Dmax}} = C_{\mathrm{D}} \frac{\gamma D H^2}{2} K_1 \tag{7-1}$$

$$P_{\mathrm{Imax}} = C_{\mathrm{M}} \frac{\gamma A H}{2} K_2 \tag{7-2}$$

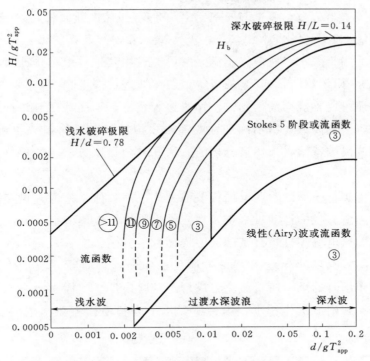

图 7-4 各种波浪理论的适用范围

$$K_1 = \frac{\dfrac{4\pi Z_2}{L} - \dfrac{4\pi Z_1}{L} + sh\,\dfrac{4\pi Z_2}{L} - sh\,\dfrac{4\pi Z_1}{L}}{8sh\,\dfrac{4\pi d}{L}} \qquad (7-3)$$

$$K_2 = \frac{sh\,\dfrac{2\pi Z_2}{L} - sh\,\dfrac{2\pi Z_1}{L}}{ch\,\dfrac{2\pi d}{L}} \qquad (7-4)$$

式中　P_{Dmax}——波浪力的最大速度分力，kN；

P_{Imax}——波浪力的最大惯性分力，kN；

C_D——速度力系数，对圆形截面取值 1.2；

C_M——惯性力系数，对圆形断面取值 2.0；

D——柱体的直径，m；

A——柱体的断面积，m^2；

H——波高，m；

L——波长，m；

d——自泥面起至相应水位高程的计算水深，m；

Z_1、Z_2——自泥面起至相应计算截面的高度，m。

当 $H/d \leqslant 0.2$ 和 $d/L \geqslant 0.2$ 时，对于 Z_1 和 Z_2 间柱体断面相同的结构，作用于该段柱体上的 P_{Dmax} 和 P_{Imax} 分别按式（7-1）～式（7-4）计算。

线性波浪适用于深水小波浪。不满足时可能选用其他波浪理论或者根据《港口与航道水文规范》（JTS 145—2015）的规定对线性波进行修正。

波浪计算还可以不规则波使用波谱作为输入条件，采用特征波法或传递函数法计算结构波浪力。采用波谱，用不确定性波浪来模拟波浪荷载对风电机组基础的作用，能够更好反映波浪的特性，采用谱分析的方法并结合概率方法，能更好体现不同频率波浪影响。

必要时还可实行模型试验获取结构波浪力或波浪数值水槽通过设定造波板边界的运动来模拟实际造波板的运动过程来实现三维规则波的数值模拟。

上海某海上风电场高桩承台基础波浪模型试验分别就实体承台、透空承台在原床面地形（海床高程−12.87m）和局部冲刷后的床面各自受纯波浪、顺流和逆流波浪三种波流组合作用时的承台所受波流力进行了试验模拟。实体承台在原始泥面地形上三种波流组合不规则波浪作用下，承台所受水平力和浮托力随水位的变化如图7-5和7-6所示。

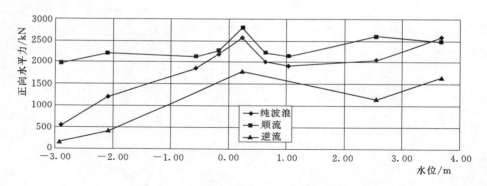

图 7-5 原床面上，三种波流组合作用时承台所受水平力随水位变化

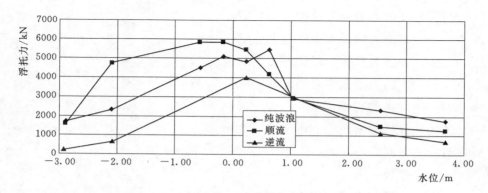

图 7-6 原床面上，三种波流组合作用时承台所受浮托力随水位变化

7.6.3 风电机组荷载优化

风电机组荷载是风电机组基础的主要荷载，其优化工作是风电机组基础设计优化的主要工作内容之一。

风电机组荷载是海上风电机组基础最主要的荷载。其数值优化应是风电机组基础优化中优先考虑的问题。然而目前国内通常都由风电机组厂家直接提供风电机组荷载。同一厂家不同阶段，以及不同厂家同类风电机组的风电机组荷载差异较大，但其取值直接关系风电机组基础造价。

风电机组荷载一般利用风电机组载荷软件模拟计算，根据 IEC 规范等规范计算得到特定场址条件的"风电机组-塔架-地基基础"不同荷载工况的整体载荷。实现对风电机组荷载的准确评判和优化设计。IEC 61400-3-1-2019-04 规定了若干荷载工况。各荷载工况根据实际可能出现的情况对风、浪、流、水位和风电机组控制动作进行了组合。另外，建模时还需要考虑地基、基础的影响。

遗憾的是风电机组荷载软件建模和计算波浪水流力时一般只能考虑杆件，对实体或板结构无法建模。计算时需采用刚度和质量等效后的杆件模拟。

有条件时尽量采用上部结构和风电机组基础统筹考虑的一体化风电机组荷载设计方法进行风电机组荷载计算。直接得到各结点需要的各工况结构内力直接用于结构设计。根据相关经验采用该方法，风电机组荷载可以降低 10% 左右。

7.6.4 地勘参数优化

岩土体所处环境和成因复杂，工程中很难十分精确地获取场地的岩土参数。为了更客观准确地评价场地岩土体的工程性质，应针对不同的风电机组基础型式，采取不同的岩土勘察手段，聚焦主要岩土参数和岩土参数的可靠性与适用性。

地勘参数是风电机组基础设计最重要的输入条件之一。

对不同的风电机组基础型式应采用不同的地勘方式进行优化。对于土基和岩基也存在较大差异。

对于多桩基础，主要控制轴向承载力参数。土体由于取样困难，常采用原位测试（如）CPT 和钻孔为主。岩石地基原位测试手段有限，常以钻探为主并辅以波速测试。

单桩基础以水平承载为主，应加强强度参数和刚度参数的原始参数获取。常采用原位测试（如 CPT）并辅以钻孔和波速测试。

浅基础（如重力式基础、筒型基础）应加强表层土强度参数、刚度参数和压缩参数的原始参数获取。常采用原位测试（如 CPT）并辅以钻孔和波速测试。

对于单桩基础和浅基础钻探取样需要采用勘探平台和波浪补偿钻机等高效高质量

钻探手段获取原状土样，以获取较为准确的强度参数、刚度参数和压缩参数。

重视通过孔压静力触探测试获取合理岩土参数的作用。数字式孔压静力触探具有机理明确、功能齐全、参数准确、精度高、稳定性好等优点，既可以用超孔压的灵敏性准确划分土层进行土类判别，又可计算土的状态参数、强度参数、变形参数、动力参数等。在国外海洋工程或海上风电岩土工程勘察中，数字式孔压静力触探应用非常广泛，在桩基设计、打桩分析中有广泛运用并取得很好的效果。

重视试桩成果反分析修正岩土参数。目前已经开发的海上风电项目，多进行过试桩。项目勘察过程中需要收集邻近区域风场的试桩成果和施工数据，通过试桩、施工中的监测数据进行反分析来修正岩土参数，使建议的物理力学参数更能趋于反映实际状态。

7.6.5 风电机组基础优化组合

海上风电机组基础结构具有重心高、所受海洋环境荷载复杂、承受的水平风力和倾覆弯矩较大等受力特点，因此海上风电机组基础的造价是影响海上风电工程总造价的主要因素之一（通常在 20%以上）。目前研究和应用的海上风电机组基础从结构型式上主要分为重力固定式基础、桩式基础、浮置式和负压筒等基础型式。

我国海上风电最常用的是桩式基础、重力式基础和浮置式基础。由于浮置式基础一般适用于 50m 以上水深海域，故暂不介绍。

7.6.5.1 桩式基础

桩式基础型式有单桩基础、多脚架基础、导管架基础、高桩混凝土承台基础等。

1. 单桩基础

单桩基础（图 7-7）为近海风电机组基础的最常用结构型式，国外 70%以上的风电机组基础均采用单桩基础型式，国内使用单桩基础的工程也日渐增多。单桩基础结构相对简单，主要采用大型沉桩设备将一根钢管桩打入海床。在钢管桩上设置靠船设施、钢爬梯及平台等，钢管桩顶部通过灌浆或直接通过法兰连接顶部塔筒。

单桩基础一般采用单根直径 4.5～7.0m 钢管桩定位于海底，承受波流荷载及风电机组荷载。为防止桩周冲刷，沿单桩一定范围内进行防冲刷处理。

2. 多脚架基础

多脚架结构与油田开发的简易平台相似，根据桩数不同可设计成三、四脚等基础，以三脚架为例，三根桩通过一个三角形钢架与中心立柱连接，风电机组塔架连接到立柱上形成一个结构整体，三脚架结构的刚度大于单桩结构，可以通过调整三脚架来保证中心立柱的垂直度。其适用水深范围较大。三脚架结构用三根桩取代了单桩结构的一根桩，因此，桩径远远小于单桩结构，一般为 2～3m。水下三脚架基础如图 7-8 所示。

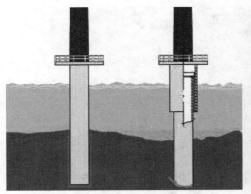

　　　　(a) 结构图　　　　　　　　　　(b) 外形图

图 7-7　单桩基础

图 7-8　水下三脚架基础

3. 导管架基础

　　导管架基础结构（图 7-9）借鉴了海洋石油平台的概念，导管架基础根据桩数不同可设计成三桩、四桩等多桩导管架，其上部结构采用桁架式结构，其结构刚度比三、四脚架基础更大。因此，其适用水深和可支撑的风电机组规格大于三、四脚架基础。导管架的适用水深为 10～50m。导管架结构的造价高于单桩结构和三、四脚架结构，是固定式海上风电机组基础结构中适用水深最深的一种结构。导管架结构的关键部位是塔架与导管架的连接，它控制着结构的刚度与疲劳性能。导管架上部结构的交叉节点较多，结构复杂，结构疲劳敏感性高。

图7-9 多桩导管架基础

4. 高桩混凝土承台基础

高桩混凝土承台基础（图7-10）为海岸码头和跨海大桥桥墩基础的常见结构，由基桩和混凝土承台组成，该基础刚度较大，抗水平荷载性能较好，该基础适用于中等水深且对海床地质条件要求不高的条件下。高桩混凝土承台基础采用传统的海上施工设备和施工工艺、施工难度较小、大多数海上施工单位都有能力施工。国内东海大桥100MW海上风电示范工程、东海大桥二期海上风电场工程、临港海上风电项目等多个项目均有成熟的设计、施工与运行经验。

图7-10 高桩混凝土承台基础

7.6.5.2 重力式基础

重力式基础（图7-11）主要依靠自重来抵抗风荷载和波浪荷载产生的作用力，

维持稳定。重力式基础是国际上最早采用的海上风电机组基础型式，结构可靠，在合适水深条件下，经济性较好。重力式基础是一种成熟的风电机组基础型式。重力式基础对表层土地基承载力要求较高。如果部分机位存在裸岩，或者部分机位覆盖层极浅时适合采用重力式基础（采用桩式基础将会非常困难）。虽然国内尚未有重力式风电机组基础的先例，然而重力式风电机组基础施工所需的设备类似于重力式码头中的沉箱码头。国内有许多企业有着丰富的沉箱式码头施工经验，不存在相关的技术障碍。

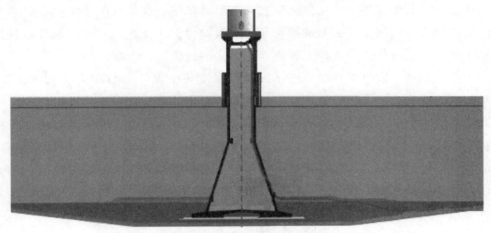

图 7 - 11　重力式基础

复合筒型基础（图 7 - 12）技术类似于地下工程中的负压沉井，其安装完成后也主要依靠自重来维持结构的稳定，这里也将其归结为重力式基础。

图 7 - 12　复合筒型基础

设计时应根据具体的地质条件优选一种或多种风电机组基础型式，使总体风电机组基础费用最低。

7.6.6　单个风电机组基础优化

桩径、壁厚、入土深度以及桩数、布桩直径等不同设计变量（即优化变量）的多种组合中，总存在一个可以满足强度、变形、频率等设计规范要求（即设计约束条件）且工程量或造价（即目标函数）最小的设计方案，基础优化设计的目标就是要通过合理的优化算法找出这样一个设计方案。基于优化理论和算法建立海上风电机组地基基础优化分析数学模型，应用该优化数学模型对单桩、高桩混凝土承台群桩等基础分别开展优化分析，将主要的基础结构几何参数作为优化变量，并采用规范条件作为设计约束条件，通过优化算法确定各种基础型式的最优设计方案。

（1）单桩基础。取单桩直径、壁厚、入土深度三个设计参数作为优化设计变量，通过优化算法，找出满足设计规范要求的工程量最小的单桩方案作为最优方案。

（2）高桩混凝土承台群桩基础。给定承台和钢管桩的单价，取承台直径、布桩直径、桩数、桩径、壁厚、入土深度、桩身倾斜度作为优化设计变量，通过优化算法，找出满足设计规范要求的造价最小的高桩混凝土承台群桩方案作为最优方案。

（3）导管架基础。取根开、管径、壁厚以及桩数、桩径、壁厚、入土深度作为优化设计变量，通过优化算法，找出满足设计规范要求的造价最小的导管架设计参数。

（4）最后通过不同基础型式的优化组合确定最优基础布置方案。

7.6.7　附属结构优化

风电机组基础附属结构包括工作平台、登船靠泊结构等。

附属结构不是风电机组基础主体结构的一部分，却是风电机组基础发生作用尤其是日后运维期发挥作用的重要组成部分。

工作平台是日常运维作业的转换平台和风电机组内部件检修甚至工作时的工作平台。其大小就可满足日后风电机组运维的要求。但是对于日后用到机会较小的部分（如变压器检修平台，设计时一般不考虑变压器检修）可以预留安装条件，平时却不用安装。日后要用时再临时安装。

登船靠泊结构是日常风电机组运维船登靠风电机组的基础部件。总体上根据波浪水流方向和运维船登靠方式可以分为侧靠和顶靠。侧靠为常用船舶的靠泊方式，用船舷侧方靠泊构件，可用船舶多，但是侧靠靠泊稳性差，靠泊危险性较大，是早期没有专用运维船时的常用靠泊方式。顶靠靠泊时需要发动机发力将船舶顶在靠泊构件上，用船头顶靠靠泊构件，船舶船头的橡胶护舷和靠泊结构间会产生摩擦力从而提高了船舶的靠泊稳性，是海上风电成熟后更为常用的靠泊方式。大潮差地区经常产生靠泊困难的问题，这时靠泊结构应具有足够刚度以向下延伸足够距离。

附属结构虽然每台工程量不大，但是考虑到整个风场风电机组台数众多，总体工程量并不小。

7.6.8 风电机组基础全寿命周期设计优化

风电机组基础降本增效不仅应考虑施工期在成本，还要考虑全寿命周期的成本。要着重考虑运维期的成本因素。

风电机组基础应明确监检测方案，并在运行期制定监检测计划，并在日常管理中严格按照计划实行监检测。保证疲劳等各项设计参数保持在设计范围内。当发现涂层有破损迹象时应及时进行修复。

风电机组基础结构宜采用耐腐蚀的免维护结构。

风电机组基础涂层防腐结构常常无法满足整个寿命期的需要，这时可以考虑长效防腐措施，虽然一次性投入较多，但是全寿命周期可能费用更省。

7.7　工程建设用海用地

7.7.1　工程建设用海

1. 永久用海

海上风电场项目建设永久用海一般包括风电机组基础用海、海上升压站用海（包括海上升压站、高抗站及换流站等）以及海底电缆用海，少数项目因陆上工程选址用地属性仍属海域的原因，在海缆登陆点后也存在用海。工程永久用海费用即海域使用金，由工程所在海域等别、构筑物类别、海域使用年限及工程永久用海总面积决定，海域使用金的计算为

$$F = \sum I_{ai} S_{ai} T + \sum I_{oi} S_{oi} \tag{7-5}$$

式中　F——海域使用金；

I_{ai}、I_{oi}——海域使用金征收标准，I_{ai}适用于按年度征收的用海方式，I_{oi}适用于一次性征收的用海方式；

S_{ai}、S_{oi}——同一类用海方式下按年度征收的和一次性征收的用海面积总和；

T——海域使用年限。

针对影响海域使用金的各个因素分析如下：

（1）海域使用金征收标准。海域使用金征收标准取决于工程场址所在海域等别及用海方式，海域等别由项目场址所在海域确定，具有确定性，用海方式由构筑物结构型式决定，属于可优化项。海上风电项目用海方式一般为透水构筑物及海底电缆管道用海两种方式，但也有少数项目存在其他用海方式。除海底电缆管道用海海域使用金为固定标准外，其余各建筑物、构筑物结构设计上宜尽量优先采用海域使用金征收标

准低的用海方式。

（2）用海面积。根据《海上风电开发建设管理办法》（国能新能〔2016〕394 号）第二十条"海上风电项目建设用海面积和范围按照风电设施实际占用海域面积和安全区占用海域面积界定。海上风电机组用海面积为所有风电机组塔架占用海域面积之和，单个风电机组塔架用海面积一般按塔架中心点至基础外缘线点再向外扩 50m 为半径的圆形区域计算；海底电缆用海面积按电缆外缘向两侧各外扩 10m 宽为界计算；其他永久设施用海面积按《海籍调查规范》（HY/T 124—2009）的规定计算，各种用海面积不重复计算"。

1）风电机组用海。风电机组塔架（即风电机组基础）用海总面积取决于单台塔架用海面积与风电机组塔架总量，因此，其用海面积优化可从基础轮廓尺寸及风电机组台数两方面入手。采用大单机容量风电机组、优化基础结构，减少基础外轮廓尺寸都可有效降低用海面积。

2）海上升压站用海。海上升压站海域使用面积无明文规定计算方法，行业内目前一般是参照海上石油平台用海原则，按平台水平投影外边缘平行外扩 50m 后进行征用，也有一些项目参照一般平台用海原则，按平台外缘线平行外扩 10m 后进行征用。海上升压站可通过优化布置方案，减少平台投影轮廓尺寸达到优化用海面积的目的。但总体上，因海上升压站用海面积在整个项目中占比较少，其结构优化带来海域使用费用方面的减少非常有限。

3）海底电缆用海。海底电缆用海面积主要取决于海缆路径长度，优化海缆用海面积主要途径有：采用大容量风电机组，减少场内集电线路长度；合理进行海上升压站站址选址，尽量布置在海缆总长度较少的位置；采用大截面汇流主海缆，减少主海缆总回路数，即减少总长度，该方法在采用长距离送出海缆的项目中优化效果非常显著；大容量海上风电场可在场内布置分布式海上升压站（分布式升压站可考虑结合风电机组基础平台进行布置，不额外增加用海），以减少场内集电海缆回路数；海缆路由布置在地形平坦区域，尽量避开深沟、陡槽等地形变化较大区域，线路平面上也应尽量沿直线布置，从而避免因地形原因造成海缆长度增加。

以上优化风电机组塔架、海上升压站及海底电缆用海面积的途径仅仅是从减少面积本身出发，实际上海上风电场规划、设计及建设是一个整体及系统的工作，需兼顾整个项目总体方案设计的合理性。因而，在设计阶段，风电机组选型与布置、风电机组基础设计、海上升压变电站布置、海底电缆选型及布置等在方案比选时，均应将工程用海面积这一因素纳入考虑，以综合确定最优方案。

除上述因素外，还应考虑项目建设地用海审批政策，由于海籍调查规范未明文规定及各方对规范条文理解不同的原因，会出现不同海域用海审批政策不一的情况。例如，江苏某些海上风电项目风电机组基础用海按基础防护外轮廓外扩进行批复、浙江海域高桩承台基础一般按桩基泥面处轮廓外扩50m后计算、某些海域要求汇流主海缆之间区域也进行征用等。在进行工程建设永久用海设计时，应充分研究当地海域审批政策，合理利用政策优化工程建设用海面积。

（3）海域使用年限。海域使用年限包括建设期及运行期，其中建设期属于可优化项，运行期为固定项（一般为25年，其费用不计入建设期，到期后可根据实际情况申请续期）。根据相关规定，使用海域不超过6个月的，按年计征标准的50%一次性计征海域使用金，超过6个月不足1年的，按年征收标准一次性计征海域使用金。因此，在进行工程建设工期安排时，应结合工程实情，据此进行合理优化，尽量避免工期增加较少，而海域使用金征收期限"跳档"的情况发生。

2. 施工临时用海

施工临时用海费用是工程建设期对施工海域现有设施占用或影响的而支付的补偿费用，根据国内海上风电建设经验，临时用海补偿费用中以海产养殖补偿费用最高。

施工临时用海主要为海上工程施工时船机设备通行、抛锚、作业及施工辅助设施等临时占用海域带来的直接影响，以及作业时对周边一定区域内利益相关者造成的间接影响（例如作业时扰动海床面引起的悬浮物扩散），其临时用海面积无相关法律、法规或规范规定。应根据项目所在海域施工条件、施工船机设备配备情况（包括船机种类、数量、尺寸、施工布置等方面）、作业空间要求、抛锚长度等估算施工临时用海范围。对于风电机组及海上升压站等单点式构筑物，估算的临时用海范围一般是以机位或升压站为中心、一定半径的圆形区域或一定边长的正方形区域，而海缆施工临时用海估算范围一般是海缆两侧一定区域。

临时用海面积估算范围应尽量精确，主要包含两方面要求：一方面是要通过上述原则进行计算，对影响范围面积计算尽量准确；另一方面是应对影响范围内实际存在的需进行补偿的设施进行统计（可结合勘测工作进行统计），对统计结果尽量精确、符合实际情况。在招标设计阶段应提出临时用海范围限制要求，规定施工船机设备在给定的范围内通行、作业，防止在施工单位在施工过程中船机布置规划不合理，导致产生额外的临时补偿。

对于间接影响范围，往往涉及被影响养殖产品种类、对影响因子（如噪声、振动、油污、悬浮物等）敏感性等多方面因素，需具体分析。一般难以进行计算，通常以调查及协商的方式进行确定。

目前国内绝大部分海域尚无关于海产养殖补偿标准方面的法规、政策，养殖补偿主要以谈判协商为主。因此对于控制养殖补偿费用可以从以下方面入手：

（1）充分调查项目涉海范围内海产养殖情况，包括养殖品种、养殖设施控制坐标点、有无产证、产证有效年限等，力求对补偿面积计算精确。

（2）在进行机位、海上升压站及海底电缆路由布置时，应考虑养殖区域的影响，合理进行布置。

（3）工程进度安排时，合理安排各工序施工时间短，对周边环境影响较大的作业，应尽量避开海产养殖生物繁殖、产卵期进行施工，避免由此而产生的纠纷。

（4）了解项目附近工程海产养殖补偿情况，为补偿标准提供参考。

（5）注意项目场址具体坐标位置保密性，防止场址确定后蓄意布置养殖设施的情况出现。

（6）在签订补偿协议前，注意设计概算中养殖补偿标准及补偿费用的保密性。

我国某些海域养殖补偿标准较高，这些海域一些项目养殖补偿费用在项目总投资中占到了较高的比例，甚至可能对投资收益率带来较大影响。因此，控制好养殖补偿费用，不仅对控制具体项目投资具有重要意义，对保护整个海上风电行业良性发展亦非常有必要性。

7.7.2　工程建设用地

1. 永久用地

工程永久用地主要为陆上集控中心、进站道路、海缆转换井、登陆点至陆上集控中心之间电缆通道、架空线路等用地。

陆上工程永久用地费用优化主要有以下方式：

（1）合理选址，陆上集控中心站址尽量选择用地补偿标准低的地类进行布置。

（2）优化建筑物布置方案及结构，控制建筑物占地面积。

（3）电缆通道可采用直埋、非开挖埋设方式。

（4）陆上集控中心设施部分或全部布置在海上升压站内，在征地困难或者征地费用较高的地区尤其具有优势。例如福建福清某海上风电场工程因陆上集控中心站址征地协调难度大，最终取消陆上集控中心，将其所有设施全部布置在海上升压站内，不仅减少了陆上土建工程费用，大幅降低了工程投资，更重要的是避开了征地难这一限制性因素，推动了项目顺利开展。

2. 临时用地

施工临时用地费用优化主要有以下措施：

（1）合理进行施工临建基地规划，尽量选择用地补偿费用低的地类进行布置。

（2）永临结合，尽量利用永久征地进行部分临时设施布置。

（3）合理进行施工组织设计，减少库房、周转场、堆场类设施用地面积。

（4）充分利用社会资源及公共设施满足部分功能性需求临时用地面积，例如，当周边有机械设备维修厂时，施工现场可不设维修车间，应尽量利用维修厂进行施工设备大修。

（5）合理安排工期，使施工强度均衡，降低高峰用地指标。

（6）优化工期，减少临时用地使用时间。

7.7.3　土地、海域综合利用

除用海用地的优化手段外，土地、海域综合利用也是一种控制用海用地成本的重要手段。

（1）土地综合利用。陆上集控中心站址接近的海上风电场，可考虑共享电缆登陆通道；集中连片开发的海上风电场，可考虑建设规模化的陆上集控基地；送出方面，在具备条件时，也可考虑共用送出线路的方式。

（2）海域综合利用。集中连片开发的海上风电场，可考虑共建海上升压变电设施并集中送出。目前行业内提出"共享升压站"的模式，该模式下，一定区域内集中连片开发的若干海上风电场，共用一座海上升压站。该方案不仅可直接减少海上升压站用海面积，更关键的是可减少送出海缆的用海面积，在采用长距离送出海缆的项目中，对用海面积优化影响尤为显著。例如，江苏如东海域的某两个海上风电项目即采用了共用海上换流站送出的方案，是国内海上风电"共享模式"的先驱者。"共享模式"在技术方面已不存在瓶颈，推广应用难点在于前期规划建设协调难度以及建成后的管理难度，尚需业界共同研究探讨，开拓具有"大智慧"的共同建设、管理方式。

海域综合利用的另一个思路是结合其他海洋开发活动综合利用海域，例如风电场与海洋牧场综合建设、风电场与海上制氢电场、风电场与潮流、潮汐能电场综合建设等。

7.8　基于 BIM 的风电场设计优化

7.8.1　BIM 技术发展情况

7.8.1.1　BIM 技术

BIM（Building Information Modeling）为"建筑信息模型"，最初起源于 20 世纪 70 年代的美国，由美国佐治亚理工学院建筑与计算机学院的查克伊士曼博士提出。他认为建筑信息模型不仅应包括几何、功能、构件性能等信息，还应包括建造过程、施工进度、维护管理等过程中的信息，建筑全生命周期内的信息都应该整合到建筑模型中。

美国国家 BIM 标准对 BIM 的定义较为完整：BIM 是一个建设项目物理和功能特性的数字表达；是一个共享的知识资源，能够分享建设项目的信息，能够为项目全生命周期中的决策提供可靠依据的过程；在项目的不同阶段，系项目的不同利益相关方可在 BIM 中插入、提取、更新和修改信息，以支持和反映各自职责范围内的协同作业。

2009 年，清华大学软件学院成立了清华大学 BIM 课题组，提出了中国 BIM 标准框架体系——CBIMS（Chinese Building Information Modeling Standard）。《中国建筑信息模型标准框架研究》从信息化的视角，提出了 BIM 的认识论和方法论，形成了一个与国际标准接轨并符合中国国情的开放的建筑信息模型标准框架体系。

从 BIM 技术的发展趋势来看，它将会作为建筑业信息化下一阶段发展的支撑技术。在国内，目前已有很多项目在不同阶段不同程度上使用 BIM 技术，例如上海中心项目对项目设计、施工和运营全过程进行规划，是项目全生命周期中应用 BIM 技术的标杆。

BIM 技术的价值主要可以体现为以下优势：

（1）缩短工期。通过虚拟施工，实现场外预制，缩短了材料订购、交货、变更的空白时间，大大提高了项目实施的工作效率。目前国内外关于 BIM 技术在项目工期管理中的研究，多集中在 4D 模拟实现。该技术的优势是通过虚拟施工过程进行反复的模拟，让那些在施工阶段可能出现的问题在模拟的环境中提前发生，逐一修改，并提前制定应对措施，使进度计划和施工方案最优，再用来指导实际施工，从而保证项目施工的顺利完成，这种方式提高了项目的成功率，也缩短了工期。

（2）提高项目预算的可靠性和准确性。基于 BIM 模型的工程量计算比 2D 图纸的预算更加准确，减少了人工计算的错误，并节省了大量计算时间。

（3）提高生产效率，节约成本。通过各参与方的协作和信息共享，提高团队沟通的有效性和及时性，减少复工和返工的概率，节约项目执行中的隐形成本。

（4）项目结果可视化。BIM 所输出的影像，可以让业主直观地了解项目成果，避免了 2D、3D 转换而造成的偏差。

（5）方便设备管理和维护。利用 BIM 竣工模型建立数据库资料可以为设备的日常管理和后期维护提供动态数据信息。

7.8.1.2 BIM 技术在风电行业的应用

BIM 技术起源于建筑业，近年来也广泛应用到了其他行业。BIM 技术作为一种创新性的计算机辅助设计工具，在工程建设上得到直接的应用，提高了综合效益，如果将其应用到风电工程中，将极大地促进风电工程的信息化，推动海上风电工程的发展。

通过 BIM 技术，可以对风电场的场地选择、风电机组选型、基础设计、施工过程管理及全生命周期进行优化设计。在工程设计阶段，BIM 结合地理信息系统，可以对拟建风电场和建筑物进行 3D 建模，通过 BIM 软件的强大建模功能，可以快速地得出分析结果，帮助项目在规划阶段评估场地的使用条件，从而规划出最合适的场地位置、风场布局、合理的交通路线等关键因素。在 BIM 设计中，各个专业的设计人员可以通过同一平台实现数据的共享，当某专业的数据发生变化时，其他专业的设计人员可以同步获得更改后的信息，提高了协同工作的效率。在工程施工阶段，可以进行虚拟施工模拟。根据施工的总进度计划，分配好材料进出场和场地放置的位置，对材料进场量和消耗量进行精确把控，能够安排好空间作业的施工顺序，避免因施工冲突造成的人员窝工等问题。还可以利用 BIM 软件进行施工碰撞检查，优化工程设计方案，避免施工出现返工浪费资源。施工人员可以利用碰撞优化后的三维管线方案，进行施工交底、施工模拟，提高施工质量。在工程运维阶段，将 BIM 技术应用在风电工程中，可以很好地发挥 BIM 技术在全生命周期中的运行维护，将 BIM 技术与工程项目的特点相结合，将各个专业的技术人员整合在一个平台，及时地进行沟通协调，实现 BIM 技术在风电工程中的完美协作。

BIM 技术在风电工程中的应用，不仅可以为后续的运行维护工作向更智能化的方向发展打下基础，也会对整个行业 BIM 技术的可持续发展产生积极影响。

7.8.2　基于 BIM 的风电场设计优化目标

BIM 技术提供了一个三维可视化、信息化的数据环境，在此环境内，风电场设计阶段能够实现多种高效的应用，提高设计的质量与效率。利用 BIM 技术，还能针对性的实现设计优化，能够比传统的二维设计提高协同设计效率，保障设计高效的开展。

在设计阶段构建风电场全专业 BIM 信息模型，通过三维模型的精确定位及直观性进行碰撞检查、设计优化，以避免后续大量的施工返工工作；通过提取 BIM 信息模型中的信息可进行精确工程量计算，为造价控制、施工决算提供有利的依据；通过 BIM 模型移动端浏览及三维管综出图指导现场施工，减少现场变更，节约成本，缩短工期。

另外，利用参数化建模与二次开发等创新应用，BIM 技术能够有效地拓展设计流程与方法，实现参数化快速建模、计算模型与 BIM 模型的转换等功能，从而大大提高设计效率，优化设计成果。

7.8.3　风电场全专业 BIM 信息模型

根据场区风电机组规划布置及分组情况，建立海上风电场整体 BIM 模型，包括风电机组整体 BIM 模型、海上升压站 BIM 模型、海缆路由模型、陆上集控中心 BIM 模型、地形地质 BIM 模型等，模型深度应满足各阶段 BIM 实施应用深度要求。

1. 风电机组整体结构

根据不同的基础型式分别建立 BIM 模型。风电机组整体结构主要包括风轮、机舱、塔筒、风电机组基础、平台、J 型管、防冲刷等其他附属构件。其中金属结构模型包括基础内平台、外平台、牺牲阳极等附属构件。图7-13为某风电场两种风电机组基础型式的整体模型。

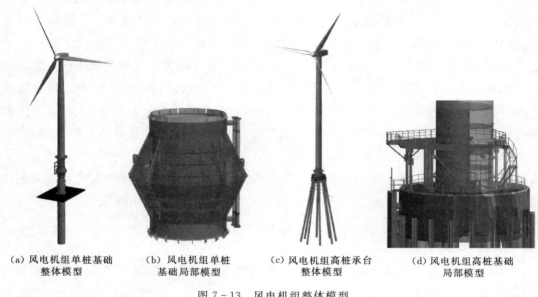

（a）风电机组单桩基础　　　（b）风电机组单桩　　　（c）风电机组高桩承台　　　（d）风电机组高桩基础
　　　整体模型　　　　　　　　基础局部模型　　　　　　　整体模型　　　　　　　　　局部模型

图7-13　风电机组整体模型

2. 海上升压站

其中海上升压站BIM模型（图7-14）由下部导管架BIM模型和上部组块BIM模型组合而成。海上升压站BIM模型的建设包括结构、电气、舾装、暖通、消防等专业，模型深度参见《上海市建筑信息模型技术应用指南》各阶段深度

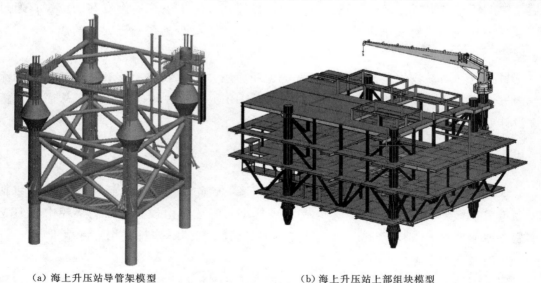

（a）海上升压站导管架模型　　　　　　　　　（b）海上升压站上部组块模型

图7-14　海上升压站BIM模型

要求。

由于海上升压站结构复杂，且涉及不同专业间的配合，建立其 BIM 模型时应保证结构、电气、舾装、暖通、消防等各专业模型统一轴网，原点对齐；电气、暖通所有管线通过不同颜色将各专业管线进行区分；BIM 模型各专业精准定位，具有专业规范的构件（如 J 型管、电缆桥架）数据库，设计要求更加严格。

上部组块结构通常包含多个专业的 BIM 模型。例如某海上升压站 4 层的上部组块结构，采用框架-支撑体系，由四层平台上下堆叠组合而成三层楼房的结构型式，每层平台结构主要由 H 型钢主梁框架、铺板结构、上下层连接支柱、设备及基础垫板、舾装件和瓦楞围壁板等构成。每一层都有其功能布置：底层主要为电缆层，还布置事故油罐、备品备件间、细水喷雾泵房、储藏室；一层为主要设备层，布置有主变压器、开关柜室、接地变压器成套装置、蓄电池室、站用配电屏室、应急配电屏室等；二层主要有继保室、GIS 室、柴发室及储罐、通风机房和应急生活间；顶部加高层包括主变压器顶部加高和 GIS 室顶部加高，为海上平台最高层。BIM 模型应包含主要专业的主要构件及设备。

7.8.4 风电场全专业 BIM 信息模型优化应用

1. 三维管线综合优化及碰撞检测

碰撞检测是 BIM 模型应用最多的功能之一，也同样是二维时代转向三维时代的重要标志。在结构与管线设计中，碰撞检测也一直都是最实用的功能之一。

通常 BIM 模型中所说的碰撞检测分为硬碰撞和软碰撞两种。硬碰撞是指实体与实体之间交叉碰撞；软碰撞是指实际并没有碰撞，但间距和空间无法满足相关设计要求（净空、电缆间距要求等）。对于施工阶段，软碰撞也包括基于时间的碰撞需求，指在动态施工过程中，可能发生的碰撞，例如场布中的车辆行驶、塔吊等施工机械的运作。

风电场碰撞检测及三维管线综合的主要目的是基于各专业模型，应用 BIM 软件检查施工图设计阶段的碰撞，完成项目设计图纸范围内各种管线布置与结构、电气设备平面布置和竖向高程相协调的三维协同设计工作，以避免空间冲突，尽可能减少碰撞、优化设计，避免设计错误传递到施工阶段。

通过整合结构、舾装、电气、暖通、消防等专业模型，形成整合的风场全专业 BIM 信息模型。设定冲突检测及管线综合的基本原则，使用 BIM 软件检查发现风电场全专业 BIM 信息模型中不同专业模型间的冲突和碰撞如图 7-15 所示。编写碰撞检测及管线综合优化报告，优化报告中应详细记录调整前各专业模型之间的冲突和碰撞，记录碰撞检测及管线综合的基本原则，并提供冲突和碰撞的解决方案，对空间冲突、管线综合优化前后进行对比说明。某风电场碰撞检测及管线的综合优化报告见表 7-3。

表 7－3　某风电场碰撞检测及管线的综合优化报告

序号	项目	楼层	专业/文件/分模型	碰撞严重等级	细节截图表示	日期	问题/措施	处理结果	备注	状态	签名
1	目检	B3	给排水目检	★	给排水—喷水	2015/1/26	参与碰撞的主要管线:压力流压水管(DN150/65,中心标高+2700mm)			未完成	
2	专业间	B3	给排水与暖通	★★★	降烟—排烟管 给排水—消防	2015/1/26	参与碰撞的主要管线:给排水消防管(DN125,中心标高+2500m),喷淋管(DN150/100/80/65,中心标高+2700m),压水管(DN100,顶标高+2850mm)			未完成	
3	专业间	B3	单排水与电气	★★★	电气—照明 电气—强电 给排水—消防	2015/1/26	参与碰撞的主要管线:给排水为部分消防管(DN125,中心标高+2500m),电气强电桥架,(400mm×200mm),底高+2450mm),照明(100~75mm,底高+2450mm)		碰撞集中区域为碰撞较为密集的区域,仍有小部分碰撞不包含在该区域内。参与碰撞主要管线亦同,仍有少量管线不包含在指定的管线中	未完成	
4	专业间	B3	暖通与电气	★★★	电气—照明 暖通—风烟 电气—强电	2015/1/26	参与碰撞的主要管线:明通为风烟风管(顶标高+2600mm,管高400~500mm),电气强电(400~200mm)			未完成	

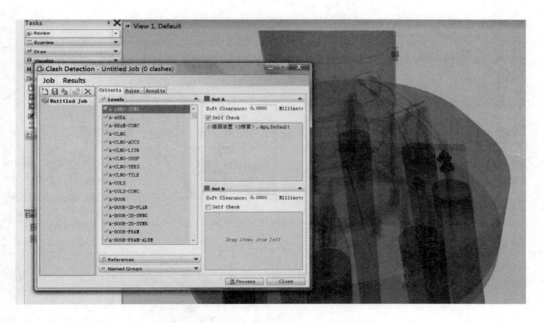

图 7-15　基于 Bentley Navigator 的碰撞检测

　　在传统的设计中，由于二维图纸的局限性，导致我们只能通过空间想象力来想象和模拟出整体管线的情况。并且由于图纸的某些问题，容易忽视一些设计问题，最终导致碰撞以及误差的情况出现。而利用 BIM 模型，借助三维可视化的呈现，可以轻松地进行碰撞检测，并且能够得到检测报告，即时定位到碰撞点，协同各专业进行修改，提前避开碰撞，避免施工阶段出现返工等情况。从而能够缩短整体工期，实现降本增效。

　　2. 工程算量优化

　　工程算量统计的目的是在项目 BIM 应用过程中，对 BIM 基础模型适度深化和补充相关构件属性，输出符合预算需求的工程量的过程。

　　由于 BIM 模型已经包含了构件的基本信息，例如材料属性、长度、个数等，因此可以很方便地进行工程量自动统计。

　　风电场 BIM 工程量统计通过提取风电场 BIM 构件的工程量（个数、长度、面积、体积、重量等），并根据实际需求定制多种工程量报表形式，输出风电场各专业 BIM 模型构件工程量自动统计结果，为后续施工深化及下料提供指导参考。自动算量形成的工程量报表还能提供给造价专业进行工程概预算设计，提高整个设计流程的设计效率，缩短设计工期。钢结构工程量统计如图 7-16 所示。

　　3. 工程可视化

　　风电场三维图册包括管综出图、三维模型视图和渲染图。根据优化后的 BIM 模

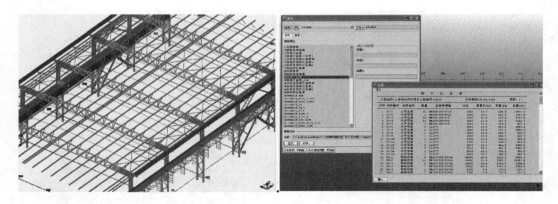

图 7－16　钢结构工程量统计

型，在管线复杂区域给出管线综合剖面图及轴测视图，并标注相关尺寸反映精确标高；改变了以往传统的单专业二维出图方式，而是以多专业整合的出图方式来表现空间之间的位置，以便于配合施工。

三维模型视图是在三维模型中直接选取一定范围、任意视角的未经贴图或渲染而直接输出成图片，渲染图是三维模型经过专业渲染软件贴图及光线设置等操作输出成接近现实的照片级图片。例如，某个海上升压站三维渲染图如图 7－17 所示。

图 7－17　海上升压站三维渲染图

4. 施工交底优化

通过将风电场全专业 BIM 信息模型进行轻量化后导入移动端应用，可配合现场进行施工交底。工程人员无须携带手提电脑，随时随地链接到设计环境，查看设计的细节及项目进程，使用"类似游戏"的触摸手势在三维环境中浏览，通过审查选定对象的属性、筛选以查找类似对象或仅显示匹配特定，来缩放分析模型中的对象以及实现行走和飞行效果。通过交互式功能，现场人员可直观浏览风电场全专业 BIM 信息模型和相关工程文档。利用 iPad 的运动传感器和触摸屏，不但可获得全景视图，还能获知对象属性信息。例如，可以通过点选来获得确定管道的壁厚、其喷漆颜色或额定压力等信息，如图 7-18 所示。

图 7-18　移动端 BIM 模型信息查询

5. 场景漫游浏览

利用 BIM 软件模拟风电场场区的三维空间，通过漫游、动画的形式提供身临其境的视觉、空间感受，及时发现不易察觉的设计缺陷或问题，减少由于事先规划不周全而造成的损失，有利于设计与管理人员对设计方案进行辅助设计与方案评审，促进工程项目的规划、设计、投标、报批与管理。

将风电场全专业 BIM 信息模型导入具有虚拟动画制作功能的 BIM 软件，根据建筑项目实际场景的情况，赋予模型相应的材质。设定视点和漫游路径，反映出风电场整体布局、主要空间布置以及风电场重要设备，以呈现设计表达意图。可将软件中的漫游文件输出为通用格式的视频文件，为场区管理方提供对外宣传手段。

6. 参数化建模优化

海上升压站的设计通常面临设计难度大，设计周期短，经验缺乏，人员不足等多重挑战。相比于传统混凝土结构的陆上工程，海上钢结构工程在设计深度和工程量统计方面有着更高的要求，具体表现在需要绘制大量的连接节点详图，如果采用传统二维工作方法，需要耗费大量工时，并且极为容易出现错漏。钢结构连接节点详图具有多种不同的节点形式，需要展示不同的横纵剖面图，传统的平面二维绘制方法需要大量的人工，难以提高设计效率。

通常的 BIM 软件能够进行参数化建模，利用其自定义节点单元模块，可以将海上升压站结构中的常用节点类型通过参数化编程的方式制作成节点库，能够在不同项目中快速调用，大大提高了建模效率。利用 BIM 软件的切图功能，能够很方便地得到钢结构节点的各种详图，如图 7－19 所示。同时，通过参数化建模的设计方法，各剖面的二维详图能够与尺寸参数进行联动，尺寸修改后图纸也能够自动进行变化，极大地提高了设计效率，简化了设计流程的重复操作，减少了设计成本。

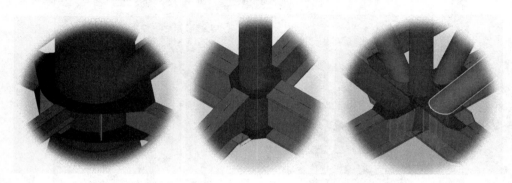

图 7－19　钢结构自定义节点库

7. 模型接口二次开发

在海上风电基础结构设计过程中，针对不同设计阶段和不同专业，设计人员需针对结构选择不同软件进行多次建模、计算、分析。在仿真分析时存在重复建模和不同软件无法同时更新模型的问题，并且在使用结构专业计算软件存在建模困难、烦琐等问题，而 BIM 模型可以很好地提供统一的环境和结构模型，创建 BIM 模型接口，可以将 BIM 模型直接转换成结构专业计算软件中所需的模型和参数，这将大大减小仿真建模的难度，提高计算效率，使得各专业可以更高效地开展后续的设计。通过二次开发建立模型接口，能够提高设计效率，节约设计成本。

7.8.5　基于 BIM 的风电场协同设计管理平台

BIM 协同设计，是基于 BIM 理论提出一种新的设计工作思路，帮助设计单位向业主与施工单位更好地阐述设计效果与状态，使协调会、图纸技术交底等工作更加简便。协同设计实现信息储存、转换和共享过程，不仅包括设计各个专业之间、项目上下游参与方之间的协同，还包括项目全生命周期的信息传递。在 EPC 模式下，通过 BIM 技术进行设计，两者优势互补，基于 BIM 协同平台，各参与方可以实时沟通，信息及时共享，保证了信息传递的时效性。

对于设计院本身而言，风电场三维设计是对传统二维设计的一次变革，它不仅是设计工具的更替，更重要的是设计模式的变更，由以前的串联模式变成现在的并行模式。通过基于 BIM 的风电场协同设计平台对整个风电场 BIM 设计工作流程进行管理和控制，并对校核或审批权限进行管理。通过多专业集成平台直接在设计中避开其他专业的碰撞，从而进行合理布置。且各专业三维模型实时更新，设计参数通过平台接口得到了有效的传递利用，提高了设计质量，避免了重复修改的过程。将项目周期中各参与方集成在一个统一的工作平台上，改变传统的、分散的交流模式，实现信息的集中存储和访问，从而缩短项目周期时间，增强信息的准确性和及时性，提高各参与方协同工作的效率，以"三维协同设计"方法对设计手段、设计流程实现再造，提高整体设计效率和质量。

风电场三维协同设计管理平台作为海上风电设计项目的工程数据中心，可进行数据集中化、管理权限化以及交流平台化工作，通过各专业模型文件的参考链接关系，当其中一个专业模型发生更改时，其他各专业都通过参考关系实时反馈出相应变化，进而及时进行设计调整，真正由以前的串行模式变为现在的协同工作模式，这种协同工作模式减少了过程协调的各种浪费，提高了设计过程的效率和设计质量，从而实现降本增效的目的。

第8章 施工安装优化

8.1 周边基础设施资料收集

8.1.1 自然条件

收集施工涉及区域的自然条件资料，包括气象资料、海洋水文资料、地形地质资料等，获得方式包括海洋水文测量成果、地勘测量成果、附近项目资料及其他途径获得的资料，资料收集尽量详细、全面，在施工前，还应进行必要的风、浪、流实测与测量及勘测工作。

8.1.2 施工供应条件

1. 物资供应条件

调查项目所在地及周边地区材料、常规物资供应条件及大型构件加工条件，尤其应重点调查大型构件加工供应条件，为大型构件加工运输方案设计提供依据。

海上风电项目因建设环境条件的特殊性，其工程所用物资以大型预制结构为主。大型构件加工制造要求高，一般大型、专业性的厂家才具备生产能力，这类厂家相对而言数量有限。因此，对大型构件的供应条件调查，应扩大到整个沿海地区进行展开，收集厂家加工能力、供应强度、码头出运条件、过驳方式等多方面信息。

2. 船机设备供应条件

调查施工市场上施工船机设备施工能力、适应条件、供应情况、档期情况，为施工方案编制及设备配置提供依据。

目前，海上风电设计、施工模式是先设计，然后进行船机设备配置。这种模式的重点在于对市场上现有施工设备及一定时期内可交付设备总体情况的掌握，根据建筑物、设备等结构特点，在市场所持有的施工资源中进行优选。值得注意的是，在施工资源紧张时期（往往发生在行业扩张较快的一段时期），施工船机设备档期是进行船机设备配置一个非常重要的影响因素。设计的结构物特性虽然在市场上船机设备施工能力覆盖范围内，但相关船机档期较满，出现施工费用"水涨船高"甚至是"有价无市"的局面，缓解这种局面的一种思路是设计方案优化，多用施工设备更为常规、数量更充足的结构型式，少用或者不用需特种、稀缺施工设备进行施工的结构型式。

随着海上升压站规模越来越大，重量有超出常规港工行业船机设备施工能力的发展趋势。因此，海洋石油行业所采用的先锁定船机设备，再进行设计的模式逐渐进入风电行业从业人员视野。采用该模式，重点是具体船机信息的掌握，在方案设计阶段就应锁定船机，并确定档期、施工费用等，然后展开设计工作。

8.1.3　交通运输条件

收集项目所在地及周边陆上交通条件、通航条件、码头资源及船舶避风锚地等资料，尤其应重点掌握水上、陆上交通限制性因素信息，为施工交通运输方案设计提供依据。

8.1.4　施工窗口条件

收集项目所在海域施工窗口期、施工限制因素（如风、浪、流、冰冻、雾、雨、雪、雷暴等）、历年可作业天数等资料，为施工方案编制及施工进度安排提供依据。

8.1.5　周边对工程有影响的设施

收集项目周边对本工程实施有影响的设施相关资料，为工程布置方案、安全保护措施、干扰应对措施等制定提供依据。

对于项目周边、项目区域内重要的设施（如石油管道、海底电缆、光缆等），应尽早与设施所有方展开沟通协商，就技术方案、保护措施、赔偿费用等事项进行事先商定并达成协议，然后以此为依据展开设计及施工工作。

8.2　施工船机设备的优选

8.2.1　船机和主线施工流程

主线施工流程一般指影响整个施工进度的一系列连续的施工工序。主线施工流程根据施工现场施工资源的情况一般存在两种情况：以稀缺设备物资、施工对象的施工连续流程为施工主线；以关键大型施工设备等稀缺施工资源的施工流程为主线。如图8-1中流程1～流程4为设备物资的施工路线；流程1～流程3和流程3′为船机1的施工路线。在设备供应供不应求时，设备物资成为制约整体施工进度的因素，因此流程1～流程4为施工主线，比较典型的例子就是风电机组供货商供货不及时，产生船机窝工的现象。又如当船机1（图8-1中船机1泛指完成某一施工职能的一类船舶的集合，并不局限于某一条船）中的某一条船故障时，整个施工场区船机1成为稀缺船舶资源，于是船机 1 执行的流程 1～流程 3 和流程 3′成为施工主线，如图 8-2 所示。比较典型的例子就是场区两个自升式平台进行风电机组安装时，施工资源相对富余，其中一台因故停工产生的安装停滞。同时、船机资源紧缺的情况除了因为设备昂贵、设备故障以外还可能由于施工工艺安排不当、船机选型不当，导致某一工艺流程耗时过长，虽然设备准备了多套并正常运转，但由于本工序耗时太长，以此工序为基础的后续流程不具备开展的条件。因此，此工序成为主线施工流程。比较典型的例子就是海上嵌岩施工，尽管准备了多套设备、由于施工效率较低，还是成为制约施工的主要因素。

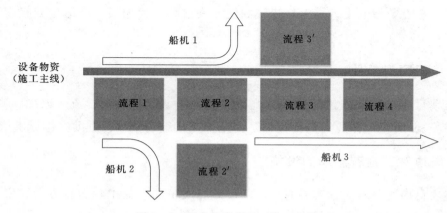

图 8-1　设备物资紧缺时施工主线

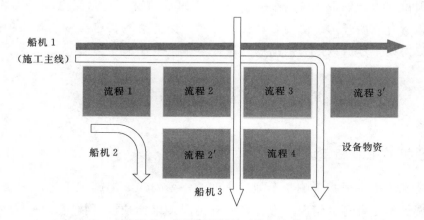

图 8-2　船机资源紧缺时施工主线

8.2.2　船机资源优化优选

　　船机资源的优化优选主要分为两个方面：一个是施工工艺流程的优化，通过技术革新技术改造提高船舶的可施工作业窗口，该层面的内容主要侧重于船机性能的最大化利用；另一个是船机总调度层面的优化，涉及施工方案的优化，提高船机在可施工窗口的利用率。施工工艺流程的优化主要为施工技术的革新、这个优化内容主要涉及具体的管理技术、施工技术和高精尖设备的引入，需要广泛吸取国内外成熟经验、加大研发投入。针对不同的施工流程有不同的技术突破点，需要具体问题具体分析。这类优化针对不同对象具有比较强的特殊性，本文不再赘述。船机调度层面的优化针对不同施工内容有许多共性的规律，本文着重介绍这个方面的优化思路。

船机资源的优化主要是优化总的施工成本。总施工成本与设备选型、天气停工、供货等不确定因素有关。船机成本、供货因素可通过合同条款约定，唯一不确定的就是施工天气窗口。船机资源优化的关键要素就是要将船机参与的施工流程的施工工效进行量化。

船机资源的优化首先要通过施工方案优选，提出不同的施工主线方案。以图 8-1 和图 8-2 为例、提出切实可行的以设备物资为施工主线的方案 1（以下简称方案 1）或者以关键施工设备资源为施工主线的方案 2（以下简称方案 2）。针对方案 1，根据施工单位实际情况、列出可完成施工流程 1~流程 3 和流程 3′ 的可选的施工船机资源并记为船机 1 集合（方案组合数目 c1n1），同理、列出船机 2（方案组合数目 c1n2）、船机 3（方案组合数目 c1n3）等可选集合。同时、按照同样的方式、针对方案 2 列出所有组合情况，则所有船机组合数为 c1n1×c1n2×c1n3＋c2n1×c2n2×c2n3，采用计算机技术和本文推荐的施工量化技术将这些组合的施工功效和停工风险针对特定海域进行量化得到总的船机成本。列出具有成本优势的前几条，人工选择符合实际情况的施工方案和船机组合作为船舶优选的结果。

8.3　施工总布置优化

施工布置优化包括交通船上下码头、大型构件加工基地、施工预拼装基地、物资装卸方案、场地内布置、生产生活布置、施工用水用电等方面，主要可从以下方面着手：

（1）大型构件加工基地、施工预拼装基地等应根据调研成果进行综合比选分析后进行优选，主要考虑因素有基地设施条件、加工能力、供应强度、出运条件、过驳方式、运输距离、运输沿线航道、避风条件等。

（2）交通船上下码头应综合距离场址距离、码头条件及经济性等方面综合考虑进行选择，原则上应优先考虑便于施工。

（3）物资装卸方案方面，应优先利用基地现有设施进行装卸，尽量不另增加设备投入，同类物资装卸工艺尽量统一，减少吊装工装设施投入。

（4）风电机组基础结构、海上升压站等大型结构，直接利用加工基地场地堆存，做好施工组织安排及调度，直接运往施工现场，尽量不进行周转、堆存；对于风电机组拼装、堆存基地，在条件允许的情况下，可考虑利用风电机组厂家场地，不再在项目场址附近设置预拼装基地。

（5）施工场地内布置应紧凑、灵活，以满足施工需求，尽量不产生施工干扰为原则。

（6）生产生活设施布置应就近工作面进行布置，以便于施工。

（7）陆上施工用水、用电应充分利用周边市政供电供水设施，接引方案经济合理，海上施工用电配置柴油发电机解决，海上生产生活用水由供水船供应，海上生产用水应注重就地处理及重复利用。

8.4 施工窗口期与进度的优化

8.4.1 海洋气象条件和预测

海洋气象预测标准可能和海上风电实际需求情况有一定的偏差，也可能不符合海上作业的经济性要求，施工作业的设计等级定得太低，满足适用条件的等待时间可能会过长。因此，需要基于安全作业的原则下建立一套针对海上风电施工的海洋气象分析标准，包括受天气限制或不受天气限制的作业。

（1）受天气限制的作业。具备可靠的天气预报（通常预报时间少于 72h），同时考虑了意外因素，可以在作业的基准期内完成的海上作业。设计环境条件不需反映该地区及季节的统计极值。在设计天气条件、限制作业的天气因素之间应该使用一个适当的系数。

（2）不受天气限制的作业。当作业基准期大于可靠天气预报（通常预报时间少于 72h）对作业的限制期时，这种条件下开展的作业为不受天气限制的作业。设计天气条件必须反映该地区及季节的统计极值，设计天气通常是 10 年的季节性风暴。

（3）作业的基准期包含应急期在内的作业持续时间。

8.4.2 海洋气象标准

8.4.2.1 不受限制的作业

1. 设计和作业标准

对于海洋工程建设的各个阶段以及关键的海上作业，应当制定设计作业的海洋气象标准。设计（海洋气象）标准通常用于对公认标准的分析（使用相关的安全系数）。对于受天气限制的作业，作业（海洋气象）标准要低于考虑天气预报不准确因素在内的设计标准。

除了靠泊作业外，任何海上作业的重现期，应该和其作业基准期有关。作为一般性指导，下列的标准可适用，但应同时单独考虑极端情况，重现期见表 8-1。

表 8-1 重 现 期

使用时间	设计环境标准（对于单独极端情况参见联合概率的方法）
3 天以下	具体的天气窗口。选择设计标准时应考虑海洋气象条件折减系数
3 天到 1 个月	10 年回归独立极值，季节性，或采用减少暴露的拖航/至少有 1 年季节性回归的运输计算
1 个月到 1 年	10 年回归独立极值，季节性
超过 1 年	50 年回归独立极值，整年

注：1. 减少暴露的作业/拖航/运输：不受天气限制的操作，其暴露时间足够短（通常在 30 天以内），以减少极端设计。

2. 如果采用不同参数的联合概率来确定条件的时候，重现期应该乘以系数 4 来增加，比如 10 年可以用 50 年，50 年用 200 年等，除非荷载取决于单个参数。在这种情况下，该参数的值应取自最大化的联合概率组合。对于拖航或运输，当 30 天暴露于 10 年的季节性风暴时，极端设计可能会降低到 10 年以下的季节性回归，以给出相同的遭遇概率。可以考虑环境的方向性。

2. 风

设计风速一般为海平面以上 10m 参考高度的 1min 平均风速。根据作业的性质、所涉及的结构对风的响应特性，可以使用较长或更短的平均周期来进行设计。

3. 波浪

假设暴露时间为 3h，最大设计波浪应该为设计海况中波高最高的波浪。最大波浪的高度、周期和波峰高程应根据适当的高阶波浪理论确定，并考虑浅水效应。海况应将所有相关的波谱包括在内，并包括设计风暴条件下施工现场及拖航路线的海况。除非有合理的基础使用短峰波浪或短峰海浪更为关键，否则应当考虑到长峰波浪，且须考虑波谱的选择。

在最简单的方法中，将所有海况条件考虑在内的波峰周期 T_p 应该在一定范围内，即

$$\sqrt{13H_{sig}} < T_p < \sqrt{30H_{sig}} \qquad (8-1)$$

式中 H_{sig}——有效波高，m；

T_p——波峰周期，s；

13、30——经验参数，s^2/m。

如果这个波峰周期没有考虑涌浪因素，涌浪的影响也应当考虑在内。如果特定路径的数据和周期允许，则 T_p 的取值范围可以减小。但是这种方法对周期做出不恰当的假定，即所有周期都可能相等，因此与使用更准确的 H_{sig}-T_p 方法的情况相比，此方法通常应产生更高的设计响应。

在其他方法中，在 H_{sig}-T_p 平面内构建一条关系线，该关系线在设计重现期内受波浪破坏理论约束的同时确定 H_{sig} 和 T_p 的可能组合，这条关系线也应该将涌浪考虑在内。来自关系线周围的 H_{sig}-T_p 组合应在运动响应计算中进行测试以确定最坏情况

的响应（不需要考虑每个 H_{sig} 对应的 T_p 范围）。

波峰周期 T_p 和 T_z 之间的关系取决于波谱的类型。对于 JONSWAP 谱（γ = 3.3），T_p/T_z = 1.286；对 PM 谱（γ = 1.0），T_p/T_z = 1.40。

表 8-2 列出了在推荐的海况范围内，JONSWAP 波谱特征的变化情况。常数 K 从 13～30 变化 [由式（8-1）可得]，T_1 为平均周期（也可用 T_m 表示）。

表 8-2　JONSWAP 谱的 γ 值，每个 K 值对应的 T_p/T_z 及 T_p/T_1 的比值

常数 K	γ	T_p/T_z	T_p/T_1	常数 K	γ	T_p/T_z	T_p/T_1
13	5.0	1.24	1.17	22	1.4	1.37	1.27
14	4.3	1.26	1.18	23	1.3	1.39	1.28
15	3.7	1.27	1.19	24	1.1	1.40	1.29
16	3.2	1.29	1.20	25	1.0	1.40	1.29
17	2.7	1.31	1.21	26	1.0	1.40	1.29
18	2.4	1.32	1.23	27	1.0	1.40	1.29
19	2.1	1.34	1.24	28	1.0	1.40	1.29
20	1.8	1.35	1.25	29	1.0	1.40	1.29
21	1.6	1.36	1.26	30	1.0	1.40	1.29

对于涉及极端海况敏感的阶段的作业，例如暂时的底部稳定性或绿水工况（即极端海况）的评估，应使用最大波高和相关周期。对于海平面波动小的精细作业，即使在平静的海况下，也应检查现场长周期、小幅度涌浪的发生概率并评估其对作业的影响。

4. 水流

考虑到水深的变化及设计风暴和风暴潮造成水深的增加，设计水流应是平均大潮的速率。

水流可以分成两个不同的类别：①潮流；②当潮汐分量被去除时所剩余的水流，包括河流出流、涌浪、风漂流、回流和涡流。

通过长期的观测（至少在同一季节的一个完整月的周期），可以准确预测潮汐流，但是残余流只能通过数学模型进行模拟预测。

5. 其他参数

以下其他因素可能对设计或作业至关重要，应予以考虑：①潮汐和大浪时的水位；②海冰；③极低温度；④很大的温差；⑤水的密度及盐度；⑥能见度不良。

8.4.2.2　受天气限制的作业

1. 前提条件

受天气限制作业的设计环境条件可以独立于极端统计数据来进行设定，前提条件是：①统计的数据表明所需天气窗口的频率与持续时间足够；②以适当的时间间隔收

到可靠的天气预报；③受可靠的天气预报的指导下作业，且涵盖了作业基准期；④适当的海上应急程序已经就位。

作业基准期大于72h的一些海上作业可以例外地被视为受天气限制的作业，前提条件是：①可靠的天气预报服务已经签约，随时可以为作业提供服务；②以适当的时间间隔收到可靠的天气预报；③有关各方的管理资源随时都能监管到作业过程并提出指导方针；④适当的海上救援应急程序已经就位；⑤已经进行了风险评估，并受 GL 的认可。可靠的数据质量、所在地区及季节性的天气预报都会影响整体风险的评估。

2. 对设计的影响

在设计过程中，应考虑以下几点：①在不影响作业安全性的前提下尽量减少关键作业持续时间，这样可以在天气窗口上提供更多的余量；②对作业或结构进行重新设计，保证良好的海洋气象条件能够得以维持；③应急措施及预案；④是否推迟从前可能会使作业陷入不利情况的一些活动。

3. 天气余量

进行任何作业时，作业标准应小于设计标准。余量的取定取决于每个具体工程的实际影响因素。除非 GL 另有规定，对于作业基准期小于72h的海上作业，作业每个阶段的最大预报波高不得超过该阶段设计波高乘以表8-3中系数的值。

表8-3　海洋气象条件折减系数

情况	天气预报的提供	不同作业基准期的折减系数			
		≤12h	≤24h	≤48h	≤72h
1	没有特定项目的预报（仅限于公共领域预报）	0.53	0.50	0.45	0.42
2	一个特定项目的预报源	0.69	0.65	0.59	0.54
3	两个特定项目的预报源	0.71	0.67	0.60	0.55
4	一个特定项目的预报源加上现场风、波浪监测（例如波浪浮标），不定期反馈预报源				
5	两个特定项目的预报源加上现场风和波浪监测（例如波浪浮标），不定期反馈预报源	0.73	0.68	0.62	0.56
6	如满足第4条检测条件，但定期反馈预报源	0.75	0.70	0.63	0.58
7	如满足第5条检测条件，但定期反馈预报源	0.76	0.72	0.65	0.59
8	一个特定项目的预报源加上现场风浪监测及近海气象站	0.80	0.75	0.68	0.62
9	两个特定项目的预报源加上现场风浪监测及近海气象站	0.82	0.77	0.70	0.64

作业基准期应将应急期包括在内，在作业基准期内时，应谨慎确定个别作业的性质与危害程度。

4. 作业期与作业基准期

天气因素是海上作业至关重要的因素，在确定其作业基准期（天气窗口）时，时间表应尽可能贴近实际情况。作业基准期应是通过准确估算出的持续作业时间并考虑以下可能的意外情况：

（1）作业计划不合理。根据以往类似作业所获得的经验来制定时间表，可能会有较低的偶然性。

（2）技术、机械、操作上的延误。对于使用易受影响或者关键设备的作业，应额外地考虑应急情况。

（3）海洋预报对于窗口时间和长度的不准确性。对于某一区域某一年某一时间段内的海洋预报很难进行预测，则应该考虑可能发生的偶然因素。

对于未规定应急期的情况，应急期至少应达到作业持续时间，至少为 6h。在需要考虑意外事故的海底作业，应急期至少应为作业持续时间的两倍。预报的窗口时间应超过作业基准期。

5. 极限点

受天气限制的作业可以分为多个序列，在现有天气窗口的富余时间内，作业可以被中止并返回到安全状态。应将极限点定义为最后一个时间点或路线上的一个地理位置点，在此点可以中止作业并返回到安全状态。

任何极限点和结构达到安全状态之间的关键作业期间，天气窗口及预报的可靠性至关重要。

6. 天气及海洋条件预报

具体项目的预报应在所有海上作业之前与期间进行。预报应根据作业情况适时定期的发布，并至少每 12h 发布一次。只要有可能，应在重要作业之前从独立渠道获得第二次预报。对于复杂或较长时间的受天气限制的作业，预报员应在现场检查当地情况并定期提供天气情况。

预报应包括短期、中期和展望期预报，并包括如下相关参数：①摘要，气压，温度；②风速和风向；③有涌浪时的波高、方向和周期；④能见度、雨、雪、雨夹雪、海冰情况；⑤预报的可信度及各关键参数。

其他条件如潮流、潮汐及涌浪可能与某些作业有关。这些条件可能需要实时测量，并在作业前和作业期间定期进行预报。

7. 现场监测

在作业对当地环境条件或一些变化因素敏感的地方，应考虑现场监测手段（表8-3）。

8.4.3　风电场可达性

风电场可达性指在施工、运维期间，根据现有的码头、航道条件，单一作业窗口中除去船舶、设备和人员调遣的时间外，风电场应具备实际可运行维护或施工的时间。由于风场施工多数条件下人员和设备通过建立海上物资供应链具备海上自存条件，因此风场可达性的概念多用于风电机组运维阶段，用于评价风场运维窗口。对运维船舶设备的选型、是否建立海上运维人员休息平台等提供决策指导意见。

在相同的天气窗口中，驳船从同一海域的不同港口装载重要构件进入施工的风电场，但实际的入场方式各不相同。如图 8-3 所示，该施工过程包括运输驳船的驶入阶段 P1、就位和装卸货物阶段 P2 以及驶出风场阶段 P3，其中 P2 阶段属于直接影响施工主线的区段。这样的过程中，P1、P2、P3 的总时长 Pw 受到天气条件的制约，航行时间 P1、P3 受到码头选取、驳船航速性能的影响。因此，可供施工主线支配的时间窗口 P2，间接地受到了天气、港口选取和船舶航速的共同影响。由图 8-3 可看出，在同一个时间窗口中，采用较近的港口、较快的运输驳船，风电场的可进入性最佳。

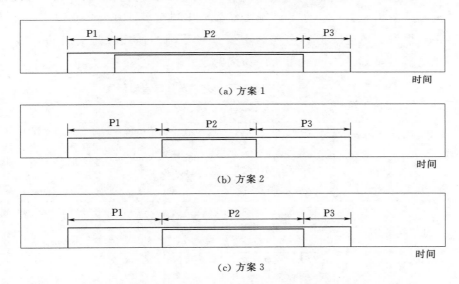

图 8-3　同一个天气窗口中不同港口和驳船选择对应的可达性

因此，风电场可达性需结合具体港口、航道和船舶条件计算。不同的港口条件、船舶选型对风电场的可达性都有较大影响。需结合实际运维需求对码头和船舶进行选择。

8.5　基础施工方案的优化

8.5.1　基础型式分类

海上风电机组基础不仅承受上部高耸的风电机组带来的荷载，而且需抵抗波浪荷载、风荷载、水流荷载、船舶撞击荷载等多个荷载的共同作用，其所受水平力和倾覆力矩较大，且风电机组正常运行对基础不均匀沉降和法兰面倾角都有比较高的控制要求。海上风电机组基础选型应综合考虑水深、海床地质条件、离岸距离、海洋环境条件和施工水平等方面的影响。随着近些年来风电机组单机容量的增加以及风电场场址从近岸 10m 左右水深逐渐过渡到水深 35m 左右的水深区域，地质条件也从江苏、上海海域的软质土基发展到大连、福建、广东区域的浅覆盖层区域岩质地基，基础型式也从单一的单桩基础、高桩承台型式发展到导管架型式、嵌岩单桩、嵌岩导管架、嵌岩高桩承台、吸力筒基础型式等。从降低成本的角度，设计以及施工也从过去单一降低基础工程量的方式，即材料的减少，发展到对海况研究、施工船机设备的研究、施工措施成本、施工工艺的提高等方面多维度降低人工、材料、机械台班、措施费用的方式。总之，当今海上风电行业已经将施工方面降低成本作为应对降低风电上网电价的主要考量和应对措施之一。而基础施工作为海上风电施工中成本和工期占比较大的工作内容，对于海上风电降低成本尤为重要。对基础的适用性进行分析，表 8-4 给出了不同风电机组基础型式的适用条件和优缺点。

表 8-4 风电机组基础适用条件及优缺点对照表

基础型式	适用条件	优 点	缺 点
单桩基础	水深 0～35m	制造简单，钢材用量较少，且无须做任何海床准备	受海底地质条件和水深的约束较大，水太深易出现弯曲现象；嵌岩安装时需要专用的设备（如钻孔设备），施工安装费用较高；对冲刷敏感，在海床与基础相接处，需做好防冲刷防护
高桩承台基础	水深 0～30m	国内施工工艺成熟；基础结构整体刚度大；对船只、设备要求低，市场可选择船只多	海上施工作业时间长，风险较大；打桩的工作量较大；桩基悬空长，多需及时夹桩；基础重心高
导管架基础	水深 0～60m	较大的底盘提供了巨大的抗倾覆弯矩能力，基础刚度大，导管架的建造和施工方便，受波浪和水流的荷载较小，对地质条件要求不高	节点相对最多，需要进行大量的焊接与处理
重力式基础	通常应用在水深小于 30m、海床较为坚硬的海域	结构简单，采用相对便宜的混凝土材料，抗风暴和风浪袭击性能好，稳定性和可靠性是所有基础中最好的	需要预先做海床准备；体积、重量均大，安装起来不方便；适用水深范围太过狭窄，水深增加，经济性得不到体现，造价反高于其他基础
吸力桶基础	海床为砂性土或软黏土、水深 35m 的海域	节省钢用量，节约成本；负压施工噪音小，速度快，便于在海上恶劣天气的间隙进行施工；可事先安装好，便于运输；由于桶基插入较浅，只需勘察海床浅部地质；风电场寿命终止即可拔出，进行二次利用	在负压作用下，桶内外的水压差将引起土体渗流，虽然渗流大大降低下沉阻力，但是过大的渗流将导致桶内土体渗流大变形，形成土塞，甚至有可能使桶内土体液化而发生流动，使吸力桶在下沉过程中容易产生倾斜，需频繁矫正

基础型式	适用条件	优　点	缺　点
浮式基础	水深大于 50m 的深海域	安装与维护成本低；在其寿命终止时，拆除费用也低；对水深不敏感，安装深度可达 50m 以上；波浪荷载较小	稳定性差，平台与锚泊系统的设计有一定难度；施工案例少，难以规模化应用

8.5.2　材料采购与基础制造

目前海上风电场的桩基础均为钢桩，钢桩又分群桩基础用的直径 1.5～2.5m 的钢桩和单桩基础用的直径 4～9m 的钢桩。随着风电机组单机容量和水深越来越大，桩的直径和壁厚不断加大，单桩的重量也相应增加，因此一些钢结构加工设备需要更新改造。大直径单桩普遍使用船用钢，采购期比 Q 系列钢材略长半个月左右，如果使用正火一级探伤交货，时间会进一步延长。从材料采购的便利性考虑，对于材料性质相近的钢材，加工制造单位应建议设计时尽量使用同种规格钢材，减少因采购周期和材料试验检测增加成本。较长的大型钢管桩一般需在码头前拼装成整根后，再上船运输。目前进行单桩制作的大型钢结构加工厂出运码头所配龙门吊均在 1000t 以内，单桩重量超过 1000t 的需要使用起重船、SPMT 液压模块车或者双吊抬运等方式将桩体放到运输船上。各码头的出运方式要根据具体情况确定。

复合筒和重力式基础底盘大，需要陆上预制，考虑到基础数量不止一个，对场地面积、承重及场内运输要求较高。如江苏地区制造复合筒基础的陆上基地就配有 4000t 龙门吊。复合筒基础和重力式基础需要混凝土和钢筋等材料，场内要配置钢筋堆放、加工以及混凝土浇筑的设施和场地。为降低成本，同一个风电场的复合筒基础或者重力式基础应从施工措施项目的通用性出发，模板、加工平台等应使用相同规格，便于加工场地规模化制造，同时也能摊销施工成本。

8.5.3　海上基础施工与安装

混凝土承台基础需要海上现场浇筑制作，其他基础均是在陆上制作好以后到现场施工安装。陆上预制好之后再在现场施工安装便于减少海上作业时间，降低海上船只的作业台班数，同时对海上作业窗口的选择更为灵活。

8.5.3.1　高桩承台基础施工与安装

非嵌岩桩的高桩承台基础施工工艺流程：水上打钢管桩→吊装钢套箱→钢套箱底板封孔→浇筑封底混凝土→桩芯吸水排泥→过渡段塔筒或锚笼环安装→承台混凝土施工→混凝土养护、拆除钢套箱。

1. 桩基施工

高桩承台基础桩基一般为斜桩，需要使用带桩架的打桩船施工，在沉桩完成后还需要夹桩设施将群桩上部固定以防止单桩在波浪作用下倾覆。

国内能实施的打桩船单桩起吊能力普遍在 120t 以内，考虑吊索具的重量后，一般桩重不超过 110t。当斜桩重量较大时，也可以采用特殊的打桩船，如雄程 1 号、雄程 2 号等打桩船单桩起重能力可达到 500t 以上，但这种打桩船市场上较少。从成本考虑，在同等条件下设计时应尽量使用单根起吊重 120t 以内的钢管桩，这样能选用的打桩船数量较多，单台班的市场价格相对低廉，对后面锁定船只和保证工期也较为有益。

近年来打桩主要使用液压打桩锤，能量从 280kJ 到 1200kJ 的液压打桩锤能满足国内群桩直径 1.5~2.5m 钢桩的施工需求，现场具体选用哪种能量的打桩锤需要结合设计桩的参数、地质条件和打桩可打性分析后确定，能量过大的锤导致锤重和锤长增加，进而费用增加，同时会降低打桩船桩架的实际使用性能；能量过小的锤难以沉桩到位，降低施工效率甚至现场无法施工，最后导致需重新组织液压锤，拉长工期并使得现场船只窝工。

对于福建、广东以及北方部分海域存在覆盖层较浅岩基地质的情况，采用高桩承台基础时，群桩一般采用嵌岩桩，在钢桩施打完成后通过嵌岩钻机钻孔并浇筑混凝土芯柱的型式形成嵌岩桩。在打桩过程中桩端经过全风化和强风化地质层时可能会碰到沉桩困难的情况甚至会有孤石阻碍沉桩，其解决办法是前期加强地质勘测，通过增加钻孔数量以及中地层剖面探测查看地下岩层分布，避开孤石的位置。嵌岩钻机的选择对于嵌岩桩基施工很重要，冲击式嵌岩钻机台班费用较低，但是作业进度慢、效率低，最后综合考虑下来费用未必最省。旋挖钻机单体重量大，对嵌岩平台要求高，但是效率也相对较高。回旋钻机工程中应用较多，台班费用介于冲击钻和旋挖钻之间，效率也适中。最终使用哪种钻机最合适，要根据地质情况、进度要求、可选设备型式和数量等综合确定。

嵌岩群桩施工时，由于群桩各桩位的地质岩层深度有差别，斜桩施打过程中不仅桩尖高程随着沉桩过程下降，其坐标也会随着沉桩过程逐渐远离基础中心，通常的地质钻孔均是竖向直孔，地质钻孔的结果难以反映实际施工时桩基经过的各地层实际情况，往往导致桩超打或者欠打，甚至出现桩尖卷边等情况，现场需要截桩或者接桩，并要设计人员复核计算和调整嵌岩长度，给施工作业带来不确定性，并导致现场施工时间不可控。上述问题的出现不仅影响施工进度，对工程施工成本也会带来显著影响。事前的地质勘测对施工的指导意义重大，通常需要地质勘测时除了传统钻孔勘测外，还要做地质浅剖、中剖探明岩层的表面位置、深度，结合地质钻孔数据判断打桩可能碰到的情况，如果风险大，应请示设计单位微调基础位置，降低施工难度和风险。

2. 钢套箱挡水

高桩承台为了浇筑承台混凝土，一般采用钢套箱挡水。钢套箱是海上风电机组基础混凝土承台的施工模板，也是施工期承台临时挡水、挡浪的钢结构，在我国桥梁工程及码头工程中应用比较广泛，技术也比较成熟。然而，大容量海上风电机组基础的承台钢套箱直径达到了18m，总重量多达110t，在体积和重量上都远超一般海洋桥梁工程中的钢套箱。鉴于单个海上风电场的基础数量多，钢套箱在建设期间可以重复使用，提高利用效率。从降本增效方面考虑，风电场的混凝土承台平面尺寸应做到统一，施工单位可反复使用钢套箱，减少加工时间、提高使用效率。

钢套箱的个数是降低成本的因素之一，既不能过少导致现场船机和人员等因钢套箱周转而窝工，也不能过多而增加施工成本。钢套箱的数量多少取决于施工单位的施工工艺、施工水平和现场实际能作业的施工窗口期，前期资料收集、施工经验和提前的施工规划显得尤为重要。

3. 封底混凝土浇筑

封底混凝土一般采用C45混凝土，厚度0.7～0.8m，混凝土达到规定的强度后，割除拉压杆、拆除挑梁。混凝土浇筑一般需选择搅拌船，搅拌船除了满足封底混凝土外，应结合承台混凝土的浇筑能力一起选择，同时应考虑搅拌船混凝土浇筑的通用性。

4. 桩芯吸水排泥

对于桩芯要灌混凝土的桩基，存在桩芯抽水、清泥的工作，采用高压水枪冲散淤泥，再利用扬程40m以上高压泥泵抽泥。桩芯钢筋笼在基地钢筋加工区加工成型，由运输船运至施工现场，由多功能驳上的吊机配合提升架进行安放、接长，所有钢筋笼安放好后浇注桩芯混凝土。对于斜桩，为了达到桩内下导管浇注混凝土的目的，导管上设置导向装置。浇注混凝土前，钢管桩内壁用高压水枪冲洗干净，并将水抽干，实现桩芯混凝土干法施工。

桩芯混凝土的浇注方法为：桩芯内下放导管，导管口下放至约-20.00m标高，混凝土由水上搅拌船供应至漏斗内，而后随着混凝土浇筑高度的上升同步上提导管，导管分节拆卸，浇注过程不断地上下拔动导管，并必须始终保证导管口埋入混凝土至少1m以上，以使混凝土浇筑密实。桩芯顶部高2m的混凝土采用振动棒振捣密实。

5. 过渡段塔筒或者预应力锚笼环安装

过渡段塔筒的安装是海上风电工程施工的关键环节，其安装质量的优劣关乎后续风电机组安装后能否正常运转，故过渡段塔筒安装精度要求很高，尤其对其顶面法兰平面度的要求极高。过渡段塔筒安装有关偏差值应满足厂家相关技术要求。

预应力锚笼环在陆上风电场有应用，目前海上风电场也逐渐开始使用。与过渡段塔筒相比，预应力锚笼环减少了大量的焊接工作，钢结构的工程量也有效降低，海上的吊装量减少，对海上施工船舶的要求较低，最终能降低造价和缩短海上施工时间。

6. 承台混凝土浇筑

承台主体混凝土浇筑与封底混凝土浇筑的流程和设备基本一致，根据混凝土的浇筑量做好混凝土养护工作，必要时需要循环水进行温度控制措施。按照技术要求，主体承台应一次浇筑成型，浇筑时的搅拌船需要一次携带所需水泥和混凝土骨料，并且所配搅拌能力和泵送能力要满足一次浇筑成型的要求。

8.5.3.2　单桩基础施工与安装

1. 钢管桩沉桩方案

单桩基础由于单个重量大、直径大，如用于港航或桥梁，普通打桩船无法实施，海上风电普遍采用起重船吊打的方式。国内目前均是无过渡段的单桩，打桩精度要求高，但施工效率高且省去了欧洲常用的带过渡平台的灌浆结构。根据国内现有的海上风电场单桩基础施工方案与船只设备配套，汇总相应的特征，并精简主要的内容，总体可分为四类方案。

方案一：浮式起重船＋辅助定位导向平台设施，目前已在国内诸多海上风电场项目上得到成功实施，船机设备、技术经验相对成熟。该方案适用于单桩沉桩施工。

方案二：自升式平台船＋浮式起重船，以自升式平台船为主的单桩基础施工是国外单桩基础施工的首选方案，具有大量的工程案例和成功经验，得到了各方的广泛认可。国内目前已建造了起重能力为 1000t 的自升式平台船"风华号""福船三峡号"以及其他几艘已投运或在建的起重能力在 1000～2000t 的自升平台船，此种施工方案所必需的船机设备基础已经具备，具有实施单桩基础施工的条件。

方案三：可坐滩式起重船＋辅助定位导向平台设施，辅助定位导向平台设施方案与方案一相同，主作业船具有坐滩起重功能，当部分机位水深较浅，适用的船机较少时，该方案在施工区域具有一定的适用性。因此，本方案可作为浅水区域单桩沉桩施工的备选方案。

方案四（特种方案）：风电专用安装船＋辅助定位导向平台设施，主作业船可选船型包括华尔辰号及"顺—1600"等风电专用安装船，其中"华尔辰"双体中心起重臂架浮式起重船主钩最大吊重 1200t，该船属于浮式起重船的范畴，但是其特殊的船体特征和较大的起重能力与常规的浮式起重船相比，在进行超长超重大直径管桩的施工与精度控制方面，具有明显的船机性能优势。所需配套的辅助定位导向平台设施，也按照船体特征进行舱内配置，针对性强。"顺—1600"风电安装船为可坐底施工的半潜式安装船，最大吊重 1600t。

上述四种方案中，方案一具有通用性，除水深 5m 以下的海域外，均能实施；方案二在自升平台适合作业水深区域都能实施，但是目前单桩越来越重的趋势对自升平台船的起重能力提出了挑战；方案三主要是针对方案一不能适用于水深 5m 以下的海域提出的改进方案；方案四为少数特种船只的方案。

2. 锤击沉桩系统的选择

锤击沉桩系统指对钢管桩施加冲击力，将钢管桩打入土层的锤击设备组合。锤击沉桩系统主要设备为能量供应体系——打桩锤。

在锤击沉桩施工中，目前常规使用的打桩锤主要有柴油锤与液压锤两种，两种锤型比较如下：

(1) 柴油锤通过冲入筒体的雾状燃料爆发，使锤芯形成"跳高"，锤芯以自由落体方式提供冲击能量打击桩体，属于冲击式桩锤。

(2) 液压锤也是属于冲击式桩锤，按照结构和工作原理可以分为单作用式和双作用式两种。所谓单作用式是锤芯（冲击块）通过液压装置提升到预定高度后快速释放，锤芯以自由落体方式打击桩体；双作用式是锤芯（冲击块）通过液压装置提升到预定高度后，从液压系统中获得加速度能量来提供高冲击速度而打击桩体。因此，同等锤芯重量的桩锤，双作用式冲击能量要比单作用大。

液压锤在施工效率、环境保护等方面均优于柴油锤，因此国内单桩的施打普遍使用液压冲击式打桩锤。

在不同风电场海域采用多大能量的打桩锤需要根据桩入土的地质条件和单根桩的直径、壁厚进行桩的可打性分析确定。

目前很多国内海上施工单位具有大型液压打桩锤可供选择，大型液压打桩锤施工设备的来源较为广泛。液压锤应以可打性分析为依据，够用为原则，避免盲目要求大能量液压锤导致现场施工费用增加。

3. 单桩起吊

单桩一般需要两条起重船：一条为主起重船，用于最后将单桩翻身后的竖直吊起并安放到设计位置；另一条为辅助起重船，主要用于单桩从水平到竖直状态时的桩端翻身。两艘起重船在现场不仅对施工资源提出要求，而且对施工组织也有较高要求，如何减少施工干扰提高施工效率，降低现场船只施工风险是施工单位不能回避的问题。目前已经有施工单位研究专用的翻桩设施，借用运输船上的翻桩设施完成单桩由水平到竖直向的翻转，以达到减少现场施工船只、提高施工效率、降低施工成本的目的。

4. 单桩嵌岩

单桩的优势是施工快，节省钢材，单桩基础是海上风电领域独有的技术。单桩基础型式在我国使用前，受制于液压打桩锤等高端设备，国内打桩普遍是直径 1.7m 以下的钢管桩，嵌岩也是 1.7m 以下的嵌岩桩。对于覆盖层较浅的区域，在使用单桩时会碰到嵌岩的问题，为了使用大直径嵌岩桩，对钻机的钻头直径和扭矩也有要求，否则不能满足大直径钻孔的要求。

目前国内主要分为两大类嵌岩：芯柱式嵌岩和非芯柱式嵌岩。非芯柱式嵌岩根据覆盖层多少又分为三种：打一钻一打单桩嵌岩、打一钻一扩一灌一打工艺嵌岩、植桩嵌岩。

芯柱式嵌岩需要在桩施打到接近中风化层时停止沉桩，然后下钻机钻孔，钻孔直径比桩径略小，最后下钢筋笼及浇筑混凝土。该种方法的风险点在于钻孔后至下钢筋笼之间存在时间差，一旦海况不好，船只需要撤场，在等下个时间窗口进场施工前，会有坍孔风险。

打一钻一打单桩嵌岩（简称嵌岩单桩Ⅰ型）适用于不需进入中风化层，但是强风化层较厚的区域，在无法打桩时启用钻机钻孔，在下部钻松以后再打桩。该方法的钻机需要能架设在桩顶，否则钻机平台高程无法控制。

打一钻一扩一灌一打工艺嵌岩（简称嵌岩单桩Ⅱ型）需进入中风化岩层，采用"打一钻一扩一灌一打"施工工艺，沉桩至停锤标准后停锤，吊离打桩锤后架设钻机钻孔至中风化岩面以上 3m 位置（具体根据选定钻机的性能调整），后扩孔至桩端设计高程，要求钻孔直径小于桩径 200mm，扩孔直径大于桩径 100～200mm，扩孔后灌注碎石混凝土略高出扩孔段顶面，在混凝土初凝前将桩复打至设计高程。

对于基岩埋深较浅，需要通过临时护筒进行辅助作业（简称嵌岩单桩Ⅲ型）的情况，采用"钢护筒定位沉入→钻孔→清孔→植入预制钢桩→浇筑封底混凝土→灌浆施工→回收钢护筒"方式进行施工作业，施工作业过程中，应采取措施严格保证施工平台的稳定性和钢护筒钻进过程中的稳定性。

单桩基础的几种型式目前国内均有使用或试验，非芯柱式嵌岩单桩的三种嵌岩型式与覆盖层厚度有关。芯柱式嵌岩需要进入中风化岩层，海上工序较多。从施工角度考虑，非芯柱式嵌岩施工环节略少，相对施工风险可控。

不可否认，大直径单桩以及单桩嵌岩能提高海上风电的施工效率，但是大型液压打桩锤和大直径钻机的采购成本高，折算的台班费单价也较高。在使用单桩嵌岩时，应该发挥单桩嵌岩施工效率高的优点，减少现场作业时间，通过降低大型施工设备的台班数以达到降低台班费的目的。从上面几种单桩嵌岩型式看，芯柱式嵌岩单桩的施工流程多，包含了打桩、钻孔、下钢筋笼、浇混凝土等工序，打桩使用的设备也是大型液压锤，钻孔需用大直径钻机，没有发挥出大型施工设备提高施工效率的优点，海上放钢筋笼和浇筑混凝土涉及起重船、搅拌船和相应配套船只，现场船只多，费用较高。芯柱式嵌岩和非芯柱式嵌岩正常费用虽有差别，但并不明显，特别是在海况恶劣的福建、广东等区域采用嵌岩单桩施工时，往往时间窗口对施工影响较大。在一个时间窗口没能完成钻孔至浇筑混凝土之间的工作时，均有坍孔的可能，后期造成的处理时间、处理费用无法有效估算。从成本控制来说，不使用嵌岩桩才能最终控制成本。在若干海上风电项目遇到施工问题后，为避免嵌岩，已经出现了一些新的方式：一种是使用筒型基础；另一种是加固或者处理原有地基土层，以提高地基承载力，从而使直接打单桩成为可能。

8.5.3.3 导管架基础施工与安装

导管架按照先打桩还是先放导管架分为先桩导管架和后桩导管架，先桩导管架是先打桩再套或者插导管架，后桩导管架是导管架沉放就位后再施打钢管桩。目前国内大部分风电机组导管架为先桩导管架，而海上升压站的导管架一般是后桩导管架。

先桩导管架因为要先沉桩，对桩的定位和施工精度较高。为了保证先桩的精度，往往要事先安装辅助定位导向平台设施对桩的平面位置和垂直度进行控制，随着国内风电场开发向深海区域发展，水深超过40m海域的先桩导管架的辅助定位导向平台设施工程量与主体工程导管架的工程量相当，所以先桩导管架在水深30～40m海域使用较多。水深30m以内的海域还能使用单桩，而单桩制作单价、施工时间、投入施工船舶均低于导管架基础，从施工角度考虑，除非嵌岩区域，先桩导管架使用的区域比较有限。

后桩导管架基础利用导管架本体作为导桩结构实施打桩，其难度主要在于先期导管架的调平，后期打桩为了减少对导管架本体的影响，会分几次打桩，而不是一次打到位。后桩导管架分为套管内打桩型式和导管架设桩靴打桩型式，桩靴打桩型式在深海海洋石油行业应用较多，技术比较成熟。

从施工角度考虑，风电场导管架基础的根开应一致，方便施工单位设置先桩导管架的辅助导向设施并循环使用。从设计和施工考虑，对于水深大于40m的海域在设计阶段应避免使用先桩导管架结构，否则会导致施工单位的辅助导向设施工程量过大而增加施工措施费用。

8.5.3.4 重力式基础施工与安装

重力式基础目前在国内还没有应用，在欧洲已有使用的工程实例。重力式基础对海床面的承载力要求较高，一般应用于覆盖层较浅或者裸岩区域。在实施前，海床面需要整平或者加固满足重力式基础的放置要求。重力式基础重量大、造价高，只有在嵌岩桩和筒形基础都不适合时才使用该型式。

海上风电场存在一个极浅覆盖层区域，造成桩基无法稳桩或者需要很大的"板凳型"稳桩平台，同时地质条件或覆盖层厚度也无法满足筒形基础要求，在该区域不得不使用重力式基础。

重力式基础的施工难点是基础重量大，由于重力式基础在陆上事先预制，需要较大尺寸和较强载重能力的船舶或半潜驳运输，下水采用滑移下水或者依靠半潜驳下沉部分后利用浮力减少吊装重量再用起重船起吊就位。为减少单次运输重量和减小起重船配置，可以在重力式基础就位后再在基础内增加配重的工艺。

重力式基础随水深的增加，基础重量会增大，因此有型式选择的问题。在浅水区域重力式基础要和嵌岩打桩的适用性进行比较。在深水区重力式基础重量加大后对运输船只、起重船、压载量都提出高要求，深水区海况也较恶劣，对地基处理等基本难以实施，会导致处理费用大幅增加，目前海上风电场深水区基本没有重力式基础的实例。

8.5.3.5 吸力筒形基础施工与安装

海上风电场覆盖层较浅区域实施的嵌岩桩基础在实际实施过程中经常出现卡钻、桩卷边、遇到孤石等各种问题，海上处理难度极大。为避免嵌岩，现在国内普遍使用吸力筒形基础的浅基础型式避开岩基区域，在覆盖层内解决承载力问题。

筒形基础和原有基础型式结合产生了很多基础型式，如单柱复合筒型、预应力混凝土＋钢筒的复合筒型、多筒导管架型等。筒形基础在陆上一次制造成型，而陆上建造成本比海上低得多，可以降低建造成本。其难点在于筒形基础建造场地面积较大，一般码头吊机设备难以满足吊装整个筒形基础的要求，除个别专用的基地配备大型起吊设备能满足筒形基础上船外，普遍使用拖拉滑移上船。目前筒形基础有湿拖到现场后下水沉放以及驳船或平板驳干拖到现场采用起重船吊装就位的方案。目前复合筒型基础已经有在陆上预制后装上风电机组一步式运输到现场安装就位的先例，这种方式能节省现场风电机组安装的船只和时间，降低费用。

综合来看，筒形基础能有效避免嵌岩，减少了施工环节和施工船舶种类，避免岩基对桩基础带来的一系列风险。其难点在于目前筒形基础国内实施实例较少，缺少负压筒抽负压下沉就位的经验。

8.5.3.6 浮式基础施工与安装

浮式基础目前还处于试验阶段，主要应用在水深 50m 以上的深远海域。现阶段看，成本较高，还达不到商业化应用程度，为了利用深远海优良的风能资源，可以通过规模化应用浮式风电机组降低成本。

8.6 风电机组安装施工优化

8.6.1 风电机组安装分类

国内主流的风电机组安装分为整体吊装和分体吊装。

（1）整体吊装。整体吊装即在陆上基地将机舱、轮毂、叶片（3 片）、塔筒 4 类主要部件，按照先后顺序组合成风电机组组合体，将整个风电机组组合体运输到现场，一次性安装到基础上的方式。整体吊装需要依靠大型陆上基地和码头进行风电机组安装，码头前沿要配置大型陆上吊机，运输采用大型驳船，海上吊装采用双臂大型起重船。除此之外，为满足海上整体运输和安装要求，风电机组要配置临时缓冲定位装置和平衡梁。

（2）分体吊装。分体吊装是指将风电机组部件运输到风电场机位处，从下到上将塔筒、机舱、叶轮安装成风电机组组合体的方式。分体吊装的叶轮吊装又分为单片叶片各自吊装方式以及在甲板上拼成叶轮后整个安装到机舱上的方式。

8.6.2 影响风电机组安装的因素

1. 码头资源

对于整体吊装方案，码头资源是决定方案是否可行的决定因素。整体吊装需要在陆上完成风电机组的全部安装并船运到风电场现场，陆上基地需具有足够的平面面积进行风电机组的堆放和场内运输，码头前沿要配备起重能力在 300t 以上、吊高在 100m 以上的起重设备，一般码头上都没有满足要求的现成设施，如果采用移动式起重机如履带吊等设备，对码头的承载力要求较高。

对于分体吊装方案，由于风电机组部件大部分是直接运到现场安装，对码头要求较低，一般是直接利用制造厂家的出运码头，即使在风电场附近布置转运码头，对装卸要求也较低。有的施工单位采用分体吊装方案时甚至可以根据风电机组运输计划，不设置转运堆存码头。

2. 风电机组特性

不同风电机组对安装要求不同，例如有的风电机组允许将机舱轮毂安装到塔筒上后，直接将单叶片安装到轮毂上，大大提高了叶片安装效率。而有的风电机组的风轮必须在陆上安装成整体后再整体吊装到机舱上，风轮在陆上组拼时还需要调整叶片和轮毂的角度，安装时间较长。

3. 施工方案

不同施工单位选用的施工方案不同，适合的施工船机设备也不一样。例如整体吊装方案对风电场现场吊装的海况要求更高，但是在现场作业时间短。而分体吊装现场作业时间长，但是在自升平台顶升到水面以后对海况要求低。根据不同海域不同时间窗口长短和频率，整体吊装和分体吊装对海床地质要求、水深、海况要求均不同，选择适合海域环境的施工方案能提高作业效率，降低现场船机台班数。

8.6.3 施工优化的措施

风电机组安装优化主要采取下列措施：

（1）根据不同海域的条件和风电机组特性，提前锁定施工资源。不同风电机组参数会有区别，选用的吊装施工设备也会有区别。以目前普遍采用的分体吊装的自升平台来说，如果不提前锁定自升平台资源，实施时将无船可用，进度就无从谈起。

码头及后方堆场资源也是风电机组预拼装及堆放的场地，如果风电场周边码头资源不适合直接使用，存在改造的问题，需将改造的费用和时间考虑到施工计划中。不使用码头资源作为堆放场地，直接在风电机组机位处交货的要考量现场风电机组设备运输船只的现场压船时间，比较压船费用与码头场地等租用倒运费用的差异。由于设备运输费用通常放在风电机组供货标中，有的施工标对施工单位压船没有明确，导致最后现场压船时间过长，设备厂家向业主索赔费用，最后压船产生的成本还是会计入整个工程的成本。

（2）在预计具备风电机组安装的条件下，与设备厂家或者业主联系，做好风电机组各部件的发货安排和接收准备。在风电机组机位处交货的，尤其要注意厂家和现场施工单位的沟通。厂家的交货拖延会导致现场施工进度的拖延和窝工损失，施工单位将厂家的设备在现场压放过久也会有运输船的台班损失，无论哪方没规划好交接货进度都会使对方受损而向业主索赔，增加成本。作为业主，应有总体供货计划和进度，例如每月与厂家计划的供货数量是多少；作为风电机组安装单位，应该根据天气和海洋水文预报做好施工安装计划，并将计划通报业主协调厂家及时供货；作为厂家应该根据总体进度计划内的数量按照现场实际情况微调，同时对运输过程中可能的海况原因耽搁有充分准备，打好提前量。一般来说风电机组制造厂家的制造基地离风电场址越远，途中运输的不确定性越大，对现场实际到货时间和实际施工进度的匹配越困难；风电机组制造基地离风电场址越近，越能根据施工现场的进度要求进行设备发运，由于航程短，也能减少途中海况的影响。

（3）根据海洋水文及天气预报，选好时间窗口，做好船机、人员、吊具、材料的安排。目前的天气和海洋水文预报能做到一周内比较准确，3 天内准确，因此可根据一周的预报和现有施工进度，规划后面一周的施工进度。哪些施工工序能实施，哪些施工工序在后面一周内无法实施需要等待，哪些船机、人员、材料、施工临时设施要提前做好进场准备，都需要根据预报来决定。盲目将与海况不适宜的船只调遣进场，除了增加窝工损失外，对施工形象进度也没有任何作用。有时业主为了抢进度，往往催促施工单位提前进场而对相应的材料、设备供应不做考虑，就会造成船机设备的窝工，最后的结果只能是施工单位进行索赔，增加工程成本。

（4）熟悉机型安装步骤和流程，必要时到该机型的安装场学习观摩。目前风电机组技术日新月异，单机容量越来越大，生产风电机组的厂家、型号、单机容量均有差异，对应的安装方式、工器具、吊索具也不尽相同，例如有将机舱、轮毂整体吊装的，也有将机舱吊装后再安装风轮的。国内现在不同风电机组的安装时间从 3 天到 7 天不等，加上不同区域的海况影响差别较大，实际现场安装工效和进度也有很大不同。一般规律是新风电机组刚安装时，安装会比较慢，施工安装人员有逐渐熟悉的过程,在对施工安装工序熟练以及与厂家人员沟通磨合后,安装速度会加快,但总体还是受制于风电机组的安装工艺。

8.7 海缆敷设方案优化

海缆施工应按照审批的穿堤方案、海缆供货时间、设计接头和路径进行海缆敷设方案制定,包括敷缆船选型、过驳方案、敷缆工艺、硬接头处理方案、海缆保护方案。

8.7.1 敷缆船选型

1. 海况条件

应根据收集到的项目基本资料分析项目所在海况,据此进行敷缆船选型,确保敷缆船适应施工海域的海况条件,以期充分利用施工窗口期,并避免出现所配置的海缆敷设施工船舶不适应项目所在海域海况而重新调遣船机的情况发生。

2. 水深条件

根据深水区和浅水区分别配置不同敷缆船,既保证了对施工条件的适应性,又满足了敷缆船对海缆重量的匹配性,做到技术合理,经济适宜。

3. 长距离

长距离海缆敷设还应根据海缆重量、建设条件及船机设备敷设能力进行敷缆船选型。

8.7.2 过驳方案

海缆过驳有整体吊装和散装过缆两种方式,根据海缆规格、重量及海缆厂家码头装船设施而定。

1. 载缆前方案制定

前往海缆厂家接缆前,应根据海缆本身特点、海缆厂家设施制定过驳方案,合理配置接缆船,避免考虑不周全导致无法过驳的情况发生。国内已发生过类似事故,例如某项目动态缆接缆时,施工单位事先未与厂家沟通好,前往接缆的载缆船无电动转盘,需配置起重设备配合过驳,由于海缆采用加强铠装,重量较重,经核算吊点处局部弯曲过大,应力超标,结果无法过驳,不得不另外调遣船只,不仅增加了船舶调遣费用,更是对工程工期造成较大影响。

2. 过驳过程中质量控制

其要点在于控制海缆盘缆方向,一定要根据事先规划好的敷设方向确定盘缆方向,避免造成现场施工不便甚至需现场倒缆情况发生。

8.7.3 敷缆工艺

1. 敷设方式

根据不同路由区域选择敷设工艺，一般场内集电海缆、汇流主海缆深水区域通常采用敷缆船敷设，开沟犁冲挖方式边敷边埋的工艺，登陆段浅水区域采用预挖沟方式，浮球法敷设，后填埋。原则上，应尽量减少预挖沟段长度，缩短工期并降低敷设费用。

2. 敷设方向

敷设方向应综合终端工作面交接情况、海缆登陆终端条件、海缆头结构、敷设条件等确定敷设方向，汇流主海缆敷设方向尤为重要。

3. 乘潮及坐底作业

某些海域水深不足，海缆敷设前应充分研究海缆路由周边区域地形条件，尽量利用地形条件，进行乘潮作业、候潮等待。尽量避免坐底，实在无法避免坐底时，应提前规划，做好主动坐底预案，避免施工组织不力被动坐底而影响施工进度或增加施工风险。

4. 敷设精度控制

敷设船配备定位系统控制精度，并选择海况条件良好的窗口期进行敷设，减少因敷缆船晃动造成敷设误差。尤其应注重海缆拐弯段、海缆登陆终端附近的抛锚、铰锚及定位，确保出缆方向与 J 型管、海缆保护管等入口轴线重合，防止牵引入管困难。

8.7.4 硬接头处理方案

长距离海缆敷设存在硬接头时，硬接头处理方案主要可从四方面着手。

1. 总体方案制定

应根据建设条件、海缆生产能力、海缆敷设施工能力确定分段方案、硬接头设置位置及敷设顺序等，制定硬接头总体实施方案。

2. 施工工艺确定

根据建设条件、施工进度要求等确定结构施工平台配置（固定平台或船舶）、接头连接方式及设备配置等。

3. 接头段海缆富裕长度计算

根据平台结构尺寸、水深、埋深、接头长度及海缆抗拉强度等计算接头两侧海缆富裕长度，既要满足施工需求，又不额外增加海缆长度。

4. 接头施工

按制定的方案进行施工，选择海况条件良好的窗口期施工，做好施工组织安排，若条件允许，各段海缆敷设应紧密衔接，可降低海缆头保护费用，并缩短工期。

8.7.5 海缆保护

当海缆路由存在岩质海床、其他特殊地形地质导致无法埋设或难以达到设计埋深的区域、与其他海底设施交越等情况时，需采取保护措施。海缆保护方案优化可从海缆路由优化和保护结构方案优化两方面着手。

1. 海缆路由优化

海缆敷设的常规流程是：预选桌面路由→海域使用论证→根据审定的桌面路由进行路由地勘调查→根据路由地勘成果进行施工图设计→海缆敷设施工。这种流程存在一个缺陷，即预选桌面路由时，基础资料非常有限，选定的路由实际上不一定合理，只有在路由地勘调查后，边界条件才算最终明确。由于海域使用论证通过后，调整海缆路径需重新对调整后的路由进行补充论证，比较费时费力，故业内对路由地勘调查后的路由优化不够重视，即使预选路由范围内出现影响海缆埋设的因素，在非必须规避的情况下，往往是采用保护措施进行解决，而不是优先考虑调整海缆路径。国内海上风电发展早期，开发场址主要集中在江苏海域，均为软质海床，海缆保护问题尚不突出，近年来随着开发场址涉及海域范围越来越广，影响海缆埋设的不良地形地质条件出现概率逐渐增加，在海缆保护方面投入的成本也呈现上升趋势，因此在路由地勘调查后，对预选路由进行复核、优化，尽可能选择可埋设方式敷设的路由。

施工图设计阶段海缆路由优化带来降本增效，有一个非常典型的案例：大连市某海上风电场项目220kV海缆保护工程是我国海上风电领域首例复杂海洋环境条件下大范围基岩出露区海缆保护工程，其登陆区海洋环境条件之复杂、登陆段基岩出露海床范围之广在国内首屈一指。该项目两回220kV海缆预选路由登陆段穿越逾2km宽（沿海缆轴线方向）的基岩出露区域，难以进行常规埋设，若开槽进行埋设，一方面国内该方面设备、技术欠缺，另一方面开槽成本高、施工进度缓慢。采用其他保护方案，由于保护范围太大，也是造价不菲。设计单位上海勘测设计研究院有限公司在进行施工图设计时，通过对路由底质分区图进行研究，根据基岩出露区边界走向判断海缆路由登陆点向外海1km处后，测量范围（海缆轴线两侧250m范围）外北侧不远区域内海床底质存在突变，可能为软质底床，于是提出补勘，扩大调查范围，补勘成果证明了设计单位判断的正确性。补勘后，对该区域海缆路径进行调整，登陆点至外海1km范围内基岩出露海床沿海岸线方向延伸范围较广，难以规避，采取穿管及压载的方式保护；登陆点至外海1~2km范围内海缆向北拐一定距离后，平行原海缆路径进行正常敷埋，在基岩出露海床外海侧边缘附近区域再拐回原来路径，增加海缆长度非常有限。经优化后，不仅节省工程造价近1000万元，还为保护结构施工减少了至少50%的施工工期，降本增效效果非常显著。值得一提的是，基于该项目海缆保护设计，产生的专利"连锁—单体石笼相嵌式抗船锚水下管线保护结构"（专利号 ZL 2018 2 1165092.9），具有保护能力强、施工速度快、经济性好等优势，正契合了海上风电场建设降本增效的理念，在海底管线保护领域具有推广价值和借鉴意义。

海缆路由地勘调查后，对海缆预选路由进行复核、优化，其意义在于，各种边界条件明确后，对预选路由范围内各种影响因素有了全面掌握，对这些因素的影响，是采取规避、消除、改善还是其他方式进行处理，是可以通过方案比选等进行定量分析的，基于全面数据分析而确定的海缆路由才是最优路由。因此，一定不能因路由调整手续办理烦琐，而忽视了路由地勘调查后路径优化这一环节。

2. 保护结构方案优化

（1）保护方案的确定，应基于影响因素进行确定。所谓影响因素，即导致海缆无法正常埋设或无法达到设计埋深而需采取保护措施的"因"，保护方案则是其产生的"果"。因此，对于保护方案的制定，一定要对影响因素有清晰的认识和充分的研究。目前影响海缆埋设的主要因素可归纳为两大类：第一类是自然环境因素，如路由地形、地质、海洋水文等条件；第二类是人为因素，如船舶抛锚、海底管线交越等。对于第一类因素，一般仅考虑海缆自身保护即可；对于第二类因素，有的仅需考虑海缆自身保护即可（如船舶抛锚），有的除了海缆自身保护，还需考虑影响源的保护（如海底管线交越）。对影响因素进行分析归类及筛选，其目的在于明确保护的目的及要求，然后有针对性地提出保护方案，既保证不盲目进行保护方案设计而导致工程费用增加，又能兼顾周边设施需求，统筹考虑方案设计，防止保护不到位造成损失。

（2）海缆保护结构应根据路由地形地质、水深、底流、海洋水文条件、气象条件及其他环境因素等，提出多种方案进行经济技术比选，确定最优保护结构型式。

（3）在海缆保护范围广、保护工程量较大时，海缆保护结构设计应精细化，不同环境条件，例如不同水深、不同底质情况下，对保护结构材质、性能等要求不尽相同，应采用不同的保护型式，确保方案的经济性及合理性。

（4）海缆保护结构应充分考虑当地原材料的供应情况，尽量优先选择当地原材料供应丰富的保护结构型式。

3. 海缆保护施工

（1）应根据建设条件及保护设施结构特点合理选择施工船机设备。

（2）根据保护结构特点，选择保护结构加工场地，对于可现场加工的，尽量现场加工，以减少转运、堆存。

（3）控制施工精度，避免施工偏差造成的工程量增加或返工。

（4）保护结构施工应及时，海缆敷设完成后，尽快进行保护结构施工，或者结合海缆敷设同时施工，防止保护未及时跟进，海缆被破坏。

8.8   海上升压站施工方案优化

8.8.1   总体方案制定

在风电场的设计阶段就要考虑好海上升压站的主体施工方案。海上升压站的结构与海洋石油平台相似，国内外海洋石油平台的建造与施工主体方案在设计阶段是同步考量的，甚至连需要的主要船只型号也是锁定的。在海上风电场容量越来越大、离岸距离越来越远的形势下，升压站容量也变大，重量相应增加，有些海域还采用柔性直流换流站，重量超过 10000t，选用的施工方案与船型甚至下部基础的型式也有关系，设计阶段考虑施工方案在当今形势下成了必须做的事情。

从国内设计和实施的海上升压站项目看，当上部组块重量超过 4200t 时，加上吊索具和平衡支架后，采用现有国内 5000t 级起重船吊装的方式已经不合适，而超过该级别的起重船，国内的船期难定或者经济性会大幅下降。大型上部组块采用浮托法工艺时，需要下部导管架接近水面处为开口型式，满足浮托法运输船的驶入，在前期设计阶段就要将该方案考虑在内，一旦设计方案选定，大的施工方案基本也就确定了。

海上升压站总体方案在设计时需要考虑场内位置、施工作业的水深要求等，下部基础施工和上部组块安装是海上升压站施工方案的主要内容。

8.8.2   下部基础的施工方案优化

目前国内海上升压站均是采用的导管架型式，除需要嵌岩的福建兴化湾二期工程采用先桩法外，其余项目均是后桩导管架施工。后桩法施工因为不用在打桩时设置导向定位架，成本较低。桩基需要嵌岩时为了搭设嵌岩平台，不得不采用先桩法，在桩基嵌岩完成后再安装导管架。当桩基为斜桩时，因导管架套管无法在斜桩上安装，无法采用先桩法施工。

后桩法安装导管架的项目，在导管架安装时有吊装法方案和滑移下水法方案，对导管架在 4000t 以内的项目采用吊装法施工比较常见，受运输驳的影响较小，主要受制于起重船的能力。

后桩法导管架随着国内海上风电场向深水区域发展，导管架高度加大，如果还是采用过去的将桩顺着导管架顶部开口的套管沉入的方式，桩长较大，设计均要求升压站导管架的桩不能接桩，需预制整根沉桩，吊装桩时，需要将桩尖提高到导管架套管顶部以上，不能借助水深，对起重船的吊高要求较高。例如在江苏地区海域，由于水深较浅，桩长与套管长度均不长，市场上可以找到对应的起重船，而在水深较深的风电场，随着桩长的加长，满足这种吊装方式的起重船已经很难找到。现在广东地区已经采用在导管架角上设置桩靴，在桩靴的套管中打桩。从设计角度上看，当水深超过30m，与同等水深采用普通导管架型式相比，带桩靴的导管架优化了桩长，从施工角度看，桩长的优化带来桩重的下降，桩在起吊时还能借助部分水深，起重船的吊高、吊重要求都降低了，对寻找合适起重船资源的余地更大，船机费用会更省。

升压站基础导管架和桩之间灌浆作业时，采用主动式密封件材料，采购周期长、成本较高，但是作为后桩法的灌浆工艺，主动式密封件安装在导管架的套管内，在沉桩后对主动式密封件充气以达到套管与桩之间环形空间的密封效果。后桩法采用被动式密封件，虽然采购成本低，但是不能完全密封环形空间，需要进行下部堵漏处理，除了漏浆带来的灌浆材料损失外还会带来环境污染问题。下部堵漏过程中还需要潜水员配合，对于深水区潜水能力受限，堵漏效果会下降。作为事前控制来说，后桩法还是尽量使用主动式密封件，但是需要提前采购材料，不能影响导管架制造。综合来看，后桩法采用主动式密封，在控制好的情况下，能节省堵漏措施费用，技术可靠，成本可控。而后桩法采用被动式密封后，采购成本是下降了，但是后期堵漏成本不可控，技术有隐患。

8.8.3 上部组块的施工方案优化

上部组块的安装主要采用吊装法和浮托法。吊装法除了需要满足上部组块重量的起重要求外，还要根据上部组块设置的吊点位置设计起重船的吊钩布置，有四吊钩、双吊钩、单吊钩的区别，各起重船的性能不同，吊臂数量、吊钩个数、吊钩起重能力千差万别，一般设计对起吊期间连接升压站吊点的吊绳与铅垂线的夹角有要求，在四吊钩起吊分析后如果夹角和起重能力满足要求可以直接采用四吊钩方案与上部组块的四吊点对应。双吊钩和单吊钩在吊装设计后根据吊钩布置位置和夹角可能要设置平衡吊架或吊梁。由于吊架和吊梁是一次性投资，在一个升压站吊装完毕后就只能作为废钢处理，成本均要摊销到吊装成本中。在能采用双臂配四吊钩起吊时尽量用该方式，当然夹角、起重高度、起重重量、吊臂间距、吊钩间距和船机艘班成本也是重要的考量要素。

目前海上风电场在福建、广东地区施工时，由于海况条件恶劣，即使起重船的吊重、吊高满足安装要求，但是船体的尺寸和排水量不能满足当地的作业要求或者时间作业窗口很少。因此除了考虑起重船的吊装性能外，对船体尺寸也有要求，船体长度至少要大于一个波长的长度。现在海上升压站的吊装使用船只越来越大，例如为了适应广东地区的外海海况，国内最大起重量为12000t的起重船就在当地施工作业。

上部组块除了采用起重船吊装的方式外，还有浮托法的方式，针对水深较深、离岸较远的情况，海上升压站上部组块使用浮托法能避免使用大型起重船，但是对大型运输船需要提前锁定，对方案需要仔细论证，并且下部基础需要统一考虑型式，方便运输船驶入。

8.9 基于 BIM 的风电场施工安装优化

8.9.1 BIM 技术在施工阶段的应用分析

8.9.1.1 传统施工中存在的问题

传统施工中，现场施工人员需要将二维图纸转换成三维信息，但在转换的过程中，由于施工人员知识水平的不同，常常出现如下情况：①对图纸理解不到位就盲目施工；②对复杂结构无法准确理解图纸内容，最终没有严格按照图纸施工，从而造成工期延迟、材料浪费、费用增加等问题。

施工阶段具有周期长、不确定因素多、风险大、工艺复杂等特点。同时，在施工过程中会产生很多数据和资料，现场也会发生资料丢失、保存不完善等现象。而项目现场人员流动性比较大，出现问题时，后期资料查找困难。

8.9.1.2 BIM 技术应用优势

1. 模型深化

将设计阶段的 BIM 模型传至施工方，施工方根据需求将模型进行完善，转变为施工阶段需要的施工 BIM 模型，使模型得到深化，形成可以制造、施工的模型。模型依据工程实体建立，并对每个构件添加详细的真实信息，如材料性能、生产厂家、物理信息、施工工艺等，同时将施工过程中产生的资料添加到模型，使模型信息更加完善，方便后期的使用及管理。这样的模型继承并深化了设计阶段的成果，同时也丰富了模型的信息，使得施工过程信息反映在了 BIM 模型中。

2. 可视化交底

与传统二维图相比，BIM 模型最大的特点是三维模型的直观性。项目未开工，实体模型就已经出现在眼前了，做到了所见即所得，这是二维图纸无法达到的效果。通过可视化模型，复杂节点、技术难点、施工重点都可以轻松理解。由于现阶段行业的要求，通常还需要使用二维图纸。而对二维图纸理解困难的地方，通过三维模型可以清晰呈现，缩短了现场识图时间，提升了施工进度。

3. 施工模拟

将进度计划与 BIM 三维模型关联形成 4D 模型，通过 BIM 软件进行 4D 施工模拟，整个建造过程进行虚拟预演，对关键部位进行仿真模拟，提前发现问题，保证施工质量。通过 4D 模拟，将计划进度、实际进度与三维模型同时关联，实时对比可一目了然地看到进度提前或延误，进行偏差分析，找出原因，动态纠偏，同时也可查看资源、物料、人力等配置是否合理，可以实现对项目的整体把控。

8.9.1.3 BIM 技术在施工阶段中的应用

BIM 技术是建筑及相关行业未来发展中的一个重要发展趋势。BIM 技术可以解决传统施工中存在的问题，提高项目的质量、进度、安全和成本管理水平，为项目管理提供了一个信息化的途径。

BIM 技术在施工项目中加以应用，针对目前项目进度、质量、成本管理中的缺点，对项目展开全生命周期管理，提高项目管理的效率。BIM 模型能够提供一个很好的三维可视化平台，辅助施工人员进行施工，避免二维转换三维的偏差问题。运用 BIM 技术进行资料管理，可以使资料信息化，施工过程中资料可以实时更新、上传至 BIM 平台，避免资料后补现象发生，保证资料的真实有效性，项目各方也可以共享资料，加强各方的协调沟通，提高信息传递能力。

8.9.2 基于 BIM 的风电场施工安装优化目标

在施工安装阶段对规划设计阶段的风电场全专业 BIM 信息模型进行深化，并针对深化后的风电场 BIM 模型进行包括碰撞检测及三维管线综合优化、工程自动算量、4D 施工模拟等在内的 BIM 应用优化，对设计模型进一步优化和深化，减少现场变更，缩短工期。同时，通过虚拟施工模拟对关键施工安装步骤进行仿真分析，验证工序流程的可行性，为实际施工安装提供有力指导。

施工安装结束后，形成完整的风电场 BIM 竣工电子资产，包括设计、施工阶段风电场完整 BIM 模型和包含完整属性信息的数据文档，便于业主对工程信息的多维度查询，也为后期风电场运维提供了完整的前期建设数据，对运营决策提供了支持帮助。

8.9.3 基于 BIM 的风电场施工安装应用与优化

1. 施工模型深化与优化

设计阶段的 BIM 模型传至施工阶段，施工方根据需求将模型进行深化，转变为需要的施工 BIM 模型，使模型得到深化，形成可以用于具体施工的模型。基于 BIM 的风电场施工安装深化建模主要包括风场场区和海上升压站，对海缆路由和陆上集控中心也可按需求进行施工深化建模。根据自身施工特点及现场情况，进行施工面的划分，风电场部分包括风电机组基础、风电机组、海上升压站、地形地质的模型深化，海上升压站部分包括结构、电气、舾装、暖通、消防等专业的模型深化，使模型达到能够指导施工安装的深度，用于清晰和高效地指导施工安装，从而实现施工安装优化，满足降本增效的要求。

2. 施工模型信息化

设计阶段的 BIM 模型传至施工阶段，在施工阶段，为了使模型更加真实，可以根据需求对每个构件添加详细的真实信息，如材料性能、生产厂家、物理信息、施工工艺等。对于风电场与升压站中的电气设备，为了后续运维方便，应该在设计或施工阶段添加电气设备的相关属性、安装特征等；对于风电机组基础与升压站中的结构构件，应在施工阶段添加必要的材料属性、施工工艺等。同时将施工过程中产生的资料添加到模型，使模型信息更加完善，方便后期的使用及管理。相关数据与施工信息的添加能够丰富风电场模型，使施工阶段能够尽可能多地保留数字化资料，方便后期运维阶段的使用与管理。

3. 施工交底优化

BIM 模型能够提供一个可视化操作平台，施工人员能够通过移动、旋转、切剖模型了解到模型的整体与局部细节，对于复杂节点、设计难点重点能够有直观和清晰的了解。对于风电场工程，升压站的钢结构节点通常比较复杂，传统的二维图纸并不能迅速让施工人员明白设计意图与设计难点重点，而通过 BIM 模型，进行现场的可视化交底便能呈现出直观且具体的三维结构图、节点平面图、剖面图、焊接详图等，因此施工人员能够快速理解制造、安装特点，促进了整个项目的有序、高效进行。对二维图纸理解困难的地方，通过三维模型可以瞬间解决，缩短识图时间、提升施工准备进度，从而达到降本增效的目的。

4. 三维管线综合优化与碰撞检测

基于 BIM 的施工深化模型的三维管线综合优化及碰撞检测是在施工图深化模型的基础上，应用 BIM 软件检查施工阶段的碰撞，完成项目设计图纸范围内各种管线布置与结构、电气设备平面布置和竖向高程相协调的三维协同设计工作，以避免空间冲突，尽可能减少碰撞，避免设计错误传递到施工阶段。

施工阶段的碰撞检测及三维管线综合优化与设计阶段相比，BIM 应用的对象不同，施工阶段为完成施工安装深化后的风电场 BIM 模型，相比设计阶段深度和精度都更高，模型也更加完整。碰撞检测及三维管线综合优化过程与设计阶段基本相同，设定冲突检测及管线综合的基本原则，使用 BIM 软件检查风电场 BIM 施工深化模型中的冲突和碰撞。编写冲突检测及管线综合优化报告，优化报告中应详细记录调整前各专业模型之间的冲突和碰撞，记录碰撞检测及管线综合的基本原则，根据现场施工工艺及工序提供冲突和碰撞的解决方案，对空间冲突、管线综合优化前后进行对比说明。

施工阶段的碰撞检测能够针对施工特点，以施工工艺与方案为研究对象，找出模型及施工工期上可能出现的硬碰撞与软碰撞。由于施工阶段的模型相比设计阶段得到了深化，更接近真实施工环境与施工条件，因此能够更好地指导管线综合优化，得到能够满足施工要求的优化方案。

5. 工程统计优化

基于 BIM 的风电场施工深化模型是经过可视化设计环境反复验证和修改的成果，由此导出的材料设备数据相比设计阶段工程算量具有更高的精度，应用 BIM 模型导出的数据可以直接应用到工程预算中，以 BIM 施工深化模型自动计算得出的工程量作为参考，为造价控制、施工决算提供有利的依据，最终实现降本增效。

6. 虚拟施工模拟

基于施工深化后风电场 BIM 模型的虚拟施工模拟包括 4D 施工组织方案模拟和专项 BIM 施工方案模拟。

（1）4D 施工组织方案模拟。根据风电工程分部分项划分情况、施工节点进度、工程施工特点及现场实际情况，对三维模型进行实体切割，形成可以反映施工作业对象和结果的施工作业单元实体模型。对施工过程进行可视化的模拟，包括工程设计、现场环境和资源使用状况，具有更大的可预见性，将改变传统的施工计划、组织模式。将三维模型、施工设备、施工临建设施与周边环境、构筑物等及时进行动态碰撞检查，然后根据碰撞报告结果对方案进行调整、避让，对进场设备、施工堆场等进行综合布置，从而在实际工程开始前发现问题，同时能够更直观反映出施工总布置设计的合理性，从而优化施工规划布局。使用 BIM 进行虚拟施工，需将已完成的施工总布置三维模型与施工进度相链接，形成 4D 施工资源信息模型；根据构件选择施工机械及机械的运行方式；确定施工的方式和顺序；确定所需临时设施及安装位置，可通过预演进度对整体施工方案进行优化及调整。

通常在风电场建设过程中，船机设备资源往往比较紧缺，而船机设备受天气条件的制约也比较大。利用 BIM 模型进行 4D 施工模拟，可以动态规划船机设备的使用与协调。对于施工组织方案中出现的异常情况，如天气原因或者施工问题，船机出现滞留与等待，施工模拟程序能够进行动态规划，及时调整施工组织方案，确保船机资源得到合理、高效利用。

（2）专项 BIM 施工方案模拟。BIM 模型可以对施工的重点或难点部分进行可见性模拟，对一些重要的施工环节或采用施工工艺的关键部位等施工指导措施进行模拟和分析，以提高计划的可执行性。针对具体风电场的实际施工情况，利用 BIM 技术结合施工组织设计进行电脑预演，起到提高复杂工程体系可施工性的作用。

近年来随着大功率风电机组的广泛应用，风电机组基础的尺寸也在逐渐增大。对于采用单桩基础型式的大功率风电机组，其单桩直径往往能达到 6～8m，甚至更大，这对于施工能力来说是一个重大考验。如果大直径单桩还涉及嵌岩问题，那么不管对于施工单位的施工方案、施工组织、设备能力都是一场重大的挑战。因此，借助 BIM

技术，可以更好地做好风电机组基础专项施工方案。对于大直径的钢管桩，通过 BIM 模型进行精细化备料、制作模拟；对于单桩沉桩，通过 BIM 虚拟施工，模拟整个沉桩过程，并且能够结合施工打桩分析，在模拟过程中得到沉桩过程中的桩身应力、贯入度、锤击能等关键指标参数，通过迭代调整，优化整个沉桩过程，保障沉桩的安全、高效进行。

8.9.4 基于 BIM 的风电场施工安装管理平台

BIM 技术在工程项目施工安装管理中主要可以体现为质量管理、安全管理、进度与成本管理。

项目施工阶段的质量管理主要包括产品质量管理及技术质量管理，产品质量管理根据 BIM 模型的可视精细化管理，可以真实地反映现场实际的材料质量；技术质量管理可以通过仿真模拟，解决实际中的技术质量问题。基于 BIM 平台进行质量管理，通过质量巡检台账进行详细的质量管理，利用 BIM 平台对现场发现的质量问题进行上报与查看，发现的质量问题还可以与 BIM 模型及二维图纸进行关联，通过在平台上发布质量问题（质量问题对检查部位、问题类型、问题描述、整改措施、责任人、模型位置、问题图片进行了详细记录），利用 BIM 模型辅助质量检查，提高现场施工的效率和准确性。

利用 BIM 技术辅助施工现场进行安全管理，将模型信息与现场实际信息进行实时对比，将模型信息及时更新，把现场可能发生的危险信息附着到 BIM 模型信息上，通过对 BIM 三维模型有效的分析管理，提高现场管理人员对风险的识别，加强对风险的管理；通过漫游及施工模拟，对施工人员进行更直观的安全教育，提高安全防范意识。基于 BIM 平台进行安全管理，包括安全巡检台账、定点巡检概况、定点巡查设置及安全日志的管理，通过添加安全问题记录，将问题与模型进行统一定位，并将问题上传，形成安全巡检台账，通过查看安全巡检台账可以清晰地看到问题类型、问题部位、整改期限及责任人等内容，优化安全管理流程与内容。

利用 BIM 技术进行施工现场的进度管理，可以进行虚拟施工模拟、工程进度监控、计划进度与实际进度对比分析等内容。根据施工进度计划，将进度计划与 BIM 模型进行关联，进行虚拟施工模拟，通过 4D 模拟，能够掌握实际进度与计划进度的差异。进度管理能够帮助管理人员掌握工程的整体施工进展、了解和掌握实时的施工情况。

利用 BIM 技术辅助施工现场进行成本管理，施工阶段将材料属性、施工工艺、材料定额等信息附属到 BIM 模型中，因此可以很方便地通过工程自动算量得出材料的用量，配合造价软件计算功能，得出工程施工费用。施工过程中的变更与调整也能很方便地记录在模型中，从而能够全过程跟踪管理，进行成本管理与控制。BIM 施工管理平台记录了材料的用量与动态变化，能够控制材料的使用量，避免材料浪费，将材料采买费用、租赁费、进出场费用及时统计好交给造价人员。

风电场施工安装阶段，应用基于 BIM 的风电场施工安装管理平台对其施工过程进行优化管理，该平台具有如下功能：

（1）结合施工进度计划软件，基于风电场全专业 BIM 信息模型在 BIM 施工管理平台上实现计划施工时间与实际施工时间的对比，及时发现施工进度偏差，优化工程进度计划。同时，通过将施工工程量与进度计划相结合，可进行计划完成与实际完成工程量的直观对比（图 8-4），便于相关人员对工程进展的管控。

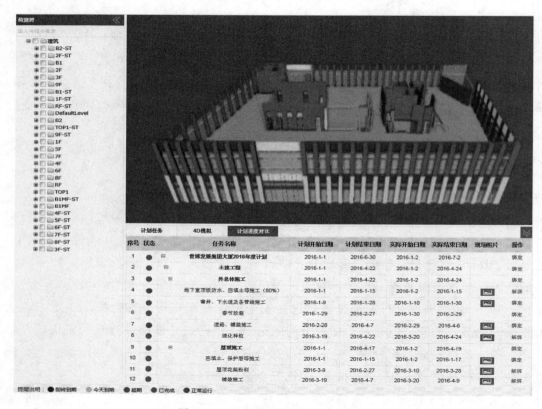

图 8-4　进度计划 4D 模拟对比查看

（2）在施工安装阶段模型中添加或完善楼层空间位置信息、设备与材料信息。基于风电场 BIM 模型，在 BIM 施工安装管理平台上建立设备与材料管理和施工进度的关联关系，通过平台可追溯大型设备及构件的物流与安装信息。

（3）风电场施工安装过程中，利用移动设备配合监理单位对现场质量进行管理控制，可将现场收集的图像、施工质量问题、安全问题、批注等信息添加到模型构件中，返回到管理平台服务器中，供项目团队中的其他人员及时了解相关内容。从而使整个协同工作流程延伸到工程现场，使并行工作更加细致深入。

（4）风电场现场施工安装相关资料，包括试验检测报告、设计变更、验收记录等上传至 BIM 施工安装管理平台，实现基于 BIM 模型的协同管理，实现了风电场各参建单位在异地多方的及时查询与调取，可视化文档管理如图 8-5 所示。

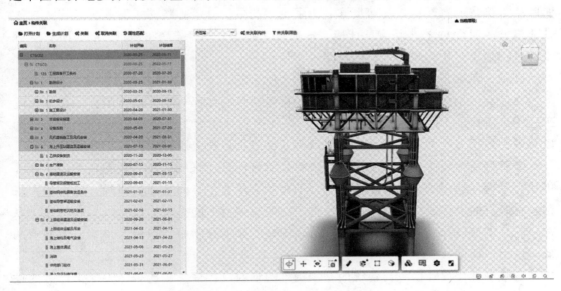

图 8-5　可视化文档管理

将风电工程建设过程中的施工管理、合同管理、进度管理、设备管理、仓储管理、质量管理、风险管理、现场管理等管理流程通过智能施工管理平台进行整合集成，为施工方和业务方提供对工程项目进行协调管理的门户。智能施工管理平台可为施工方提供基于 BIM 的施工方案模拟和可视化进度管理等应用。施工方案模拟是对施工的重点或难点部分进行可见性模拟，对一些重要的施工环节或采用施工工艺的关键部位等施工指导措施进行模拟和分析，可及时优化调整施工方案，避免返工提高施工方案可行性；智能施工管理平台可对设计交付的 BIM 模型进行轻量化处理，并将轻量化后的模型与施工阶段的业务数据进行同步关联，通过模型可视化技术实现计划进度模拟、实际进度模拟、进度对比模拟等可视化进度管理功能。

8.9.5　基于 BIM 的风电场竣工电子资产管理

风电场建造施工过程中，根据工程变更、现场实际情况，对 BIM 模型进行维护和调整，最终形成竣工 BIM 模型。在已有二维图纸、三维模型、报告、设备清单、编码规则等的基础上，通过一定的规则建立资产设施与人、空间以及各种数据文档的关联关系，形成工程竣工阶段的 BIM 电子资产信息交付平台。风电工程业主可分别从文档、工艺系统、空间位置、质量安全、单元工程及组织结构等多维度由三维模型出发进行工程信息的多种查询。

1. 建立风电场竣工 BIM 模型

收集风电场工程施工过程和施工作业模型的变更资料、竣工验收资料；建造施工过程中，根据工程变更、现场实际情况，对 BIM 模型进行维护和调整，使其与现场实际施工保持一致，包括几何尺寸、工程量、变更信息等；将竣工验收资料作为施工作业模型的属性与之进行信息挂接，形成竣工模型；竣工模型的属性通过 BIM 管理系统进行输出，作为竣工资料的重要参考依据。

2. 建立风电场竣工 BIM 电子资产信息平台

在已有二维图纸、三维模型、报告、设备清单、编码规则等的基础上，建立风电工程竣工阶段的 BIM 电子资产信息平台。其核心理念即为建立资产设施与人、空间以及各种数据文档的关联关系库，以此为基础进行各种应用扩展。

需要移交给业主的设计施工成果主要是二维图纸、三维模型、设备清单等，它并不是简单地存储于光盘、U 盘等电子介质中移交给业主，而是通过研究一定的编码规则，将所有的设计成果进行编码，通过一定的规则将不同类型的设计成果有机地关联在一起，这些设计成果将储存于工程信息模型的数据仓库中，通过客户端或者网页的形式供用户调阅。

三维可视化设计信息与传统的基于二维图纸的设计信息相比较，除保留原有的设计文档组织和查看模式外，还有多维度文档组织形式，可通过工艺系统、空间位置、专业、工作任务分解等维度组织设计、施工信息，且设计、施工文档可以与三维模型中的几何元素关联，由三维模型出发可查看完整的设计、施工信息。

通过编码识别模型构件的唯一性，可以通过不同视角查看资产和空间、人员以及工程文档之间不同的关联关系。在设计和施工两个阶段通过平台应用，根据不同管理的需求，分别从文档、工艺系统、空间位置、质量安全、单元工程及组织结构 6 个维度对风电场设计和施工当中的数据进行有效管理。

风电场竣工资产管理平台将项目建设过程中形成的二维图纸、技术文档、测试报告、采购合同等各类文档通过数字化处理以同一的文件格式建立一套完整的数字档案，并与轻量化 BIM 模型进行关联映射，建立资产与空间、人员、文档等多维数据间的网状关联逻辑，形成能真实反映工程项目全生命周期信息的可交付数字资产。业主通过该平台可对数字资产进行全生命周期的维护管理。新能源竣工资产管理平台还可为海上风电场运营阶段的各类业务应用提供轻量化模型调用标准化接口和服务。

8.10 关 系 协 调

8.10.1 外部关系协调

一个风电场建设得好不好，顺利不顺利，涉及方方面面的外部关系。外部关系主要有：

（1）政府关系。施工单位进场后需要办理一系列的施工许可，临时生产生活设施所在地的水、电、道路、通信、环保、卫生、安全、消防等都要和政府或者事业单位打交道，获得当地支持会减少施工期间的各种干扰。

（2）征用地、海。有的业主开工时用海用地手续不齐，导致现场阻工现象，施工效率降低，大量设备和人员窝工。

8.10.2　参建方之间协调

风电场的业主、监理、施工单位、设备厂家各自利益不同，工作中难免会有冲突，处理好各方关系对工程的顺利执行有利，需要协调的关系主要包括：

（1）参建单位与业主、监理之间关系的协调。办理报批手续、资金支付、甲供设备等都要与业主和监理打交道，有的项目因为资金支付迟缓或者甲供设备供货迟甚至有停工或者撤场的情况发生，业主和监理方与施工单位之间需要多进行沟通，相互理解，做好合同管理、工期管理、质量管理、资金规划。

（2）施工单位各方、设备厂家之间关系的协调。施工各标段之间均有界面，界面衔接时不可避免地会与其他参建单位或者不同分包商之间打交道，单位工程之间、各分部工程之间上一个工程延迟会影响到后一道工程，而施工方之间没有合同，都是通过业主或者总包和其他施工方、设备方产生关系，所以最后的协调工作落到业主或者总承包单位。业主和总承包方要站在整个工程的角度解决问题，各参建方也不能采取隔岸观火的态度对待其他单位，一个工程是一个有机整体，任何一方的疏忽或者怠慢者会影响到其他方，各方友好交流，相互出主意、想办法才是工程各参建方应有的态度。

8.11　其　　他

海上风电在国内尚属于发展时间较短的新型行业，其结构设计、施工等除充分借鉴港口航道工程、海洋石油工程等经验外，还应积极探索新结构、新材料、新工艺以及新设备的应用。

8.11.1　新结构、新材料与新工艺

1. 新结构、新材料

从风电机组、风电机组基础、施工辅助工程等各方面入手，通过工作机理深入研究、原理优化等，进行风电机组、风电机组基础及施工辅助结构等创新，引入新结构、新材料，降低成本，提高效率。

新技术的应用，往往隐藏一定的风险，因此，行业内对新技术的应用往往持保守态度，但新技术一旦获得成功应用，也将带来巨大收益。新技术的应用，不仅对个体项目具有巨大技术经济方面的价值，对整个行业发展、降本增效也具有非常重要的意义。

2. 新工艺

通过对现有工艺的优化改善并结合新结构、新材料等引入，对施工工艺进行创新，达到降本、增效的目的。

8.11.2　新设备

新结构的应用，往往还涉及新设备的投入。例如在 2016 年前，国内海上风电单桩施工能力仅限于桩顶直径 5.5m 以下单桩，大能量打桩锤、大直径替打设施等限制了单桩尺寸的进一步扩大。因此，在该时期内，对于更大直径单桩的推进面临较大困难，一些项目在进行基础方案决策上，摇摆不定，取舍两难。同期，面临因施工设备能力不足造成技术难以突破的还有大直径嵌岩桩。当时，国内钻机最大可施工直径不超过 5m，且具备该能力的钻机非常稀缺，大直径嵌岩技术也经历了缓慢的发展历程。

经历了近年来的发展，上述设备已通过引进或国产化，在国内市场具备一定的数量，基础施工技术出现较大飞跃，切切实实推动了行业发展，成本控制上取得了较大成就，也使一些复杂场址条件下的风电机组，有了合适的基础解决方案。

通过这几年海上风电行业的发展经历，应清醒地认识到，"看菜下锅"的方式对行业的健康发展非常不利，行业应从建设方、主机厂商、设计单位共同推进，从源头上倒逼施工市场对施工设备进行升级，来适应风电场建设施工需求，而不是受限于施工市场设备能力，对新技术的推进裹足不前。可以预见，随着新型风电机组基础结构、大体量升压站、换流站、漂浮式风电机组的推广应用，一大批新型施工设备将应运而生，也必将大有可为。

第9章　海上风电场运行维护的降本增效

我国海上风能资源丰富，且主要分布在常规能源相对匮乏的东南沿海地区，该地区经济发达、电网架构完善，完全满足海上风电大规模开发和并网。根据水电水利规划设计总院统计数据，截至 2019 年 3 月，中国海上风电已核准项目容量达到 5353 万 kW（除广东省 2200 万 kW 近海深水区项目外，其他均为近海浅水区项目）。广东、江苏核准总规模均超千万千瓦，分别为 3235 万 kW（含 2200 万 kW 近海深水区项目）、1280 万 kW；福建位列第三，为 375 万 kW。国内运行 1 年以上海上风电场有龙源如东、中广核如东、三峡响水、国电投滨海 H1、上海东海大桥、上海临港二期、福建中闽平海湾海上风电场等。上海东海大桥、龙源如东的海上风电场部分风电机组已经通过质保期进入商业运维阶段，其余各风电场基本均处于质保期。根据运行情况统计，各风电场年发电量均达到设计年发电量并略超预期。

国际上，加快海上风电成本下降成为各国共识。丹麦海上风电实现约 0.37 元/(kW·h) 中标电价。英国 2020 年之前已降至 100 镑/(MW·h) 的电价目标。竞价上网成为海上风电发展的新模式与潮流，将促使行业走向成熟理性，促进全产业链的技术进步，推动行业从价格竞争最终转向价值竞争，实现海上风电的可持续发展。国内，2018 年，国家能源局印发《关于 2018 年度风电建设管理有关要求的通知》（国能发新能〔2018〕47号），明确从 2019 年起，各省（自治区、直辖市）新增核准的海上风电项目应全部通过竞争方式配置和确定上网电价。2019 年，上海电力股份有限公司及上海绿色环保能源有限公司组成的联合体，以 0.73 元/(kW·h) 的价格斩获上海奉贤海上风电项目，成为国内首个竞争性配置海上风电项目，正式开启全国海上风电竞价配置资源的序幕。作为"蓝海"的海上风电，其补贴强度逐步退坡也成为必然。这对于刚刚步入规模化发展的中国海上风电来说，唯有技术创新，提升可靠性和发电量，降低运维成本，才能化"竞价"挑战为机遇。

9.1　海上风电运行和维护特点及现状

目前，我国海上风电开发正处于由近海到远海、由浅水到深水、由起步到规模化开发的关键阶段，海上运维能力已得到大幅提升。随着海上风电数量的增加，同时在

"竞价上网"的背景下,海上运维仍面临一些问题。

9.1.1 运维技术要求高

海上风电开发不同于陆上风电,其对于技术的依赖性相对更高,标准更为严苛。我国虽然具有一定的海洋开发基础,但在海上风电的研究上,仍与世界发达国家存在技术差距,技术经验相对匮乏。尤其是远离陆地的条件下,海上气候条件、水文条件、海水侵蚀、机件运输、设备安装、日常管理等各种问题接踵而来,对于海上风电平台、海缆连接件、风电机组等设备的运行和维护都提出了较高的要求。同时,由于海上风电的运行模式与陆上风电存在着明显的差异性,针对海洋环境如何使海上风电机组设备高效运行成为项目初期开发与后期运维亟待解决的首要问题。

9.1.2 受环境因素干扰明显

海上风电开发具有其特殊性,具有广阔的开发利用空间,同时海上风电机组又具有分布范围广、管理层面多、维护难度大等特点。相较于陆地而言,涉及海洋的管理实施难度较大,海洋水文、气象环境更为复杂,季风、台风等海洋气候交替,盐雾、潮湿等对于风电设备的侵蚀等,加之海上交通与人力限制,大大压缩了海上风电日常维护与管理的有效作业时间,如果遇到特殊气象条件(如大雾、台风等)更会直接影响海上风电运行与维护工作的开展。

9.1.3 运维安全风险高

海上风电涉及海洋工程、船舶、电力等多个行业,专业水平要求高,员工必须有较高的专业知识、技术业务水平和必要的安全操作技能。目前还未形成一套行之有效的与其自身风险特征相适应的安全管理模式,安全风险管理评价人才不足,缺少安全风险管理工具和方法,相关部门的安全监管责任和界面不够清晰。同时,国内海上风电安全技术、法规与标准还不够成熟和完善,相关安全生产标准与安全规范不健全,安全监督管理缺少相对应的依据和手段。

运维交通船是海上风电运维的主要装备。目前国内海上风电运维船正处于发展起步阶段,仍以使用普通运维船或渔船为主,存在耐波性差,靠泊能力差等缺点,安全风险极大。此外,海上风电机组开展叶片、轴承等大型部件维护工作时,运维船上的人员密集,如突遇恶劣天气加之航行操作不当,会导致船舶失控或其他恶劣后果。随着海上风电场离岸距离加大、气候条件更加恶劣,运维交通可达率和安全性将进一步降低。

由于长期暴露在盐雾、潮湿等环境条件下,海上风电设备受腐蚀程度加剧,设备绝缘老化速度快,发生火灾的概率要高于陆上风电。同时,海上大容量风电机组的塔筒更高、叶片更长，也增加了因雷击造成火灾事故的风险。海上风电场所处近海或远海海域，一旦发生事故，救援人员需考虑是否符合出海条件，很难及时赶到现场，并且目前在行业内缺少有效快速的应急救援机制和救援手段。

9.1.4 运维成本较高

海上风电整体运维成本较高，是陆上风电的 2 倍以上，这一方面是海上风电特殊环境所造成的（如高盐雾、高湿度对设备的影响，天气因素对维修窗口期的影响）；另一方面也受到风电机组可靠性尚未充分验证、运维团队专业性还需提升、远程故障诊断和预警能力还不健全等因素影响。此外，大部件更换成本巨大。无论是在海上风电相对成熟的欧洲，还是快速发展的我国，因为大部件供应链可靠性低，甚至整机设计的缺陷，导致大部件需要在海上进行更换。除了大部件本身的成本外，还要考虑大型吊装船施工手续及费用、海上运输费用、养殖户补偿，以及天气窗口因素等，甚至长时间停机造成的发电量损失等，都增加了海上风电的运营成本。

9.1.5 运维经验需不断积累

虽然开发商、整机厂商以及部分关键部件生产商都逐步开始建立故障诊断和远程预警能力，受限于海上风电机组运行数据积累、经验知识库的匮乏等原因，当前体系和水平尚不足以支撑海上运维成本的大幅降低。

从运行业绩来看，国内部分海上机组还没有经过充分的验证。由于项目经验较少，海上风电机组在产品设计和制造阶段对全生命周期成本、特殊海洋环境条件（如涂层和防腐）的适应性设计等方面因素考虑不足，同时海上风电机组样机也缺少长时间运行的验证，在风电场投入运行后故障较多，增加了运维成本。

当前海上项目施工及运维，缺乏有效的、具备可操作性的规范。开发商、施工单位、设计院、整机厂商等都按照各自的理解进行项目施工运维，造成接口不清晰、行为不一致，给项目的后续运维增加了难度。同时，海上运维人员缺乏有效的技能培训和海上作业方面的标准文件指导，导致其专业素质和管理能力欠缺，风电机组维修周期过长造成发电量损失，影响项目发电收益。

9.1.6 运维新技术的应用有待提高

部分专业化机构及整机厂商对于自动化检测也进行了探索和投入。比如无人机的巡检，传统的无人机至少需要两个人配合，两三个小时才能完成整台风机叶片的检测。现在通过一键式智能化巡检，只需要 20min 就能完成，并能将几百张照片迅速拼接成完整的叶片图片，还能智能化地标识出故障发生的点、故障尺寸大小以及严重程度，这些数据还能进行交互，以确保数据具有非常强的可追溯性。同样，已经研发成功的水下机器人，可以代替传统的水下作业方式，对水下腐蚀情况以及电缆路由、故障点查找、破损等情况都能进行有效的检测。通过远程或自动化的手段对故障进行预测和诊断，接下来核心就在于如何更加快速有效地将故障进行清除。在对一些复杂的故障，以及可能会遇到的很多问题，比如在人员、物料、技术方案、安全、船舶方面，需要建立系统化的解决方案。

9.2　运行维护主要模式与策略

我国海岸线长，海上风能资源富集，海上风电又具有占地面积少（不占用农用地、工业用地）、开发规模大、发电利用小时数高等特点，以及国家政策利好，加上陆上风电又面临困境，我国海上风电开发建设已渐入佳境。与此同时，由此衍生出来的海上风电机组运维的相关问题也受到了有关方面的广泛关注。海上风电机组相对于陆上来说故障率更高，因为它们面临的是一个更加恶劣的环境、更高难度的维护方式。

9.2.1　海上风电运维模式

海上风电运维工作包括设备管理、技术管理、安全管理、人员管理以及维护成本控制等。国内海上风电运维模式主要有开发商自主运维、制造商受托运维、独立第三方运维、全生命周期托管运维等模式。

9.2.1.1　开发商自主运维模式

开发商自主运维模式是指在风电机组质保期后，风电开发商负责风电机组的运维工作，这里又分两种：一是风电场招聘专业的维护人员以部门的形式负责运维工作；二是开发商成立专业的运维公司负责运维工作。

此种运维模式的人员管理费用较高，相对来说规模化后中长期的运维成本费用可以有所降低，同时可以培养海上风电场运维技术人员，有利于业主方海上风电业务的长期发展，是开发商努力培育的模式，但需建立在质保期内海上风电场对自身风电机组维护技术骨干人员的培养效果较好的基础上，方可确保质保期后，风电机组运维的平稳过渡。前期适应和摸索阶段，受风电场维护人员技术水平影响，无法保证风电机组可利用率，部分技术要求较高的工作还无法独立完成。目前，部分开发商已经在探索成立专业化的运维机构。

9.2.1.2　制造商受托运维模式

制造商受托运维模式是指开发商与风电机组制造商签订运维合同，由制造商负责风电场的运维工作。这种模式的优点是制造商技术实力强，能够很好保障设备的运行，且风电机组厂商技术人员通过质保期内的维护经验，有利于进一步提高风电机组的可利用率，保证风电机组的维护质量，提高风电机组的健康运行水平；主要缺点是运行维护费用较高，且海上风电场业主方没有自己的维护技术人员储备，容易受制于人。随着业主方海上风电场发展规模的扩大，后续海上风电场选用的风电机组厂商可能更换，不利于降低风电机组运维费用。

目前，欧洲的西门子和维斯塔斯等大型风电设备供应商均成立了较为强大的运维公司服务项目业主运维。在国内，新疆金风科技股份有限公司、华锐风电科技（集团）股份有限公司、上海电气集团股份有限公司、明阳智慧能源集团股份公司、国电联合动力技术有限公司、中国船舶重工集团海装风电股份有限公司等主机供应商也均已成立了风电运维公司。

9.2.1.3 独立第三方运维模式

独立第三方运维模式是指开发商与专业的运维公司签订合同，负责运维工作，该种方式的优势是成本相对低。近年来迅速扩容的风电市场催生了庞大的风电运维市场需求，与此同时，伴随着设备升级和技术改造的需求以及大批量风机出质保期，不断地催生出第三方运维公司。诚然第三方运维公司需要有经过培训的检修人员，但是第三方运维公司最大的短板是没有原厂的核心技术资料，只有主机厂交付给业主的运行手册，这往往不足以解决难度较大的技术问题。例如，更换大部件的作业指导书以及更换后的检验标准等，后期的技术改造也很难进行；第三方运维公司需要协调包括主机厂在内的各个零部件供应商，以获得所需的零部件，由于和主机厂的利益有一定的冲突，有时候主机厂并不太配合；风电资产因其分布广、风电机组型号多，运行受季节和天气的影响大，有其自己的管理模式和提高经营效率的方法，如何探索出一套适合现代风电场管理的运维模式，也是第三方运维公司需要解决的问题。

此种模式将海上风电场的检修维护整体委托第三方运行维护服务公司，总体上维护费较低。优秀的第三方运维公司往往具有细分领域专业化的技术和装备优势，体现在运维交通集中调度、大部件更换、水下基础和电缆维护等方面。目前，在海上风电产业发展高度成熟的欧洲市场较为常见。在英国、德国、丹麦等海上风电发展强国均有较为专业的运维公司，承担海上风电项目的运维工作。但是，此种模式不利于海上风电开发公司长期发展及持续增长经营效益，长期依赖于第三方维护服务公司，不利于业主方风电机组维护技术人员的培养及成长。另外，由于第三方运维公司在综合技术实力上比较欠缺，部分疑难故障往往不能快速地处理，同时一些不合理的运维方式可能对设备造成损害。

9.2.1.4 全生命周期托管运维模式

出于管理成本的考虑或受限于自身的运维能力，一些开发商已经开始考虑风电场全生命周期托管运维的全新模式。尤其是一些风电开发商为当地的民营企业，自身不具备风电场建设、运维能力。在选择风电机组设备的同时，开发商往往注重厂商的整体解决方案能力，从风电场的规划、建设到风电场的 20 年全生命周期运维，全部委托给主机厂商执行。在我国，陆上风电场已经开始出现此种模式，海上风电场暂未发现真实案例。

通过这种模式，业主最大程度降低了人员、设备、物资等投入支出，且风电机组年可利用率比较有保障。在这种合作模式下，双方根据现场风能资源及机组发电性能，由厂商承诺基于实际风速段的年发电量，当实际发电量超出承诺发电量时，超出部分电量收益由双方共享；低于承诺发电量时，厂商赔偿电量损失。投资本身就是风险与收益并存，这种模式下业主必然要出让部分投资收益。但这种"风险共担＋收益共享"的模式对业主来说，风电场经营风险更加可控，发电量收益更有保障；而对于服务提供商而言，更愿意加大投入，改善风电场设备健康状态，提升发电量水平。

9.2.1.5　运维模式对比分析

在全生命周期托管运维模式尚未成熟的前提下，海上风电的主要模式包括制造商受托运维、开发商自主运维和独立第三方运维。开发商参与海上风电运维的原因，除先天市场优势外，最重要一个因素就是想要摆脱整机制造商"漫天要价"的压力，打好愈发摊薄的利润"保卫战"。与之矛盾的是，由于风电场内风电机组维护存在偶发性，并不能提前预知什么时间段内产生问题。因此，人员也不能缩编以确保维护工作的安全，而开发商的企业性质决定了运维人员工资、管理等相关费用较为高昂。技术水平雄厚的整机制造商大多将目光放在高端运维上，致力于打造数字化智能运维，希望把运维市场做成高门槛的行业，将低端的市场外包出去。此外，他们也正逐步从单纯的制造商转型为综合服务商、风电场设计师，从单一的"卖设备"变为"卖解决方案"，最终达到控制和降低运维成本、提升发电量的目的。而第三方公司更像是一个"空中楼阁"，既无技术优势，又无出质保后"先入为主"的优势。相对拥有先天市场优势的风电开发商，以及掌握核心技术、后市场份额高达约 70％的整机厂商而言，市场份额仅为 11％左右的第三方运维公司在两大巨头围剿之下，在夹缝中求生，目前大都还只是作为外包商服务于开发商和制造商。实际上，海上风电运维的三种主流模式本身也并不是简单独立的存在或毫无联系。当前国内海上风电业主开展运维管理的通用模式（如龙源电力集团股份有限公司、国家电力投资集团有限公司、中电集团、国华电力公司等）是将风电机组运维管理外包给风电机组生产制造商；海缆及电气设备的日常运维工作自己做；较大的设备故障处理及电气设备预防性试验、检修等工作一般外包给专业化公司完成。这种模式的优势是对自身团队的技术能力要求不高，劣势是费用较高。

9.2.2　海上风电运维策略

随着国内外海上风电场建设规模的增长，运维工作量的增大，运维策略问题逐渐引起了学术界和工程界的关注。风电机组的维护是一个对多部件复杂系统维护的过程，其维护策略的优化主要围绕维护间隔、维护成本、维护人员组数、维护运输方式、维护任务等进行决策。运维策略主要包括预防性维护、事后维护，机会维护也是目前的研究热点。

9.2.2.1 预防性维护

预防性维护是指在部件发生故障前对其采取相关维护措施，使风电机组能运行在正常状态下。该类维护的目的是尽可能地降低意外故障的可能性，又可以进一步分为基于时间的维护即计划维护和基于状态的维护。

1. 基于时间的维护

基于时间的维护即计划维护是指在对设备的故障规律有一定认识的基础上，无论设备的状态如何，按照预先规定的时间对其进行维护的方式，常用的计划维护周期有半年、一年、两年或五年，维护活动一般包括擦拭、润滑、调整、检查、拆修和更换，主要围绕维护间隔、维护成本、维护人员组数、维护运输方式、维护任务等进行决策。对于维护间隔及次数的优化，维护不足会导致风电机组可靠度下降，维护过度会增加维护成本。

在风电机组单个部件的维护方面，以风电机组叶片为研究对象，将海上风电机组叶片故障分为轻微故障和重大故障，以维护总成本为目标函数，提出了基于最优数量的计划维护策略，优化了计划维护次数。以风电机组齿轮箱为研究对象，依据维护难易程度对其齿轮和轴承进行分级，在其成本函数中计及齿轮箱更换成本和齿轮箱故障后的故障维修成本，优化齿轮箱计划维护的时间间隔，从而使系统单位时间内的维护成本最低。

在风电机组多部件的维护方面，考虑老化故障和偶然故障的情况下建立维修策略，优化定期计划的维修。对比考虑两类检测风险的定期视察策略和事后维修策略，分析确定了定期维护的周期、修复性阈值。根据双馈风电机组的结构建立风电机组的可靠性模型，从风电机组不同部件的可靠性角度优化维修策略，但尚未考虑维护的成本问题。

对于维护人员组数、维护运输方式等的优化，一些学者将其转化为维护成本进而进行策略优化。在风电场维护建模中考虑了维护站的设置、船只的数量和类型、直升机的使用、维护人员轮班安排的影响，采用马尔科夫过程描述维护的等待时间，以经济性最优为目标，选择风电场最佳的维护站点、轮班制和交通方式组合的维护策略。采用规划学中的网络计划方法，从给定的若干维护方案中选择较优的运输工具和维护人员数，使维修费用最小。另有学者从海上风电场运维成本最小同时发电最大的角度，通过对三个不同规模的海上风电场的天气情况、风电机组故障率和所使用运维船只类型，分析了运维船只类型、数量、租赁方式的配置情况。考虑运维中船只、天气、电价和故障的随机性，提出了随机三阶段模型以优化海上风电场的运维策略。

对于维护任务和范围的优化，提出了海上风电场的成组维护策略，该策略能够确定维护任务的组合，分摊固定成本。

目前多数文献在计划维护时假设设备完全维护即修复如新的情况，对计划维护进行了等周期间隔的优化。但在实际情况中，随着计划维护次数的增加，设备的故障率也逐渐增加，采用等周期计划维护时，过度维护和维护不足的问题会愈发严重。

2. 基于状态的维护

计划维护是根据设备故障率安排维护的策略，但在实际情况中，随着风电场规模的增大，风电机组运行时间的增长，该维护方式很难及时全面地获取风电机组的状态信息，尤其是海上风电机组，长时间运行在恶劣的环境中，风速过大、海浪过激甚至是闪电、雷暴、结冰等都会加速设备的老化，导致故障风险增大，因此，仅采用计划维护是远远不够的。状态维护属于预测性维修的范畴。Caselitz 和 Giebhardt 提出了基于状态的风电机组维护策略。由 CBM 根据传感器和信号处理设备所检测的诸如温度、振幅、噪声、润滑和腐蚀等机组参数，对设备状态进行监测和诊断，预测风电机组状态的发展趋势，从而预先制定维修计划，提高设备利用率，克服了传统故障修复、主动维修的诸多缺陷。

9.2.2.2　事后维护

事后维护是一种被动维护，要求管理部门维持一定量的备件库存，或依赖于设备厂商迅速提供所有所需备件，由于海上环境的影响，在发生故障之后，是否可以立即修复还取决于天气情况、船只等环境条件，会大大增加维修备件的成本及停机时间，同时还须维护人员能够立即对所有风电机组故障做出反应。该种维护适用于近海风电场的保养成本高于维修成本的设备或对运行影响不大的一般设备或是价格便宜的设备，对于远海风电场，该类维护的可行性和有效性较低。

9.2.2.3　机会维护

预防性维护和事后维护各有利弊：预防性维护容易出现过度维护和维护不足的现象，而事后维护具有较大的随机性。机会维护策略将事后维护和预防性维护策略相结合，其基本思想是当某一部件发生故障时，其余部件获得了提前进行预防性维护的机会，通过判断部件是否满足相应维护条件，做出维护决策。

预防性维护策略（Preventive Maintenance，PM）以预防故障为目的，通过设备日常检查、检测数据判断风电机组设备运行状态，及时发现故障征兆，在未发生故障但达到故障设定值时进行维修维护。预防性维护将设备的事后维修改为事前预防维修，能有效防止设备故障的发生，设备检修从技术和备件上更有准备，减少设备停机待修、检修时间和非计划的故障停机损失，提高发电量，延长设备使用寿命，降低维修费用。从长期影响和成本比较看，预防性维护比定期维护或事后维护更有意义。

9.3 海上风电运维成本分析

由于长期运行在恶劣的天气条件和复杂的地理环境中,海上风电机组可靠性低、维护成本高,海上风电的运维成本约占项目全生命周期总成本的 20%~30%,目前,整机制造商承接出质保后的海上风电运维业务每年的价格大约是 120 元/kW(不包含备品备件及大部件更换成本),是陆上风电运维成本的 2~3 倍。从来源于 Wood Mackenzie 的统计数据可以看出(图 9-1),出质保后,海上风电机组的年度运维成本中交通成本占比达到 53%,排在第二位的是人工成本支出,备品备件的消耗以及大部件的更换也是运维成本的主要组成。

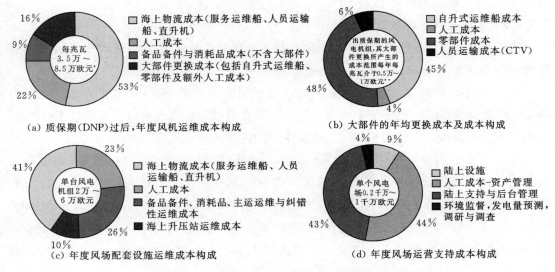

图 9-1 Wood Mackenzie 海上风电运维成本构成统计数据

9.3.1 海上风电运维交通

运维可达性是海上风电运维的难点,是保障风电机组可利用率、提升投资收益的重要环节,运维交通的主要方式包括交通船舶和直升机。

9.3.1.1 运维交通船

海上风电场运行维护需综合考虑离岸距离、气象海况、风电机组故障率、维护行为、发电能力、运维经济性等因素来进行运维船的配置。一般来说较大规模的风电场采用船队形式,如交通艇、专业运维船、专业运维母船或居住船。

运维船配置的一般原则是:天气较好、离岸较近的采用普通运维船;天气复杂、离岸较近的采用先进的专业运维船;天气较好、离岸较远的采用普通运维船或专业运维船和运维母船；天气较复杂、离岸较远的采用专业运维船和运维母船。影响运维船参数的环境因素主要包括距离、水深、波高、风况等，一般而言抗风能力超过抗浪能力。根据 DNV 的测算，海上风电机组平均整体故障率约 3%，大约每 30 台海上风电机组就需要 1 艘专业的运维船。目前国内海上风电机组整体故障率偏高，大约每 15～20 台海上风电机组就需要 1 艘专业的运维船。国内目前采用的主流运维交通船舶造价及含燃油租赁费用如下：

（1）普通单体运维船。船舶造价 200 万～350 万元，含燃油租赁费约为 15 万元/月。

（2）专业双体运维船。船长 20m 左右的专业铝合金双体运维船造价 500 万～800 万元，含燃油租赁费约为 25 万元/月。

（3）高速专业双体运维船。船长 28m 左右的高速专业双体运维船造价 1500 万～1800 万元，含燃油租赁费约为 35 万元/月。

9.3.1.2　运维直升机成本

直升机是海上风电应急救援最高效及必不可少的交通工具，也是未来深远海风电场开展设备维护和故障抢修的重要交通方式之一。

中信海直 2019 年 9 月 16 日晚间公告，公司拟购置 1 架 AW139 型直升机，主要为满足中海油作业需求，服务于中海油合同。该款直升机是意大利莱奥纳多公司生产的 15 座中型双发直升机，广泛用于海上石油业务，购置价格折合人民币约 9576 万元。

根据上海中瑞通用航空有限公司的介绍，由于运营成本较高，以 EC135 双发直升机为例，包含飞行及维护人员费在内每年运营费用约 1500 万元；单次执行飞行任务费用为 50 万元（飞行时间 2h 以内）。直升机公司 Helicopter Travel Munich GmbH（HTM）在欧洲风场集中区域建立基地，稳达公司与其签订相关的合作协议，当天气原因需要使用直升机时，协调租用 HTM 公司的直升机，一般价格为 50 欧元/min。

9.3.2　运维人员成本

海上风电运维的苛刻条件和高昂成本，要求运维人员具备较高素质，因此，必须做好人员的培训工作，并积极引进外脑（咨询等）电产业链质量技术培训，制造厂质量、技术、咨询与培训，风电场运营安全培训，制造厂关键工艺完善和管理咨询培训，QHSE 咨询，风电机组选型咨询，风电场微观选址咨询等，基础设计咨询等。

受大自然环境的不确定因素影响远大于陆上风电，天气、海况等因素严重制约了运行维护人员的可到达性（可实施检查、维护的最基本条件）。对于运行维护的困难极端的状态包括运维人员在塔筒内工作完毕，由于气候或海洋条件发生变化，接送运维人员的船只无法靠泊（为避免船只受海浪、涌流影响，对风电机组靠泊平台、基础、防撞设施造成破坏，运输船只往往在人员离船后，及时驶离风电机组），造成人员无法返回大陆，塔筒内部必须储备足够的食物和水，并且要在食物、水在保质期内及时更换、补充。

9.3.3 大部件及其他备品备件的仓储及供应链

海上风电机组的供应链，与飞机维护、修理和检修那样的产业供应链相比，成熟度相去甚远，零部件和相关材料未必能确保准时送货。风电场的运营商试图在岸上库存足够的零部件以备替换之需，目前正在研究相应的管理方案，拟最终实现风电机组原始设备制造商按照定价合约提供所有的支持方案，使预算成本更合理。Douglas - West Wood 公司所指出的，目前三年内欧洲的电力项目（一些推动海上风能发展的地区）集中于海上风电的供应链建设。其目的在于弥合各地区间的差距，促进未来的相互合作。尽管这个由欧洲区域发展基金出资的项目主要关注于风电场建设，但一个健康的供应链将使整个运维工作受惠同时，督促工厂按照计划生产和发货，调查和分析可能导致延迟的环节，分析供应商运输和供货计划等，将会对供应链建设产生积极的推进作用。

合理的备品备件管理有利于提高运维的效率及降低运维成本，是海上风电企业降低运营成本、防止流动资产停滞和搁置，提高企业资源合理配置的关键措施。一方面，当风电机组部件发生故障时，维修备件不足将会导致更长的停机损失。如果当风电场仓库中缺少备件时，需从供应商提前订购，从而导致更长时间的停机。另一方面，多余备件的处理和储存将提高海上风电场的成本。因此，为了避免不必要的库存成本，实现订货成本、持有成本和短缺成本之间的平衡非常重要。

9.4　运行维护降本增效途径

发展海上风电已成为我国能源结构转型的重要战略支撑，对于海上风电来说，后期运营维护费用将占到成本的一半以上，远远超过风电机组设备成本，海上风电后期运维费用较高，因为其地理位置造成交通成本、运维成本和停机的成本较高，如何实现后期运行维护降本增效已成为我国后期海上风电发展的重点。

9.4.1　降低开发成本

9.4.1.1　降低风电机组基础成本

在我国现有的海上风电场开发实例中，单桩模式已经证明了自己的价值，但随着技术更新，更大的风电机组在更深的海域中并不匹配这种技术的极限。欧洲市场已将护套（带有打桩的桁架结构）作为进一步发展远海风电场风电机组基础的解决方案，但到目前为止，仍难以按时或按预算交付。从长远来看，浮动式海上风电机组可能是答案，在政策上鼓励创新的同时，该行业必须致力于制造护套并改进其制造工艺，以降低成本、风险并加快进度。

9.4.1.2　升压站选型

升压站的成本可以通过新的结构方法来降低。目前，升压站的重量通常超过 2000t，超过了风电机组安装船的起重重量，因此需要专业的重型吊装船安装。尽管这些通常并不昂贵，但在我国海上风电吊装市场上却供不应求。开发商不得不同业竞争升压站吊装船的使用权。精巧的基础架构设计可以显著减小升压站的规模和重量并使其自安装，从而显著降低制造成本及吊装成本。

9.4.1.3　选择更大的风轮尺寸

随着风电机组开发厂家的技术提高以及行业迭代，风电机组开发成本与其额定功率并不是成一个线性增加的关系，因此在某个额定功率下，风电机组的成本相比于其发电创造的价值而言能够降到最低。在一个风速为 10m/s 的地区，假设这个区域内所有的风电场可以建立联动信息共享机制，使风速等相关信息精准获取，就能实现发电功率的精准预测。目前，世界上很多风电机组厂商都在更加关注广域风电场的概念。因此，从风电机组设计而言，要选择更大的叶轮尺寸，同时尽可能加大其额定功率，在保持风电场总装机容量不变甚至增加的前提条件下，减少每个风电场的风电机组台数。更大的风轮尺寸能够使风电机组在更短的时间内达到其额定功率，最大化利用同等风速条件下的风能利用率也就是以最快速度达到贝兹理论极限。通过设计耗能小，切入风速低，整合过去所有有效的设计经验，使新一代的机型实现更低的运维费用，达到更高的效率。

9.4.2　采用预防性维修策略

目前，海上风电运维成本是陆上风电的 2～3 倍，在度电成本占比高达 25%～40%。研究发现，科学合理的海上风电运维策略是降低运维成本和度电成本的有效途径，采用预防性维修策略，风电机组平均停机时间下降到 16.35 天，出海运维作业次数下降 34.7%，可有效降低海上风电度的运维成本和度电成本。海上运维管理中，预防性维修管理是以充分调动出海检修时间为前提，以便可保证各项工序的稳定施行，还可在强化工作效率的同时，按照天气预测与数据统计相关数值，拟定短期计划、月计划和年计划。特别是在年计划拟定中，预先做好各工作要点的衔接，如定期和批量出海窗口期，用以保证风电机组的健康运作，迎接盛风期。除此之外，海上风电场内还配有专业的风功率预测系统，借助短期预测、功率预测和中期预测、多曲线对比及测风塔数据预报等形式，掌握风速和海浪间的联系，避免因风功率预测系统把控不合理引起的风电场运行问题。

9.4.3 增强风电机组可靠性

海上风电机组的可靠性显得格外重要。提倡海上风电机组一定要高配，不要因为海上风电电价的影响打价格战，降低了风电机组的配置，从风电场的整个生命周期来说，这是得不偿失。为降低海上风电场运维成本及提高风电场可利用率，需要合理的规划海上风电场运维工作，针对不同的故障信息，选择最优维护方案。模型的建立需要考虑运维船配置、气候参数、风机具体故障、处理故障需要时长及人数等要素。

9.4.4 采用较为稳定的运维模式

随着风电产业集中连片、规模开发，海上风电开发力度盛况空前，未来一段时期海上风电的投资与投产发电将步入快速增长阶段，实现"规模引领"目标。对此，海上风电运维必须选择一个合适的运维模式以确保投资收益。开发商自主运维模式能够保证风电机组较高的可利用率，虽然存在用人成本高昂的问题，但通过合理的体制机制，规模化后也能够使得总体成本控制在一定水平，长期来说是最为稳定、风险最小的运维模式。

9.4.5 降低运维交通成本

海上风电作业需要大量依赖于船舶、设备机件，不仅包括前期建设吊装阶段，也包括后续的日常运行与维护。海上风电运维主要依靠船舶及其附属机件，这也是目前国内海上运维与管理的主要承载工具，在实施过程中海上风电机组分布范围广，作业面大，也对船舶及其附属机件管理的水平提出更高要求，既要保证在有效作业时间内安全返还，也要保证运维质量可靠，不留下检修隐患。由此，也就要求在作业前，除了履行相关作业签发、许可和安全交底手续外，应形成有效的运输管理方案与执行标准，按照运维需要对船舶进行统一管理与调度，做好风险防范与应急处置预案，同时加强人员与船舶台账管理，全面记录船舶、人员、设备的使用情况，做到用有标准、查有依托、防有措施，确保在海上风电维护工作高标准落实。

对于近岸风电场，运维交通船（中型CTV）最常用于海上运维交通，然而风电场离岸越远，行驶时间越长，会明显影响风电机组可利用率。目前大部分风场离陆地在40海里以内，但是海上环境和天气复杂多变，仅采用常规运维船进行海上风电场的运维并不能完全满足风电场运维的要求。先进、专业且适合区域海况的运维船舶有利于提高运维可达性，提升风电机组可利用率。当运维船的使用导致有效工作时间太短，或者海洋气象条件不允许采用运维交通船时，采用直升机进行运维交通也将可能具备较高的总体经济效益，同时直升机也是海上风电应急救援的最高效装备。

从欧洲海上风电场特别是英国的海上风电场运维经验来看，对于距离运维基地40

海里以上的风电场，采用直升机和运维交通船、运维母船相结合的运维策略可以使海上风电场控制在相对较低的成本。因此，后续有必要考虑引进直升机参与海上风电场的运维，在运维基地最好有直升机停机场地，以方便直升机的停泊，该直升机停机场地要求在视野开阔地带，周围无障碍物阻挡，面积要求大约 40m×40m。同时也要准备相应的直升机停机库，以方便直升机存放。

直升机运维费用高昂，运行维护需要专业人员和资质，应与区域内其他开发商开展合作租赁以降低费用，不建议考虑独家租赁或自行采购。随着海上风电开发离岸距离越来越远，利用交通船出海维护风机的成本直线上升，并且运维效率反而下降，原因在于出海时间成本的增加，考虑到交通船受天气影响极大，而天气因素对直升机出勤的影响较小，因此引入直升机进行远海运维势在必行，直升机通勤效率高，不占用航道，能够在最短的时间内恢复故障风电机组的并网发电，在同等工作量的条件下，所节省的运维时间成本以及其所创造的大功率风电机组并网的发电量，对于其增加的通勤成本而言，效果显著。

9.4.6　提高运维的能效

提高运维的能效成了风电商降低日常运营成本的制胜之道。高能效的运维能力需要从组织管理策略、现场项目执行以及现场技术能力三个方面进行综合性的评估。

9.4.6.1　制定合适的运维策略

首先要健全的质量管理体系，这是高质量运维服务的基础。权责分明的组织机构、严格的管理程序可以保证公司长时间高标准的管理水准，保证运维服务的质量满足客户的要求。同时要建立完整的人员培训制度，保证运维工程师的水平直接决定了项目现场风电机组的维护水准，统一的技术培训、标准化的作业模型是必不可少的。

最关键的还是要制定恰当的运维策略。风电场的多样性和特殊性决定了运维策略的重要性，针对不同的风场环境，不同的机型，针对性的运维策略是保证风电场高效发电的关键。如果运维公司不注重标准化管理，运维策略和运维手册的描述不够清楚和具体，这样很容易造成管理的混乱。不同的风场的运维质量参差不齐，随着人员的高流动性和复杂多变的现场情况等因素，很难保证稳定的统一标准的运维效果。

9.4.6.2　提高项目现场执行的符合性

风电场在建立完整的质量管理体系、并有针对性的运维策略的基础上，项目现场执行的符合程度也将直接决定了每一个风电场的运维品质。通过在项目部检查相应的工作记录可以很好地判断出该项目团队的现场执行情况。如经常发现现场人员不熟悉公司的管理制度、程序要求，技术文件等，造成现场的执行情况与公司的要求存在差异。同时通过现场文件记录的梳理，也可以判断出公司的质量文件、运维策略是否与现场的实际情况相符，并从现场带回很多有针对性的建议和意见，帮助运维公司的总部质量部门更好地更新管理体系，不断优化运维策略等。

9.4.6.3　提高现场工程师的运维操作能力

　　检查风电机组、处理故障、技术讨论等，观察工程师的现场实际操作可以很好地判断出风场的实际运维水平。按照以往经验，在过程中都会发现很多问题，包括不符合安全要求、人员操作不当、不熟悉风电机组运维技术以及没有发现风电机组潜在的风险和缺陷等。通过对风电机组状态的检查也可以发现运维策略和运维手册中不正确或者不适当的地方。

9.4.6.4　海上风电场运维策略

　　海上风电场一般采用预防性维护与事后修复相结合的运维策略，具体维护如图9-2所示。

图9-2　运维策略

　　定期检修与状态检修。定期检修是依据事先制定的维护计划进行的风电机组预防性检查与维护，主要是对风电机组各部件进行状态检查与功能测试。定期维护保养可以让设备保持最佳的状态，并延长风电机组的使用寿命。为了提高风电场风能资源的利用率，定期维护一般安排在风速较小的情况下实施。例如，英国地区海上风电场定期维护通常安排风速较小的夏季进行；我国江苏海上风电场通常采用一年两次的定期维护策略，考虑到风电场海域气候的特点，定期维护安排需避开热带气旋与风能丰富时期，通常安排在每年的5月与11月。

　　状态检修是指通过风电机组状态监测系统提取的相关状态信息，结合在线或离线健康诊断或故障分析系统的结果，而制定的维护策略。在海上风电场运维中，状态检修除了可以一定程度上基于风电机组各部件的健康状态进行预防性维护之外，更多的是可以充分结合海上天气信息、风电场多风电机组状态信息、故障信息、维护成本、资源损耗与生产效益之间决策出最优平衡点，并由此确定出效率最高的维修方式。它是海上风电机组运维最理想的一种方式，需要以成熟的海上风电机组状态监测技术、健康诊断技术以及运维策略优化技术综合应用为基础，而这些技术目前还不成熟。在状态检测的基础上，海上风电机组通常还需借助人工就地检测的方式进行风电机组健康与故障状态的进一步分析与确认。目前许多相关研究正在开展之中。

　　故障修复是指故障发生后进行的维护，是当前海上风电机组技术条件下不可避免的一种维护方式。由于事后修复大都需要登机进行处理，因此对海上天气条件、海上交通与维护工具等有一定要求，修复时间、修复成本以及停电损失等随故障类型、故障时刻不同差异较大。

　　应急维护是根据海上风电运维提出的一种新的维护需求。它是指在突然出现应急情况下做出的设备反映与处理。在海上风电机组运维中是指在遭遇海上飓风、超强雷暴等极端气象灾害的袭击或电网故障引起的高强电涌冲击后造成整体致命损毁时，对风电机组若干部件或整机进行的修复方案。

9.4.7　建立海上备品备件库

随着海上风电项目风电场容量增多，离岸距离越来越远，仅仅使用项目固有库房难以应对风电场突发情况，通常造成大量的发电量损失和经济损失，因此，需在海上平台建立备品备件库房以满足临时需求。然而，库房的多样化发展将直接提高库房管理的难度。利用备品备件管理平台来自动对整个库房的各个备件的状态进行实时监控，不仅提高了备件管理效率，同时可自动生成库存盘点所需的报表。备品备件管理平台可以配合出入库台账，能够实现更高效地进行运维成本核算，使运维工作自动化、模块化。建立库房——风电机组一体化电子管理库，将库房、机组的信息纳入其中，提高运维人员对备件的熟悉度，可以有效促进运维人员对备件的功能作用及机组故障的学习。

9.4.8　采用新的科技手段

在海上风场运维过程中，应更多地思考如何利用新的科技手段提高工作效率、降低运营成本和保障人员安全，无人机的使用便是其中之一。

海上风场一般通过运维船将技术人员和所需的备件及工具一同运到目标风电机组，但运维人员在处理故障或日常维护时，常常会有这样的困扰，有时忘记携带必备的设备和工具，也有时在检查后发现准备的工具和备件用不上，这往往需要通知运维船将所需物品二次运输到指定风电机组，再通过风电机组吊机或人员拿到，但这个过程费时、费力、费钱。

利用无人机将重量较轻的设备直接从海上库房上将零部件运送到海上风电机组机舱，这是最适合用于运输小型零部件和工具的方式。利用无人机运输这些物品可为维护节省大量时间，有助于提高海上风场运营效率。

海下水压大，环境恶劣，开展相关工作困难，水下机器人可较好的解决以上问题。利用水下机器人可直接对目标侧站的海底地形地貌进行实时、动态或静态观测，并进行视频和照片拍摄，可对风电机组基础、铺设海缆进行视频形式检查。随着水下机器人的发展，后期可利用水下机器人进行对海底海缆检测，包括超声波检测、渗透检测等。水下机器人也可对故障点进行指定位置剪切、焊接、涂层等修复作业。

9.4.9　采用预测技术

状态监视系统（CMS）能够预测组件故障，是可用于优化机器性能并降低运行和维护成本的一种预测技术。诸如油粒计数器之类的传感器可以扩展用于风电机组的诊断系统的功能。主轴承损坏检测器也被证明是有用的。离线机油滤清系统提高了可靠性，并降低了液压机的维护成本。

9.4.10　升级风电机组电气设备组件

风电机组的各个组件（例如叶片、发电机、逆变器、制动器和塔架）需要定期维护，并且在一定时间后开始表现不佳。升级风力涡轮机的电气组件可以确保最佳的机器性能和更高的可靠性。因此，升级有助于降低维护成本。安装远程监控系统还可以提高可靠性并降低运营成本。

9.4.11　智能化的电力生产管理系统

风电场本质是发电，其运维检修必须遵从《电网调度管理条例》[中华人民共和国国务院令（第 115 号）]，电业安全工作规程等业内制度标准。故在开展运维检修工作期间，花费在电力生产管理系统的时间不可忽略不计。而实际工作中，由于电力生产管理系统的历史遗留问题，导致了工作票、操作票流转时间过慢，现场人员即使到达故障风电机组机位，也需要等待集控中心的许可才能开始检修工作，这大大降低了检修工作效率，也就变相增加了运维成本。因此开发更智能、流程更便捷的生产管理系统将极大提高现场的检修效率，使故障风电机组更快恢复并网运行，降低风场运维成本。将电力生产管理系统从桌面端逐步引导至移动端，使工作人员能够随时随地因地制宜地流转工作票，创建缺陷报告；简化工作流程，删减无效流转环节。

9.4.12　集中监控运维

随着海上风电的发展，需要对所管理风电场进行整合，实现一体化集中监控，对所有风电场所有设备进行实时的检测与控制，并对各风电场运行情况进行分析。依赖于集中监控系统，实现风电场的有效控制，实现人力资源、设备资源、备品备件资源的优化调配。集中监控以 SCADA 检测数据为基础，以数据处理平台为手段，充分利用并整合各类原始数据、二次加工数据，结合企业运营目标及相应的决策策略，为企业提供各种决策支持数据，辅助企业进行运营决策，提高企业运营决策能力，提高企业运营综合效益。

9.4.13　利用第五代移动通信技术

随着海上风电逐步走向远海，运维人员与陆上集控中心的通信问题成为一个不可忽视的痛点。在远海，由于现有移动信号基站基本未覆盖，离岸距离过远，导致移动设备的信号极差，如果遇到检修难题，运维人员很难与后方的技术专家及时交换信息，极不便于海上风电运维业务的开展。如果每遇到检修难题都需要等待技术专家出海现场指导，则会浪费宝贵的风能资源。因此将海缆供应商、风机供应商与通信运营商整合，利用海缆、风机在海域中的分布广度，修建配套的 5G 基站，能够实现后方技术专家与风电机组现场运维人员的实时 3D 立体通信，技术专家将能够如身临其境一般轻松指导运维人员的维护工作，达到有的放矢地解决风电机组故障，以极低的成本在极短的时间里恢复风电机组的并网发电，将损失电量降到最低。

第10章 工程实践案例分析

10.1 上海某海上风电项目分析

10.1.1 项目概述

上海某海上风电场约 20 万 kW 容量分两期建设完成，已于 2019 年年初全部建成发电。风电场建设了 28 台 3.6MW 风电机组、25 台 4MW 风电机组和 2 台 6MW 风电机组样机，还包括 2 个测风塔（含风功率预测），海缆穿越上海一线海堤后接入 220kV 陆上集控中心。

本项目设计在执行相应的国家和行业标准规范的前提下积极采用新技术实现项目降本增效，主要包括：

（1）海上风能资源精准化评价、机型比选 KPI 指标评价提高发电效益，实现降本增效。

（2）整体协同作用下桩基础承载性能分析实现风电机组基础设计优化，降低了工程成本；水下短桩海缆固定防护、上钢平台的旋转爬梯等新结构、基础钢平台分片安装、J 型管固定方式优化以及阳极块挂钩定位等新工艺的应用，既保证了结构安全可靠，又节约了施工流程和时间；试桩工程结合永久测风塔基础设计降低工程成本，实现了项目设计引导的降本增效。

（3）三维 BIM 协同设计提高设计直观性，便于专业协同，提高设计交互效率实现降本增效。

（4）经过施工组织优化及现场各方协作，本项目前期 10 万 kW，项目开工建设时间 12 个月后全部建成发电；后期 10 万 kW，项目开工建设 9 个月后全部建成发电，创国内海上风电建设速度新纪录，实现了项目施工的降本增效。

（5）场内移动网络全覆盖设计等新技术提高了施工和运维阶段的沟通便利，增加了施工和运维效率，实现施工和运维的降本增效。

本项目在实现安全运行和正常发电基本功能的同时，在技术创新和降本增效方面取得了突出成果。

10.1.2 风能资源精准评价和机型 KPI 指标评价实现降本增效

上海市尤其是近海区域，地域开阔、障碍物少，具有良好的风能资源开发利用价值。研究发现，上海近海海域 10m 高度多年平均风速在 5.7～6.3m/s 以上，奉贤、金山沿岸近海区域和长江口水域风速略小，6m/s 的风速等值线基本上与海岸线平行；上海大陆和岛屿沿海附近海域 70m 高处，多年平均风速均在 6.8～7.4m/s，其中南汇芦潮港以东距离岸线较远的海面上年平均风速接近 8m/s。本工程风力资源丰富。因受季风影响，本区冬冷夏热，四季分明，降水充沛。根据风电场场址内测风塔推算风电场场址区域 100m 高度处年平均风速为 7.61m/s，年平均风功率密度为 435.4W/m^2，90m 高度处年平均风速为 7.55m/s，年平均风功率密度为 424.4W/m^2，上海沿海海域具有较好的风能资源开发前景。

1. 海上风能资源精准化评价实现降本增效

本项目代表年风电场场址区主风向出现频率占 24.8%（NE～ENE 方向），风能最大值出现在 NE 和 ENE 方向，其风能占总量的 35.5%；其次为 SSW～WSW 方向，其风能占总量的 20.7%。主风向比较稳定，两个主要风能方向对称分布，风能集中，与主风向一致，对风机的布置较为有利，能减少风电机组间尾流影响引起的电量损失。上海地区会有台风经过，精准化评价台风影响下风电机组安全风险与风电场综合发电效益是本项目的关键点。本项目利用场址区测风塔实测资料和其他海上相关测站的测风资料进行分析，并利用中尺度数据降尺度分析评估加以验证，实现场址风能资源评价的精准化。针对台风等灾害性气候对海上风电场的影响，对影响上海近海台风的台风路径、台风强度、风速分布、风向变化作气候特征统计分析，选择若干个严重影响上海的强台风进行个例分析，结合上海海岸带及海上测风资料、数值模式计算结果，风电机组选型时在降低安全风险和增加发电效益上取得平衡、最大化地利用场址风能资源并合理降低工程造价。本项目一期 10 万 kW 容量建成 3 年，安全通过了 2017—2019 年三个全年的恶劣气候考验，并且风场实际发电量远超上海已建成发电的同等规划容量的海上风电场。

2. 机型比选 KPI 指标评价实现降本增效

风电场机型选择应考虑适合风电场场址风能资源特征，有利于提高风电场的发电效益。随着国内外风电设备制造技术日趋成熟，针对不同区域风能资源特征，各风机设备制造厂家已经开发出不同结构型式、不同控制调节方式的风电机组可供选择。本项目根据风电场场址区域风能资源条件和风况特征、场址区域海上风电场的自然环境、风电场运输和安装条件，结合国内外商品化风电机组的制造水平、技术成熟程度和价格等要求，结合场址区域具体条件，机型选择主要从以下各方面进行考虑：

（1）风电机组应满足一定的安全等级要求，风电场采用风机应满足相应最大风速要求。

（2）风电机组性能应满足场址区特殊环境、气候等条件要求，本风电场位于上海市东部海域，风电机组须具备较强的抗台风、抗潮湿、防盐雾腐蚀等性能。

（3）风电机组的结构型式，根据目前风电机组主流机型结构型式发展趋势情况，本风电场采用具有代表性的水平轴、上风向式、三叶片风电机组型。

（4）工程进度保证，所选风电机组生产企业应该具备足够的产能，以满足风电场的安装进度要求。风电机组生产企业应具备一定的技术实力，能够配合完成风电机组土建、电气等配套工程的建设，具备指导风电机组吊装、调试的能力，以保证项目的建设进度。

（5）根据风电机组的制造水平、技术成熟程度和价格等要求，不同风电机组的可利用率受制造水平和技术成熟程度影响较大，宜选择制造水平高，技术较成熟的风电机组，同时需要考虑风电机组的价格因素。

（6）易维护性，由于海上运行环境复杂，风电机组除应具备较高的可靠性外，在机组的易维护性方面也应重点关注。风电机组在发生故障后，从维修方便、可操作性强、耗时短等方面采取必要的措施，以保证项目收益。

（7）风电机组的安全可靠性，风电机组应具备低电压穿越能力、必要的高电压穿越能力、有功功率控制能力、在不同的输出功率时其功率因数应在 $-0.95 \sim +0.95$ 变化范围之间可控、具有自动电压调节能力的动态无功补偿装置、同时建立风电场运营管理系统及风电功率预测预报系统等。

本风电场建设时风电机组设备尤其是海上风电机组设备主要依靠海外引进或者合资生产，本项目推荐采用了当时国内比较先进的独立自主研发生产的 3.6MW、4.0MW 海上风电机组型及两台 6MW 试验样机，风轮直径达到 122m（3.6MW）、136m（4.0MW）和 172m（6.25MW），在保证安全的前提下扫风面积的增大明显提高了发电效益。

本工程在进行风电机组选型时，创新性地提出基于 KPI 评价指标体系的风电机组选型评价方法，对备选海上风电机组建立科学的评估体系，将评估海上风电机组的逻辑要素转化为可量化的指标，从风电机组的适应性、技术成熟度、运行可靠性、风电机组业绩、供货进度要求、售后服务、施工工期、施工设备选择、认证情况、海域占用范围和尾流影响这 11 个指标分析比较技术可行性，从发电量、造价、度电成本和运行维护成本这 4 个指标分析比较经济性，进而获得排序成果，推荐采用了当时国内最为先进的独立自主研发生产的海上风电机组型。该机型经过三年的发电运行效果验证，与附近同类海上风电场进行比较，基于风电机组选型因素，其年发电量提升约20%以上，获得了显著的经济效益。

10.1.3　风电机组基础设计优化实现降本增效

海上风电机组高承台群桩基础主要由桩基、混凝土承台、基础预埋环或锚栓笼、连接件和靠泊构件等组成。打入海床的多根桩基通常采用钢管桩或者混凝土灌注桩，根据受力需要桩基可以采用倾斜布置以提高结构整体侧向刚度。在桩基顶部采用整体套箱挡水围堰工艺进行现场混凝土整体浇筑或预制装配式完成钢筋混凝土承台建造，通过承台将多根桩基连成整体。承台高程根据潮位、防撞和结构整体受力确定。在承台中埋设一个钢结构预埋环（或锚栓笼），上部风电机组塔架通过法兰与预埋环（或锚栓笼）连接。

高承台群桩基础是根据我国海洋工程施工技术现状和海上风电场特殊建设条件提出的一种新型海上风电机组基础型式，与国外普遍采用的大直径单桩基础相比具有以下特点：由于基桩直径通常不大于 2m，目前我国海洋工程施工企业具有较多的施工船机设备和丰富的施工经验可以满足这种桩基础的施工要求，有效解决了大直径单桩施工受大型昂贵进口打桩设备的制约，且海上施工经验丰富，施工可靠性高；由于采用多根倾斜布置的中小直径桩基，基础结构具有优异的侧向承载能力，可以有效解决我国东部沿海普遍分布的深厚软土地基海床地质条件下基础侧向承载性能不足的问题；防撞性能优异，由于我国海上风电场通航条件的复杂性，风电机组防船舶撞击的要求普遍比欧洲海上风电场高，高承台群桩基础可以根据通航条件合理设置承台高程，确保船舶撞击在承台而不是桩基上，通过承台的整体协同作用将撞击力分配给群桩共同承载，从而显著提供了基础的防撞性能；基础防腐耐久性能优异，根据潮位条件将承台设置在腐蚀环境最恶劣的浪溅区，从而可以充分利用高性能混凝土优异的防腐耐久性，同时将桩基础钢结构部分尽量布置在水下，可以充分发挥阴极防护的效果。本工程海上风电机组基础采用上海院具有自主知识产权的多桩混凝土—钢组合式海上风电机组承台结构，结合本项目进行了一系列针对海上风电机组高桩混凝土承台设计及优化关键技术的研究和应用推广。

1. 群桩基础设计优化

本项目开展了海上风电机组地基基础设计及优化的理论、试验和设计方法的研究，取得了系统研究成果，并在本项目中实现了应用转化。

采用物理模型试验结合理论分析的方法，确定了适合群桩基础的冲刷计算经验公式及最适合的防冲刷保护措施。提出了采用合理冲刷预留量和水下小短桩固定电缆 J 型管的局部海缆防冲刷保护措施。该冲刷防护设计方案，优化了传统的群桩整体防冲设计，取得了良好的技术经济效用。项目建成后现场实测情况表明基础冲刷现状符合设计要求

采用物理模型试验和 CFD 模型分析的方法，提出了海上高桩混凝土承台群桩复杂结构的波浪荷载计算模式。分别研究承台、单桩、群桩和整体条件下的波浪受力特性；同时采用 CFD 模型方法对比研究成果，提出了适合于海上高桩混凝土承台的波浪荷载计算模式。

2. 基础施工图细部优化

（1）优化了钢平台结构型式，现场拼装更方便。基础工作钢平台采用分片形式，

将整个平台分成两个大部分，并调整平台梁柱结构，使钢平台与过渡段分开，现场采用高强螺栓组装，极大减少了现场拼装工作量。

（2）改进了平台柱脚布置，现场施工更安全可靠。钢平台柱脚布置位置依据基础承台尺寸，避免了柱脚位于承台斜面上的情况，施工更安全、方便，且能保证工程质量。

（3）采用平台旋转爬梯。本工程需要在空间非常有限的混凝土承台上布置上钢平台爬梯，又要使爬梯的斜度、踏步宽度充分考虑人的舒适感，创新性地在海上风电机组基础上采用了部分旋转爬梯的布置方式，同时设置踏步防滑装置，保障施工运维人员的安全。

（4）简化阳极块和 J 型管固定方式。本工程阳极块的固定方式采用挂钩定位方式，方便水下施工。J 型管的水下固定连接简化，减少了水下施工工作量。

（5）适当减小钢管桩顶部加强环高度，方便后续割桩和十字板安装开缝的施工作业。

（6）风电机组基础承台栏杆采用封闭布置，取消二期中的缺口，同时取消风电机组基础承台顶面在栏杆外的混凝土护坎。

（7）激光雷达测风系统所用光纤在各风电机组内采用直熔方式，减少了跳线方式连接引起的损耗。

这些施工细节的优化方便了现场施工，保证了安全，同时加快现场施工速度，是本项目设计优化的重要部分。

3. 试桩工程与测风塔基础结合的设计优化

本工程将临时试桩工程的钢管桩作为项目永久海上风功率预测塔的桩基础，通过综合统筹临时和永久工程设计，节省了项目总投资。在试桩方案制定时考虑了钢管桩后期使用的需要，试桩结束后采用两层水平钢管支撑将四根钢管桩连接成一个整体，自泥面开始至桩顶的钢管桩内灌注 C40 微膨胀细石混凝土，以增加基础的整体刚度，保证基础结构的稳定。

10.1.4 三维 BIM 应用提高设计效率实现降本增效

设计中采用三维 BIM 手段开展了风电机组基础设计如图 10-1 所示，涉及水工、结构、电气等多专业，通过三维 BIM 协同设计，有效解决了电缆、J 型管、牺牲阳极块、桩基和工作平台等复杂空间布置导致的设计问题，显著提高了设计效率和产品质量。

10.1.5 项目施工组织优化实现降本增效

（1）本工程施工总进度根据风电机组基础及安装施工程序，选用先进的施工设

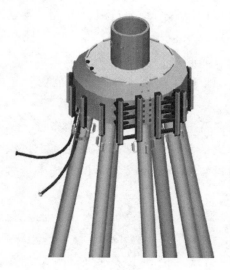

图 10-1　风电机组基础三维模型

备和工艺，保证施工质量的同时，加快工程进度。

（2）合理安排基础与风电机组安装的施工程序，使基础、风电机组安装工程施工进度做到连续、均匀有序地进行，以降低施工高峰强度，提高经济效益。

（3）海上施工大型设备使用费用较高，优化资源配置，科学调度，合理安排主体工程施工，节约成本。

主工程关键线路项目：承包人进点→施工前期准备→风电机组基础施工→风电机组部件基地码头组装→风电机组安装→风电机组调试、投产发电→工程竣工。

首批风电机组发电关键线路：施工准备→升压变电站电气设备安装调试→首批风电机组安装→首批风电机组并网调试→首批风电机组并网发电。

本工程施工区域水域开阔，水深稳定，水深条件与区位条件适合于各种大型施工船舶进场作业，同时，风电场区域为远离岸线的无掩护外海施工，风大、浪高、流急，海况条件恶劣，8 级以上风天气时起重船等大型施工船舶均无法进行施工。影响基础的施工的不利气象因素包括大雨、大风、台风、寒潮、大雾天气、大潮汛、其他如海上涌浪的影响等。

考虑到不利气象因素，结合近年在上海港附近海上风电项目的工程实际情况分析，本工程基础施工年有效工作日约 174 天、风电机组安装施工年有效工作日约 150 天，则风电机组基础施工平均每月可作业天数约 14.5 天，风电机组安装施工平均每月可作业天数约 12.5 天。

因此，本工程船机选择、施工方法、施工安排对施工进度的控制极其重要，应根据本工程海域环境合理安排工期，尽量选用适应外海施工的大型船机，选用适应外海作业的锚泊措施；配置充足的资源；施工方案应保证可靠、快捷、减少海上作业时间；施工安排做到环节紧凑、周密、高效。

最终经过施工组织优化及现场各方协作，本项目前期 10 万 kW 装机容量项目开工建设时间 12 个月后全部建成发电；后期 10 万 kW 装机容量项目开工建设 9 个月后全部建成发电，创国内海上风电建设速度新纪录。

10.1.6　项目运维便利实现降本增效

海上风电机组的可靠性显得格外重要。为降低海上风电场运维成本及提高风电场可利用率，本项目的主机设备制造引进第三方监造单位，严格控制各个部件的质量，退回有瑕疵的设备，从制造源头就提高了基础的可靠性，本项目风电机组运行以来维修率极低，发电小时数较预期值大大提高。

　　海上运维人员与陆上的通信问题成为一个不可忽视的问题。由于现有移动信号基站基本未覆盖，离岸距离过远，导致移动设备的信号极差，如果遇到检修难题，运维人员很难与后方的技术专家及时交换信息，极不便于海上风电运维业务的开展。作为智能化风电场基础设施建设的重要组成部分，无线网络建设是实现智能化风电场移动应用作业和人员安全监控的重要前提和保障。本风电场通过在机仓内部与外部配置无线 wifi - ap 的方式实现了风场内无线网络全覆盖，有效解决了风电场区域范围广、手机信号差而导致的风电场风电机组与主控室之间通信障碍的问题，保障了海上施工和运维的工作效率。

10.2　大连某海上风电项目分析

10.2.1　项目概述

　　大连某风场工程总装机容量为 303MW，共安装 72 台 3.0～6.45MW 的风电机组，项目配套建设一座 220kV 海上升压站，12 回 35kV 海上集电线路，2 回 220kV 送出海缆和一座陆上集控中心，所有电能通过 35kV 集电线路汇集至 220kV 海上升压站，经过升压后通过 220kV 海底电缆并入辽宁电网。项目于 2019 年 1 月 19 日首期风电机组并网发电，于 2020 年底全部风电机组并网发电。大连某海上风电场实景图如图 10 - 2 所示。

图 10 - 2　大连某海上风电场实景图

项目成功并网发电，标志着我国北方地区首个海上风电项目规模化投入商业运行。

本项目是我国东北海域建设的第一座海上风电场，该项目自然环境条件非常复杂：位于高纬度寒区海域，为结冰海区，属于当年冰，需要考虑海冰对结构的不利影响；地质构造复杂，岩层中下伏溶洞，覆盖层变化幅度大，一部分风电机组基础需要解决大直径嵌岩桩的设计和施工问题等，恶劣的自然条件为勘测设计带来巨大的挑战，也具有较强的示范意义，也为我国在北方海上风电勘测设计树立了标杆。

10.2.2　风电机组基础优化实现降本增效

风电机组基础的成本约占整个风场总投资的 30%，因此风电机组基础的优化直接影响整个风电场的效益指标。

目前我国已建海上风电场绝大多数位于无冰海域，缺乏在有冰海域的设计经验。北黄海、渤海区域的风能储备密度大，随着海上风电的快速发展，工程项目逐渐向这些有冰海域推进。冰区的海上风电机组作为大型超高柔性结构需承受风机循环动荷载、冰期巨大海冰动荷载及非冰期波流动荷载的耦合影响，如何确保风电机组在寒冷海域环境荷载的威胁下安全可靠运行，成为我国在结冰海域开发风电产业的关键问题。针对这些抗冰问题，依托项目以及实际北方的工程项目，形成了海上单桩风电机组基础抗冰技术。我们将抗冰锥结构这一广泛应用于寒冷海域建造海洋石油平台的结构型式引入海上风电领域的单桩结构上。抗冰锥结构可以降低巨大海冰极限荷载和柔性风电机组结构在动冰荷载下产生的冰激振动，有效地通过斜锥形冰排迎面，将冰的破坏模式由挤压破坏转为弯曲破坏，避免产生由于直立桩挤压冰力频率与固有频率一致带来的稳态振动，降低冰激振动的风险。我们在研究和设计过程中采用产—学—研的模式，充分利用天津大学冰工程重点试验室抗冰锥物理模型试验成果，以及大连理工大学对风电机组基础有无冰锥结构进行数值分析结论，经过反复分析论证，最终形成单桩基础的抗冰设计方案。我们率先在海上风电领域提出"冰期潮位"概念，优化抗冰结构尺寸，节省工程造价，确保工程收益率。同时，还设计了灌浆连接抗冰锥附属构件，解决了抗冰锥安装难题，形成海上风电机组单桩基础附属构件灌浆系统解决方案。目前该抗冰技术在大连庄河、河北乐亭项目上得到了成功应用，工程也经历了两个冰期的实际考验，设计效果得到了初步验证。

1. 主体钢管桩优化

采用一机一工程的设计理念与风电机组厂家进行载荷交互，通过开展详细的扫频工作、从冰锥的设置角度、整机刚度上挖掘潜力，科学地将风场按照整机频率进行分簇，继而获得簇群中相应的风电机组载荷，为单桩基础优化设计提供依据；针对每一台单桩基础的多组钻孔开展详细设计，并对相应的设计方案进行对比分析，选取安全且经济的钻孔作为推荐机位，继而降低主体钢管桩的用量，降低总工程造价；此外针对大直径嵌岩打桩基础，通过多次与施工单位就嵌岩钻机的工艺、效率、嵌岩方式进行对接，确保设计方案能够与施工单位选用的钻机设备匹配。

2. 风电机组基础嵌岩根数优化

招标阶段，风电机组基础采用单桩基础和高桩承台基础两种型式，其中单桩基础分为单桩非嵌岩和单桩嵌岩两种，高桩承台基础采用高桩承台嵌岩基础方案。单桩嵌岩基础约 11 台，高桩承台嵌岩基础约 3 台，共 14 台嵌岩风电机组基础；施工图阶段根据详勘资料以及风电机组厂家提供载荷进一步开展优化设计，将 3 台高桩嵌岩基础取消，并进一步将单桩嵌岩基础由 11 台优化为 5 台，最终 20 万 kW 风场的总嵌岩根数由原来的 14 台优化到 5 台，大大节省了工程造价和工期。为保证工程的收益率和工程进度提供了有力支撑。

3. 抗冰锥设计优化

据详细资料记载，20 世纪期间，中国北部海域曾发生过 5 次严重冰情，1936 年1—2 月渤海严重大冰封；1947 年 1—2 月辽东湾严重冰封；1966 年 2 月下旬莱州湾严重冰封；1969 年 2—3 月渤海特大冰封，是 20 世纪以来最严重的一次冰情，整个渤海几乎完全被海冰覆盖。1969 年渤海区域的特大冰封，使得"海二井"石油平台遭受了巨大的损失（图 10-3）。2010 年冬季海冰灾害造成渤黄海沿岸各省数十亿元经济损失。巨大的海冰荷载对寒区海洋工程结构是一个巨大的威胁，而单桩基础风电机组作为一个大型柔性结构，势必要受到海冰荷载的挑战。

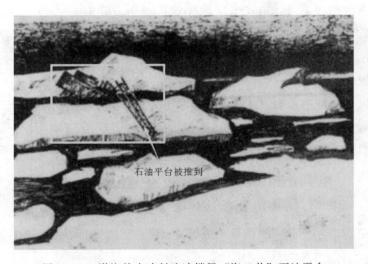

图 10-3 渤海特大冰封流冰摧毁"海二井"石油平台

此外，巨大海洋动力环境所推动的大量流冰的快速涌入是任何人工手段也无法阻挡的。图 10 - 4 给出了辽东海域某石油平台碎冰在结构间的堆积，堆积的冰会增大流冰对结构的威胁。因此，在设计中，需要防止碎冰的持久性堆积，逐步瓦解碎冰堆积结构，确保不会发生整个冬季均无法消除的巨大堆积冰体。

图 10 - 4　碎冰在结构间的堆积

本项目工程场址位于辽宁省大连市海域，地处我国黄海北部，冬季受西伯利亚南下冷空气的直接影响，每年都有不同程度的结冰现象，成为北半球海洋结冰的南边界。

为直观地显示工程海域所受到的海冰环境，搜集整理了工程海域 2010—2017 年最大的海冰范围卫星遥感图像，从卫星遥感图像中可以看出，除了 2017 年外，每一年工程海域都有大面积的浮冰存在，其中 2013 年和 2010 年冰载尤为严重，其中 2010 年的浮冰最大离岸距离有 48km（当浮冰外缘线达到 26km 时，整个场址几乎全部被海冰覆盖）。那么处于场址内的风电机组所受到的海冰荷载是不容忽视的。

（1）海冰在渤海及北黄海海域是一个常见的存在，巨大的海冰荷载会对结构的安全及生产产生很大的危害。

（2）大连风场海域存在较大冰荷载威胁，必须予以重视。

（3）为了减少和避免浮冰影响，在风电桩的设计、建造和运营期，要充分考虑冰荷载，其外形应该有利于削减流冰对其的撞击力。

4. 抗冰锥优化

参考国内北方地区的海洋平台桩腿上抗冰锥设计情况，一般抗冰锥结构由正、倒锥组合体是由两个高度相等，上下截面直径相同的圆锥体对接构成的，如图 10 - 5 所示。当海水水位在平均水位以下时，海冰作用于倒锥体，冰排发生表面弯曲破坏；当海水水位在平均水位以上时，海冰作用于正锥体，冰排发生根部弯曲破坏。这样，只要利用水文资料合理的估计潮差段，再据此设计正、倒锥组合体的高度，就可以充分的借助锥体结构减小冰力。正、倒锥组合体的小圆面直径大小取决于平台桩腿的直径，整个组合体的高度和大圆面直径取决于海冰的类型、强度、潮差大小以及导管架桩腿的倾斜度等参数。

图 10-5　某石油平台抗冰锥结构

因此，借鉴海洋石油平台的抗冰锥设计经验，从冰锥高度、冰锥角度、冰锥直径进行多维度的优化，确定以下单桩抗冰锥主要设计参数：

（1）冰锥标高。海冰与锥体作用位置随潮位而变化。当潮位较高时，海冰与正锥体表面作用当潮位较低时，海冰与倒锥体作用；当海冰随着高平潮和低平潮之间的水面位置起伏变化时，会作用在正倒锥体交界面的位置，此时水面位置锥径达到最大。

（2）冰锥角度。渤海导管架结构安装破冰锥体始于 20 世纪 90 年代，经过大量试验表明，冰锥锥角在 50°～65°时冰力消减程度最好，海上石油单桩平台广泛的采纳正倒 60°锥体，正、倒锥角最合理的搭配是使正、倒锥体上的冰力相等。

（3）冰锥高度。冰的作用高度范围随着潮位的变化而变化，因而在冰锥设计时，需考虑场址潮位变化，结合冰的爬升或堆积高度进行综合考量。

（4）冰锥直径。锥体在水线位置的变化主要取决于潮位的范围，随着潮位的变化，使得结构水线处锥体宽度发生变化，不同的结构的尺寸有所不同。

针对本工程场址开展了冰期潮位和海冰要素相关的调研和数值模拟工作。利用验潮站、海冰卫星图像和数值模型等数据和方法对相应海域的水位和海冰状况进行了整体分析。

单桩基础的抗冰设计中，利用预报中心提供的更翔实、准确的冰期潮位及海冰要素资料，结合数值分析，进一步对抗冰锥的结构尺寸如抗冰锥设置高程、高度、角度、抗冰锥防腐蚀方式、抗冰锥与主体桩结构连接方式等诸多方面进行优化。在确保抗冰锥结构安全使用的前提下，既从降低抗冰锥工程造价、减少抗冰锥总体用钢量的角度，又从简化施工流程、工艺，提高施工效率的角度，对抗冰锥结构进行优化。

5. 利用试桩数据优化土层测阻参数

本工程风电机组基础承受巨大的风电机组倾覆力矩并承受波浪、水流荷载作用，风电机组设备对基础的承载和变形有很高的要求。本工程桩基础直径大、入土深度大、承载力要求高，与常规的陆上和港工桩基有较大区别，相关数据积累不足。本工程为本海域第一个海上风电场，为了解场址内海床地基各土层和岩层的物理力学参数和打桩能力，并为风电机组基础的设计和优化提供依据，为确保工程设计和施工安全可靠，需要在工程实施前在工程海域进行足尺的桩基施工工艺和承载力试验。

在试桩工程获取钢管桩各土层的抗压、抗拔极限侧阻标准值、水平极限承载力。为风电场的钢管桩优化设计，尤其是群桩基础的优化设计提供技术支撑。

10.2.3　海上升压站优化实现降本增效

220kV 海上升压站规划安装容量为 2×240MVA 变压器，经 2 回 220kV 海缆线路登陆，登陆后再经 220kV 架空线路接入陆上集控中心。陆上集控中心附近规划建设 1 座汇集站，作为庄河区域海上风电场的汇集站，汇集站至 500kV 黄海站之间新建 1 回 500kV 架空线路，导线截面 4×400mm²，长度约为 13.2km。现阶段汇集站暂不建设，新建 500kV 架空线路暂降压至 220kV 运行，陆上集控中心与规划汇集站之间建设 1 回 220kV 线路，与新建 500kV 架空线路连接，从而将庄河Ⅲ风电场接入电网。

1. 海上升压站选址

大型海上风电场海上升压站选址主要考虑海上平台的建设条件、运维条件、工程投资及运行损耗等因素，具体涉及所处位置的水深、离岸距离、220kV 海缆上岸长度、场内 35kV 海缆长度等。根据国内外海上风电场建设经验，一般情况下，升压平台设置在风场内偏向登陆点处，并考虑下述 4 个因素。

（1）海上升压站越往风场内部布置，水深越深，导管架高度越高，需考虑海工结构建设成本的增加。

（2）本工程 220kV 海缆选用三芯 220kV 海缆，无工厂软接头的最长距离为 28km。海上升压站位置选择考虑送出线路的可靠性要求，220kV 海缆线路长度应小于 28km，以减少工厂软接头数量或无工厂软接头。

（3）所选择位置地质条件应满足方便基础施工的要求，以减少施工难度和费用。

（4）海上升压站选址应满足大型浮吊的进场施工条件。

根据升压站选址优化成果，升压平台位置确定布置在 28# 风电机组东侧约 650m，该处平均水深约 20m，5000t 以上大型浮吊可进场进行吊装作业，海上变电站上部组块可考虑采用整体甲板结构，可进行整体吊装。

2. 平台方位

平台方位是指在海上升压站确定选址后，依据所在海域的海洋环境条件，主要为常年主导风向、主导表层海流（海浪）方向，如何摆放整个平台，其确定关系到靠船设施、吊装设施、设备搬运通道、海缆进出方位、J型管、逃生系统的布置设计。

3. 逃生、救生系统的布置

海上升压站按无人平台设计，但在某些时段可能存在人员集聚情形，整体设计中需要对逃生通道、安全疏散楼梯与救生系统进行布置。平台设置了一部室内楼梯和两部室外楼梯，作为紧急情况下的逃生通道。三部楼梯各自远离，其中室内疏散楼梯可以从海上升压站二层通至底层，室外疏散楼梯于平台的东北侧和西南侧各布置一部，可以从海上升压站顶层通至底层，并与导管架上的脱险梯道相通，楼梯宽度 1.0m，通道净宽最窄处不小于 0.8m。各主要设备单元均设有两个出口，采用防火门向疏散方向开启。

上部组块内部还需要配备气胀式救生筏、救生圈、可浮救生索、救生衣等设备，以备紧急情况下逃生使用。根据海域平均涨潮潮流和平均落潮潮流流向，按平台布置的方位，救生筏布置应布置在平台南侧或北侧，事故状态时的救生筏尽快随流远离平台。

4. 平台分区

平台上部组块分三层布置，底层为半开敞空间，主要布置电缆，一层和二层为变电站电气设备层和辅助设备层，其中主变压器占据一层和二层，每层面积较大；为减少火灾的影响范围，应进行防火分区，整个平台除底层外，分成五个主要的防火区域，分别为两个主变室，一个柴油发电机室，一层的其余部分，二层的其余部分，防火区域之间设防火分隔，主变室之间，主变室与平台其余部分，柴油发电机室与平台其余部分防火分隔为 H120 级，除主变室、柴油发电机室外一层、二层、底层平台之间防火分隔为 A60 级。每个设备间具体的防火分隔要求见第 5 章。

5. 海上升压站总体布置

海上升压站主要分为三个主要结构组成，即上部组块、导管架结构、桩基础结构组成。上部组块结构采用框架—支撑体系。下部结构采用导管架嵌套桩基础结构，4根导管架竖管间采用横撑、斜撑相互连接组成空间桁架，以加强导管架侧向刚度。上下部结构连接后形成多层空间整体桁架，有良好的刚度，更有利于抵抗水平荷载作用，如图 10-6 所示。

（1）上部组块。其中上部组块采用整体式，共有四层甲板，底层甲板平台，高程为 14.00m，层高 6m，平面尺寸为 34.5m×33m，主要为电缆层，还布置了事故油罐、储藏室、备件室、细水喷雾泵房、35kV 开关柜电缆室；一层甲板平台，高程为 20.00m，层高为 5m，平面尺寸为 45.7m×32m，一层布置主变室、1号接地变压器

图 10-6　大连某海上风电项目海上升压站

成套装置室、2 号接地变压器成套装置室、35kV 开关柜室、站用配电屏室、二次电源屏室、储藏室、电缆室、蓄电池室、应急配电屏室、细水喷雾泵房、应急生活间、一层配电间；二层甲板平台，高程为 25.00m，层高为 5m，二层布置继保室、220kV GIS 室、主变压器散热器、通风机房、二层配电间、柴油发电机室、柴发储油罐室等及主变室上空；顶层甲板，高程为 29.98～30.12m，主要布置通风机系统外机、1 台悬臂起重吊机，以及主变压器、GIS、柴油发电机检修时的屋顶开启孔，开启孔高出顶层甲板 0.3～2.2m，主变压器开启孔侧面布置电动百叶和排风机，顶层还布置有直升机悬停降落平台。

（2）下部结构。海上升压站下部结构采用钢管桩嵌套导管架型式，导管架由斜撑连接成整体，导管架与钢管桩间采用灌浆连接并焊接固定。上层平台为多层空间桁架，结构刚度适宜、施工便捷，防撞、抗疲劳能力较好。导管架由 4 根直径 2.85m 竖直套管用横撑、斜撑连成轴线尺寸为 24m（长）×24m（宽）的空间桁架结构，在工厂预制好后整体吊装到指定位置。基础为 4 根直径 2.5m 竖直钢管桩，桩顶高程为 11.50m，桩底高程为 −93.50m，桩长 105m。每根导管架外侧布置一定数量的保护海缆用 J 型管，J 型管从泥面处伸出，沿导管架爬升至底层甲板。

（3）检修维护条件设计。本项目在顶层一侧设有海工悬臂吊车（吊重 6.5t，工作半径 22m；吊重 2t，工作半径 25m）一台，布置在 2 号主变压器室立面外侧，吊机南北侧布置吊装平台，各层错落布置，便于吊车操作中有最好的观察视线。主变压器、GIS 和柴油发电机屋顶设计成可开启屋盖，需要时可移动屋盖进行吊运操作。

6. 海上升压站优化设计

风电场配备的 220kV 海上升压站功能区域布局优，消防及逃救生系统安全性高，设备可运维性强，通过合理布置各层的吊装平台位置和船舶靠泊位置，合理确定悬臂吊臂长及起吊重量，保证平台设备维修维护的便利性。

海上升压站是海上风电场送电的咽喉，是整个海上风电场安全可靠运行的关键点，它是本工程设计的重点和难点。

该海上风电场 220kV 海上升压站对标国内已建和在建海上升压站，进行了多方面的优化，主要包括：

（1）海上升压平台布置优化。对海上升压站布置进行优化，减少无效面积，提高空间利用率，与已建同容量平台相比，布置尺寸减小 20％以上，体量减少 20％以上，有利于平台重量减轻和建造吊装费用的降低。

（2）完善海上升压平台疏散方案。合理布置室内走廊、室外走道和梯道，无超过 7m 的袋形走道长度，并且设有两个尽可能远离的便于到达登艇甲板的脱险通道，使工作人员能明确且轻松地到达安全撤离区域，避免出现因平台安全疏散方面存在安全隐患造成人员伤害事故。

（3）设备运输路径优化。通过合理布置各层的吊装平台位置和船舶靠泊位置，合理规划电气设备搬运路径，合理确定悬臂吊臂长及起吊重量，保证平台设备维修维护的便利性。

（4）海上升压平台主变压器防腐。考虑气候条件，平台不采用模块化布置方案，而采用整体式密闭布置型式，设备防腐主要采用微正压新风系统，抵御盐雾侵入；主变压器室温度较高，可自然抵御盐雾在主变外壳上的结露，为降低通风系统容量，减少运行期站用电消耗采用自然通风，设带初效盐雾过滤器的电动进风百叶。

（5）海上升压平台电缆通道设计优化。考虑到海上升压平台尺寸小、设备多，为减少电缆交叉穿越不同设备间以及与暖通、消防管道的冲突，平台上设置有电缆室及电缆井，最大限度的优化电缆路径。

（6）海上升压平台防火措施优化。在不增加投资的情况下，对有重大消防安全隐患的主变压器、柴油发电机和柴发油罐，其与相邻设备间的防火隔墙采用 H120 级；柴发油罐设置在独立的房间内；凡暴露在火灾中，一旦垮塌断裂使火灾危险性升级的结构，均考虑了结构防火措施。

现针对优化措施总结如下：

（1）空间布局优化、降低平台重量。和同等规模其他设计院设计的海上升压站相比，重量有大幅降低，经济性更好，主要包括：平台造价降低；由于平台重量减轻，可供选择的吊装船资源多，吊装费用降低。

（2）优化通风系统设计。主变压器进风口设盐雾过滤器，微正压通风系统不进主变室，提高消防安全性，并减少了平台通风量，简化了微正压通风系统，降低投资和运行费用。

（3）优化被动防火系统设计。对可能暴露在空气中，一旦垮塌断裂使火灾危险升级的结构，如主变散热器与主变室之间的梁柱、电缆室梁柱等采用防火涂料进行防护。

（4）优化疏散系统设计。完善海上升压平台疏散方案：合理布置室内走廊、室外走道和梯道，并且设有两个尽可能远离的便于到达登艇甲板的脱险通道，使工作人员能明确且轻松地到达安全撤离区域，避免出现因平台安全疏散方面存在安全隐患造成人员伤害事故。

（5）注重设备运维，增强平台设备的可维护性。

10. 2. 4　BIM 优化应用实现降本增效

该项目利用 BIM 开展了建模、碰撞监测、三维出图包括：风电机组整体结构模型、海上升压站模型、海缆路由模型、地质模型、陆上集控中心及架空线路模型等。在三维模型的基础上，进行了碰撞检测、三维切图等应用，提高了设计和出图效率。并且使用参数化建模的方法，创新性地建立了升压站钢结构节点库，极大地提高了节点出图效率；使用二次开发的工具箱，实现了 BIM 模型在 SACS 和 ANSYS 中的转换和应用。

1. 碰撞检测

各专业模型在 Bentley 平台下组装完成后在 Navigator 中进行碰撞检测，发现问题并反馈给设计人员进行优化调整，减少后期设计变更。针对升压站，进行了电气 VS 舾装、结构 VS 消防、电气 VS 消防、电气 VS 暖通等碰撞检测，提高了设计精度与效率。碰撞检测效果示意图如图 10-7 所示。

2. 三维切图与工程量统计

结构专业目前通过 Tekla Structures 实现了三维切图（图 10-8），在得到钢结构详图的同时进行自动工程量统计（图 10-9），大大缩短工期的同时也减轻了设计人员的工作量。

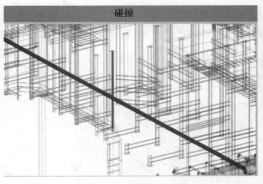

图 10-7　碰撞检测效果示意图

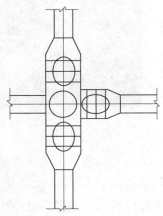

图 10-8　节点三维切图

图 10-9　工程量统计

3. 虚拟施工模拟

通过三维动画模拟安装工艺可以帮助设计人员提前发现施工中可能出现的问题，优化设计方案。同时，三维动画也可以更直观地向施工单位传递设计意图，指导施工单位的海上安装方案。施工模拟演示如图 10 - 10 所示。

图 10 - 10　施工模拟演示

4. 海上升压站钢结构节点参数化设计

海上升压站设计面临设计难度大，设计周期短，经验缺乏，人员不足等多重挑战。相比于传统混凝土结构陆上工程，海上钢结构工程在设计深度和工程量统计方面有着更高的要求，具体表现在需要绘制大量的连接节点详图，如果采用传统二维工作方法，需要耗费大量工时，并且很容易出现错漏。本项目利用钢结构详图设计软件 Tekla Structures 的自定义节点单元模块，将海上升压站结构中的常用节点类型通过参数化编程的方式制作成节点库，在不同项目中快速调用，大大提高了建模效率。

5. BIM 模型在 SACS 与 ANSYS 中的应用

在海上风电基础结构设计过程中，各专业需要使用 SACS 和 ANSYS 进行风机基础、附属构件等的建模和仿真计算。各专业在仿真计算时存在重复建模的问题，在使用 SACS 和 ANSYS 时也存在建模困难、烦琐等问题。BIM 模型可以很好地提供统一的环境和结构模型，本项目中二次开发了 BIM 模型工具箱，可以将 BIM 模型直接转换成 SACS 和 ANSYS 中所需的模型和参数，大大减小了仿真建模的难度，提高了计算效率。

10.3　福建某海上风电项目分析

福建某海上风电场（图 10 - 11）位于福清兴化湾，项目总装机容量 350MW，分二期开发。一期项目装机容量 77.4MW，二期项目装机容量 280MW。一期位于场址泥面高程 −50.00～−5.00m，中心离岸距离约 5.0km，面积约 20.4km²；二期场址泥面高程 −28.00～−3.00m，中心离岸距离约 4.7km，面积约 18.5km²。

图 10-11　福建某海上风电场

10.3.1　机型比选

风电机组选择是海上风电场实施阶段首要工作，其成果直接关系工程的收益和工程成本。

1. 单机容量选择

国内风机制造商已对海上风电机组机型开展技术研发和技术引进工作，2015 年全球有 17 处离岸风场投入运转，其中有 4 处风场采用 5MW 及以上风电机组，4 座风场皆位于欧洲。大容量海上风电机组是海上风电机组的发展方向，目前国内海上风场主要以 3～7MW 风电机组为主。

2016 年，中国海上风电新增装机 154 台，装机容量达到 59 万 kW，同比增长 64%。截至 2016 年底，在所有吊装的海上风电机组中，单机容量为 4MW 的风电机组最多，累计装机容量达 74 万 kW，占海上装机容量的 45.5%，其次是 3MW 的风电机组，装机容量占比为 14%。我国目前正朝着研制大功率海上风电机组方向迈进，10MW 的风电机组样机也已经在工程中应用。

经调研，5MW 风电机组机型已规模化生产，包括：国外的 REpower 5MW，Bard 的 Bard 5.0-122、AREVA 5.0-116，Adwen 的 AD5.0-132；国内的华锐风电科技（集团）股份有限公司 SL5000/128、湘电集团有限公司 XE128-5000、东方电气风电有限公司 5.0MW、明阳智慧能源集团股份有限公司 5.0MW、太原重型机械有限公司 5.0MW、中国船舶重工集团海装风电股份有限公司 5.0MW。6MW 风电机组机型包括西门子 SWT－6.0－154、REpower 6MW、GE Haliade 150－6、华锐风电科技（集团）股份有限公司 6.0MW、新疆金风科技股份有限公司 6.0MW、联合动力技术有限公司 UP6.0－136。6.7MW 风电机组机型为金风 6.7MW。

综合考虑风电机组设备生产厂家各机型的实际情况、相关技术及满足本风电场建设条件程度等因素，考虑福建区域场址的各种制约性因素。此外，参考国家海洋局海域综合管理司《关于进一步规范海上风电用海管理的意见》（国海规范〔2016〕6 号），严格控制用海面积，坚持集约节约用海，单个海上风电场外缘边线包络海域面积原则上每 10 万 kW 控制在 16km² 左右。确定选择海上大容量的 5MW、6MW、6.7MW 的风电机组进行场址机型布置比选。

2. 各单机容量方案比选

本风电场规划装机容量约为 280MW，各方案按单机容量确定装机台数。如果选用单机容量为 5MW 的机型 56 台，总容量为 280MW；如果选用单机容量为 6MW 的机型 47 台，总容量为 282MW；如果选用单机容量为 6.7MW 的机型 42 台，总装机容量为 281.4MW。

根据风电场海域风向玫瑰图确定的主导风向，对各单机容量方案风电机组布置间距进行优化，尽量减少尾流影响，尽量使各机型布置方案的发电量最大，合理选定各方案风电机组布置行距和列距。各机型布置方案以发电量最大，尾流影响最小为原则，可适当调整局部风电机组间的间距。

从风电机组的运行经验考虑，宜选择在海上有批量化生产并且有实际运行经验的 5MW 和 6MW 风电机组。综合考虑发电量、尾流影响、度电投资以及后续的方案调整，本风电场推荐 10 台 6MW 风电机组＋44 台 5MW 风电机组，总台数为 54 台，总装机容量为 280MW。

10.3.2　风电机组布置

综合考虑风电场场址海域及附近岸线地形、地表粗糙度、障碍物等因素，利用海上测风塔的测风资料，采用专业风能资源评估软件，绘制风电场轮毂安装高度平均风速分布图，风电场风能资源模拟如图 10－12 所示。从图 10－12 中可见，风电场场址及附近海域风速在岸线水陆交界处变化梯度加大，至近海海域，下垫面粗糙度较小、障碍物较少、水面平滑，风速变化梯度很小。测风塔处于湾内靠近海岸，整个风电场的风能资源状况从海岸向湾内逐渐递增，模拟推算出的风电场场址内风速在 8.45～8.66m/s 范围区间。

根据风电机组布置原则，在海上风电场海域范围内，拟定多个风电机组布置间距方案，使用 WAsP 软件进行计算，进行各方案风电场发电量及尾流影响情况计算与比较。

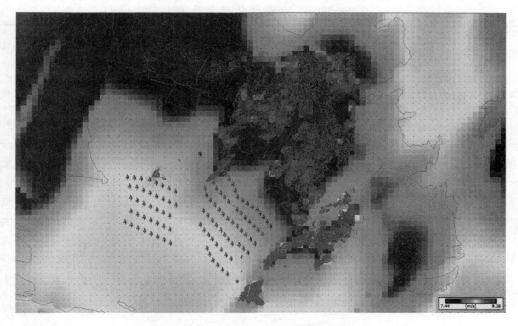

图 10-12 风电场风能资源模拟

风电机组布置方案主要按照当地主风向进行排布（主风向为 NE 和 NNE 方向），并充分考虑场址走向及周边因素、工程施工船舶进场、抛锚、掉头等对场地的要求。

表 10-1 不同列距方案比选

方案	间距/m	装机容量 /万 kW	发电量 /(万 kW·h)	扣除尾流 发电量 /(万 kW·h)	扣除尾流发 电小时数 /h	平均尾流 /%	尾流超过10% 的风电机组 台数	平均风速 /(m/s)
5 排布置	520×1100	28	11855.9	10847.1	3874	8.43	19	8.61
6 排布置	640×900	28	11846.9	10794.9	3855	8.82	22	8.61

由表 10-1 可以看出，5 排布置方案尾流比 6 排布置方案尾流减小了 0.4%，综合判断，B 场址内 5 排布满风电机组是更为合理的布置方案。

为充分利用场址资源，分别按照 5 排和 6 排的方案进行布置：5 排布置方案中，列距（垂直于主风向）520m，行距（平行于主风向）1100m；6 排布置方案中，列距（垂直于主风向）640m，行距（平行于主风向）900m。

考虑到场址资源主风向较为集中，因此通过采用非等间距的布置对此方案进行进一步优化。

各方案风电场发电量及尾流影响情况见表 10-2。

从表 10-2 中可见，本次进行了多个布置方案比较，各风电机组布置比较方案平均尾流影响率在 7.92%～8.43%。各布置方案理论发电量相差不大，只是尾流影响

表 10 - 2 方案优化布置比选

方案	各列行距/m	装机容量/万 kW	发电量/(万 kW·h)	扣除尾流发电量/(万 kW·h)	扣除尾流发电小时数/h	平均尾流/%	尾流超过10%的风电机组台数	平均风速/(m/s)
方案一	1100	28	11855.9	10847.1	3874	8.43	19	8.61
方案二	900、1100、1100、1100	28	11844	10881.8	3886	8.02	15	8.61
方案三	900、1000、1300、900	28	11844.7	10887.8	3889	7.98	11	8.61
方案四	900、1200、1200、900	28	11845.4	10887.5	3888	7.98	8	8.61

注 各列行距为北侧风机往南的间距。

差别较大。其中方案四的尾流最小，特别是尾流超过 10% 的风电机组数量明显较少，优于其他方案。因此，本风电场海上风电机组布置方案推荐为 5 排布置方案四，列距 520m，行距 900~1200m 为最终布置方案。

10.3.3 风电机组基础设计优化

如前述工程选用 6MW 和 5MW 两种海上风电机组。本节以 5MW 风电机组进行说明。本工程 5MW 风电机组最大极限载荷约 13.4 万 kN·m。5MW 风电机组的允许频率范围为 0.28~0.40Hz。

结合国内外海上风电的建设经验以及本工程地质条件和海洋水文条件、已有施工设备、施工能力及相应的技术水平，工程重点考虑比选重力式基础、高桩混凝土承台基础、单桩基础和复合筒型基础等基础型式。

1. 重力式基础

重力式基础适用于浅覆盖层且表层土为非淤泥层或淤泥可以清除的地质条件。重力式基础结构为预制预应力钢筋混凝土结构，基础结构由上部圆柱形壳体和下部圆台形壳体组成，基础底部浇筑钢筋混凝土底板。为防止基础周围冲刷，沿基础边缘延伸 10m 范围内进行抛石防护。部分区域需进行软基处理。

重力式基础为结构的平面、立面布置宜规则，各部分的质量和刚度宜均匀、连续，基础结构主要由以下部分组成：①圆柱段壳体；②圆弧过渡段壳体；③锥形段壳体；④圆形底板。上部圆柱形壳体外径为 D_1，高度为 h_1，圆弧过渡段壳体的曲率半径为 R，圆弧对应圆心角为 θ，高度为 h_r，圆锥段底部直径为 D_2，高度为 h_2，基础底板直径为 D_3，平均厚度为 h_3，预应力壳体结构的平均厚度为 t。上部壳体结构采用后张法进行预应力张拉，基础底板为普通配筋的钢筋混凝土圆形板。本工程重力式基础底板直径 26m。厚 1.5m。圆锥段直径由 20m 过渡到 6.6m，顶部通过法兰与塔筒连接。重力式基础设计图如图图 10 - 13 所示。

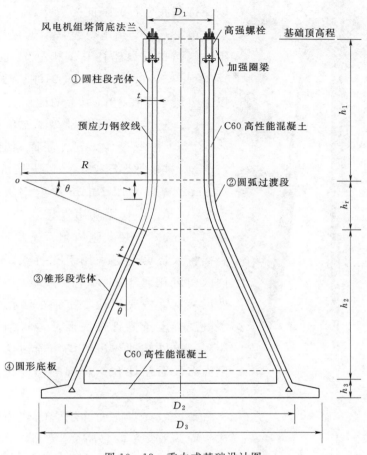

图 10 - 13　重力式基础设计图

2. 高桩混凝土承台基础

桩承台方案采用 6 根斜度 6∶1 的钢管桩作为基桩。桩径 1.9m，壁厚 28mm。在高程 6.00m 的桩基布桩直径为 12m。桩长随岩面起伏变化较大。桩长约 42m。嵌岩桩直径 1.7m，嵌岩段长 5.1m。承台直径 16m，承台厚 4.5m，顶部设 0.5m 高凸台。承台底高程 6.00m，顶高程为 11.00m。

承台与塔筒采用预应力锚栓连接。高桩混凝土承台基础模型图如图 10 - 14 所示。

3. 单桩基础

单桩基础根据覆盖层厚度分为两种类型。

（1）打入式单桩基础。打入式单桩基础，入土直径 6.5m，桩壁厚 70mm。泥面附近 30m 加厚至 75mm，桩底加厚至 75mm 以方便沉桩。桩顶高程 10.00m，桩底入泥 40m。钢管桩长约 50m，持力层为⑩-2 层砂土状强风化岩体或⑩-3 层碎块状强风化岩体。碎块状强风化岩体无法直接打入，可考虑采用引孔打入。引孔打入会引起桩底岩石的卸载松弛，考虑在桩底抛填碎石压载，以保持桩底岩石的三向受力状态。

单桩基础与风电机组塔筒通过法兰直接连接。钢桩侧面布设靠船柱和钢爬梯等辅助设施。基础顶高程为 10.00m。打入式单桩基础适用于风化岩以上土层厚度在 40m 以上的地层。

（2）嵌岩式单桩基础。嵌岩单桩基础入土直径 6.5m，桩壁厚 70mm。泥面附近 25m 加厚至 75mm，桩底加厚至 75mm 以方便沉桩。65mm 和 75mm 壁厚间采用 70mm 厚度钢板过渡。桩顶高程 10.00m。嵌岩段采用直径 6.5m 的钢管桩，桩壁厚 70mm。碎块状强风化岩体及弱风化岩体无法直接打入，可考虑采用引孔打入。嵌岩单桩最终嵌入弱风化岩 10m 以上。嵌岩桩先钻孔至桩底，然后从钢管桩底扩孔，随后在钻孔内填充 C50 超缓凝混凝土至钢管桩底面，再将钢管桩打至设计高程。单桩基础与风机塔筒通过法兰连接。钢桩侧面布设靠船柱和钢爬梯等辅助设施。基础顶高程为 10m。

单桩方案对泥面冲刷影响较为敏感，需对海床表面采取袋装沙袋防护。

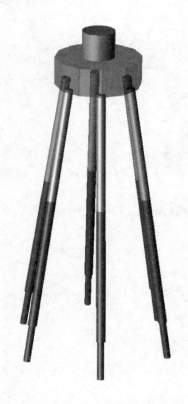

图 10-14　高桩混凝土承台基础模型图

4. 复合筒型基础

复合筒型基础分为下部钢筒、混凝土顶板及预应力混凝土过渡段，底部筒体直径为 35m，过渡段顶部中心直径为 6.5m。筒裙高度为 10m，顶盖高 1.2m。筒侧壁厚为 25mm，筒内分仓板壁厚为 15mm。

过渡段共计 48 个预应力孔道，每个孔道内设置 24 束 15.2 的钢绞线，张拉控制应力值为 990MPa。沿主梁顶部通常布置 2 个预应力孔道，每个孔内设置 12 束 15.2mm 的钢绞线，张拉控制应力值为 990MPa。沿次梁顶部中心布置 1 个预应力孔道，每个孔内设置 12 束 15.2mm 的钢绞线，张拉控制应力值为 990MPa，单个次梁施加的预应力值为 165t。

为防止基础周围冲刷，沿基础边缘范围内进行抛石防护。

结合国内外海上风电的建设经验、本工程地质条件、海洋水文条件，分析对比各个基础方案的结构特点、使用条件、施工情况、工期及结构的经济性，汇总对比见表 10-3。

表 10-3 风电机组基础设计方案特性比较表

比较内容	单桩基础方案	高桩混凝土承台基础	重力式基础	复合筒型基础
基础结构特点	结构简单，受力明确。结构整体刚度偏小。桩顶转角稍大。靠泊等附属结构布置方便	总体结构偏于厚重，斜桩基桩呈圆周形布置，基础刚度较大。靠泊等附属结构布置困难	不用打桩，主要依靠自重维持稳定。施工工艺成熟。体积大，对水流干扰大	不用打桩，主要依靠浅基础维持稳定。施工工艺成熟。体积大，对水流干扰大
适用自然条件	适用于浅水及中等水深，地基条件较好的海域。部分可不需要嵌岩	适用水深 5~20m，对地质条件要求不高。基本都需要嵌岩	裸岩或浅覆盖层地区	有一定覆盖层厚度，且表层土不能太差
受力情况	由水平承载控制，竖向不控制	自重较大，单桩最大拔力较小，桩的抗拔承载力控制桩长	自重大，结构所受的波浪水流力较大	结构所受的波浪水流力较大
基础顶部变位情况	刚度较小，位移较大	刚度较大，基础顶部水平位移较小	刚度大，对不均匀沉降较为敏感	刚度大，对不均匀沉降较为敏感
海上施工技术和施工条件	单桩基础施工周期短，施工受天气影响较小。但对于超大直径单桩施打须具备大型沉桩设备，且单桩对垂直度要求很高。目前国内多家单位具有单桩基础施工经验。大容量风电机组塔筒直径都在 6m 以上，目前国内没有这么大直径的替代。嵌岩施工需要大直径的嵌岩设备	施工经验丰富，可施工的单位多，竞争充分；施工环节多，施工周期较长；主要施工工程量在海上完成，受海况影响大。采用预制承台可以一定程度上克服高桩承台的缺点	需要进行地基处理，海上作业时间短。需要较大的预制场地	不需要进行地基处理，海上作业时间短。需要较大的预制场地。需要专门的施工设备
施工工期	施工工期短	施工工期长	施工工期较短	施工工期短
经济性	单个风电机组基础造价 1687~2022 万元	单个风电机组基础造价 1652 万元	单个风电机组基础造价 1521 万元	单个风电机组基础造价 1540 万元

由表 10-3 可见：

高桩承台方案成本适中，施工技术成熟，本阶段将高桩承台基础作为具有稳桩条件的机位的推荐方案。但是浅覆盖层上的桩基础存在碰到孤石的风险。

重力式基础造价较低，施工技术相对成熟。重力式基础可以避免沉桩，可以避开风化层孤石；覆盖层浅无法稳桩时也可使用重力式基础代替桩基。重力式基础可以作为高桩承台基础的补充。

本工程区有钻孔覆盖层厚度在 10m 以上，且主要为黏土层，适合采用复合筒型基础。复合筒型基础可以避免嵌岩和风化层孤石，海上作业时间短，可以作为高桩承台基础的补充。

单桩基础造价相对较贵，海上作业时间短。由于大部分桩基都需要嵌岩，能为单桩基础提供良好的持力层。目前福建多个项目都在考虑使用单桩基础。适用于单桩基础的大型嵌岩设备相对比较欠缺。

结合各个机位的水深和覆盖层条件对风机基础推荐方案进行分组。

全域均适合采用高桩承台基础，其中浅水区需要考虑乘潮施工。

当无覆盖层、软弱覆盖层厚度极浅具备清除条件时或覆盖层有一定深度进行地基处理后能满足重力式基础应用条件时，可采用重力式基础。但是可选用机位有限。

当覆盖层厚度大于 11m，且覆盖层不是淤泥或液化砂土时可考虑采用复合筒型基础。

除水深较深区域外，也可考虑选用单桩基础。

最终本工程在招标阶段通过带方案招标，市场选择的结果是全部采用高桩承台基础。

10.3.4　海上升压站结构设计优化

1. 平台底高程

海上升压站底高程计算为

$$T = H + 2H_b/3 + \Delta$$

式中　T——工作钢平台底高程，m；

　　　H——100 年重现期的高潮位，m；

　　　H_b——最大波高，m；

　　　Δ——富余高度，m。

本工程 H 取 5.26m（1985 高程），H_b 取 100 年一遇的 $H_{max} = 6.26m$，$\Delta = 1.5m$，则

$$T = 5.26 + 2 \times 6.26/3 + 1.5 = 10.93 \text{（m）}$$

考虑底层主梁梁高 0.8～1.2m，并结合场址台风的特点，适当调高平台底甲板顶高程，确定平台底层甲板顶高程实际取 14.00m（1985 高程）。本工程波浪较小有利于减小平台高程。

2. 海上升压站方案

海上升压站主要包括上部组块与下部结构。上部组块结构采用框架—支撑体系。下部结构采用导管架嵌套桩基础结构，4 根导管架套管间采用横撑、斜撑相互连接组成空间桁架，以加强导管架侧向刚度。上下部结构连接后形成多层空间整体桁架，有良好的刚度，更有利于抵抗水平荷载作用。海上升压站上部结构采用分层建造，整体吊装方案，即在陆上制造厂内，上部结构每施工一层，便同步安装此层电气设备或辅助设备模块，待整个上部结构施工、调试完成后，采用驳运方式直接运输至海上指定位置，利用大型施工机械在施工现场将整个上部结构整体吊装至与下部已施工完成的

导管架和桩基础可靠连接，如图 10-15 所示。

上部钢平台分为四层（图 10-16），底层外部轮廓尺寸约为 35.6m×28.0m，底层梁顶高程 14.00m，层高 6.0m；一层外部轮廓尺寸为 50.0m×37.5m，层高 5.0m，一层梁顶标高 20.00m；二层外部轮廓尺寸为 50.0m×37.5m，层高 5.0m，二层梁顶标高 25.0m；顶层外部轮廓尺寸为 46.3m×33.8m，顶层梁顶标高为 30.00m（顶层由于排水要求有一定坡度，高程指的是 4 根主柱所在轴线的高程）。为满足主变及 GIS 的功能要求，顶层之上在主变机房及 GIS 室的顶部设置局部加高层，加高部分层高均为 2.2m，局部加高层顶部为可开启式屋面。海上钢结构平台框架梁选用焊接 H 型钢，框架柱选用圆钢管，在部分框架柱之间增加圆钢管斜撑，加强上部框架结构刚度。底层主要为电缆层，还布置有事故油罐、备品备件间、细水喷雾泵房、储藏室；一层为主要设备层，布置有主变压器室、开关柜室、接地变成套装置、蓄电池室、站用配电屏室、无功补偿 SVG 室等；二层主要有继保室、GIS 室、柴发室及储罐、通风机房和应急生活间，顶部加高层包括主变顶部加高和 GIS 室顶部加高，为海上平台最高层。上部平台布置 4 根主立柱，将每层荷载传至下部 4 根钢管桩上，同时在 4 根主立柱的顶部布置吊点用于上部平台整体吊装。主柱间距两个方向分均为 22m 和 16.5m，每层的荷载通过主次梁传到柱和斜撑上，最后传到 4 根主立柱上。

图 10-15 海上升压站钢结构平台三维整体模型图

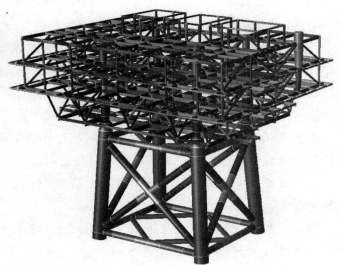

图 10-16 平台上部结构计算模型图

本工程海上升压站按照无人值守方式设计，将应急避难间布置在底层甲板。同时通过优化走廊设计减小了平台面积。创造性设置海缆廊道，并集中布置消防设备，提高了底层甲板的整洁性并大提高了海缆消防安全性。

下部海上升压站基础采用导管架结构,由 4 根直径 2.80m 钢套管用横撑和斜撑(D1321mm 钢管)连成轴线尺寸为 25.25m(长)×19.75m(宽)的桁架式结构,在工厂预制好以后整体吊装到施工场地;由于上部钢平台主柱间距相比平台的外缘尺寸较小,挑出的悬臂较大,所以基础采用 4 根直径 2.50m 斜度 7∶1 的钢管桩,钢管桩桩底高程为 −36.25m,由于土层较浅,仅靠钢管桩提供承载力不能满足设计要求,所以本工程桩基嵌岩,嵌岩桩桩底高程为 −61.00m(钢管桩和嵌岩桩桩底高程会根据最终的地质详勘数据进行调整)。根据防腐蚀范围和上部平台甲板高程,桩顶高程取为 12.50m,桩腿钢套管顶面高程 12.00m,每个桩腿套管外侧设置有灌浆管。另外为满足节点冲剪需要,焊接节点处可局部加厚。

设计采用基于弹塑性地基反力法的 $P-Y$ 曲线法对进行了极限荷载工况下桩基水平承载计算,计算时的泥面高程按天然泥面冲刷后的高程采用,并按规范规定进行了竖向承载和结构强度计算。结构计算时上部结构管壁厚度按考虑腐蚀裕量后的厚度采用。平台基础结构承受的主要荷载有上部结构传递的恒荷载和活荷载、风荷载、地震荷载、波浪荷载、潮流荷载、浮力、结构自重等。

通过调整和复核每个构件的强度和挠度,将构件尺寸优化调整至最优状态。

10.3.5　风电场电气设计优化

10.3.5.1　升压站设置

本工程根据不同的情况对 220kV 海上升压站设置经技术方案比较,并通过对 35kV 海缆和 220kV 投资费用及敷设费用,征海费用、渔业补偿费用、运行期的电能损耗折现、升压站及陆上集控中心建设费用等相关费用进行经济比较,选择在 A 区设置一座海上升压变电站的方案作并在陆上设置陆上集控中心。

由于 220kV 海缆登陆点附近及周边区域存在选址困难及所选场址建设条件困难、开挖量较大且需建边坡防护等问题,故对是否取消陆上集控中心的方案进行对比。

(1)方案一。A 区海上升压站+陆上集控中心,SVG 无功补偿装置设置在陆上集控中心方案(表 10-4)。

(2)方案二。A 区海上升压站+江阴产业园控制中心,SVG 无功补偿装置设置在 220kV 海上升压站方案(表 10-5)。

综合以上技术经济比较,采用 A 区海上升压站+江阴产业园控制中心方案对风电场运行维护及管理与建设由陆上集控中心的方案基本相同,不存在技术性问题,而且能够节省投资,同时可节省宝贵的土地资源,减少场地平整对海洋环境的影响,减少由于山体开挖对植被、当地环境及水土保持的影响,故最终推荐采用海上升压站+江阴产业园控制中心方案,取消登陆点的陆上集控中心。海上升压站效果图如图 10-17 所示。

表 10 - 4　陆上集控中心方案对比

方案\\项目	A 区海上升压站＋陆上集控中心	A 区海上升压站＋江阴控制中心
发电量影响	海上升压站至陆上集控中心接 2 回 220kV 海缆，其中 1 回故障，可通过相应故障回路所对应的间隔断路器跳闸，切除故障回路电缆，全场风机可通过另 1 回海缆线路送出，单回海缆最大输送容量为 220MW。 　　单回海缆故障，直接切除故障回路电缆，发电量影响较小	海上升压站 220kV 采用单母线接线，设置一回送出间隔，送出间隔采用 220kV 海缆双拼敷设，但在海上升压站送出间隔，每根海缆接出线间隔处各设置一个隔离开关。 　　当单根海缆发生故障，整个送出线路均切除，根据故障时间隔设置的电流互感器的电流情况可判断线路故障情况，可迅速判断哪根海缆故障还是架空线路故障。 　　可通过送出线路间隔相应海缆的隔离开关和海缆终端中的电缆终端头搭接导线解开后，将故障海缆隔离。重新投入未故障电缆，全场风机可通过未故障海缆线路送出，单回海缆最大输送容量为 220MW。 　　对风电场送出可能短时无法送出。对发电量影响较小
计量点问题	产权明确，计量点设置在产权分界处	海上升压站 220kV 出线及赤礁汇流站 220kV 进线处均需设置计量点
集控中心	集控中心设置在陆上集控中心。 　　集控中心由于设置了 SVG，需设置降压变压器，220kV GIS 及其相应的电气设备	在江阴产业园控制中心可远方对本风场及海上升压站进行控制。 　　仅需打通福清产业园至电网的通信通道
人员运维便利性	集控中心需设置中控室，人员在沙浦镇登陆点	在江阴产业园控制中心设置中控室，与产业园后勤设施共用，有利于人员管理
无功补偿	SVG 设置在陆上集控中心，维护检修方便	无功补偿采用先进的纯水冷却设施，水风换热器及水泵等设备采用船用型设备，提高了运行的可靠性。 　　无功补偿功率柜室设置了微正压系统，防止盐雾其他进入，运行环境较陆上更好，减少了由于环境条件造成无功补偿装置故障。 　　无功补偿阀组由若干 IGBT 模块组成，模块采用 N-2 的冗余设置，每个 IGBT 模块均设置旁路自动给切换开关，当单个模块发生故障，可通过旁路开关将故障模块切除，成套装置可正常运行，无须马上更换故障模块，提高了无功补偿的可靠性。 　　无功补偿装置启动回路采用充气柜装置及干式铁芯电抗器，较陆上敞开式设备由于环境影响较小。 　　采用多种方式，减少了环境问题造成设备运行故障，增加旁路开关和增加冗余度，提高了设备可靠性

表 10 - 5　升压站方案经济对比

项目 \ 方案	A 区海上升压站＋陆上集控中心	A 区海上升压站＋江阴控制中心
上部组块重量/t	3150	4000
海上升压站设备、建造、施工费用/万元	18000	21000
陆上集控中心地基处理费用/万元	2500	0
陆上集控中心设备、土建及安装费用/万元	6500	0
海缆终端费用/万元	0	200
总计投资/万元	27000	21200
差价/万元	5800	0

图 10 - 17　海上升压站效果图

10.3.5.2　风电场集电线路

1. 35kV 海底电力电缆

按照一般国内外大型风场的设计经验及本工程拟选风机的参数，本工程场内集电线路电压等级为 35kV。

由于风电场位于海上，风机单元之间的连接以及联合单元连接的电缆全部采用 35kV 海缆结构为铜导体 3 芯交联聚乙烯绝缘分相铅护套粗钢丝铠装光纤复合海底电缆。

本工程场内集电线路选用的海缆截面应依据本风电场的电缆经济电流密度、载流量来选择，并经热稳定、电压降进行校核。

根据规划的电缆路径，35kV 海缆有多种敷设方式，虽然大部分海缆在海底埋设，温度较低，土壤的热阻系数小，埋设的电缆载流量较大，但由于进入风电机组塔筒底部、进入海上升压变电站的电缆通道内属在空气中敷设，载流量应按海缆在上述各种情况下的最小值来确定。

按载流量及热稳定校验，每组风电机组单元间为 3～6 台风电机组。

2. 集电线路接线方案

海上风电场内部集电线路布局方式主要可分为普通链式（放射式）连接、相邻回路风电机组末端联络环形、普通环形等接线形式。

虽然普通环形接线方案其冗余度较高，可靠性较高，但是经济性方面需较高的投资成本，故现在已建或在建的海上风电场均不考虑该方案。

相邻回路风电机组末端联络环形接线方案主要考虑某段海缆故障，能通过相邻回路倒送电供故障回路大部分风电机组的加热除湿装置、偏航系统等继续运行，保证风电机组的安全，因此在相邻回路的线路末端采用电缆连接，保证临时维护供电。该段海缆不考虑风电机组电能的送出，回路内海缆故障时，故障段海缆所连接风电机组停运。且由于风电机组设计时已采取了相应措施，海缆故障时，在常规修复时间范围内可保证风机安全，但现阶段海上风电场一般均建设在禁航区锚害概率较小，海缆故障率相对较低，故为风电机组自用电气设备供电而专门末端连接经济性上非最佳方案。

综上所述，普通链式（放射式）连接其特点是结构简单，投资成本较低。现阶段已建或在建的海上风电场集电线路主要采用该种布局，故本工程也采用普通链式（放射式）布局的集电线路接线形式。

3. 风电机组分组原则

一般来说，海上风电机组集电线路还应考虑后期运行维护的便利性、可识别性及可操作性，运行管理人员在运行维护过程中对每一组风电机组简单方便的识别，从而避免误操作的可能性。

风电机组分组划分可按照区域块状分组划分和条带线状分组划分，区域性块状分组可识别性及可操作性较强。结合不同的升压站位置，区域块状分组与条带状分组的 35kV 海缆长度及 35kV 海缆投资及损耗各有不同。但考虑海缆敷设施工的便利性，一般采用条带状分组方案。

4. 风电场集电线路

本工程总装机容量约为 360MW，包括一期样机 77.4MW 和二期风电机组 280MW，将风电机组分为 13 组，通过 HYJQF41 - 26/35 - 3×70～3×500 海底电缆汇流后接至 220kV 海上升压站 35kV 开关柜。本工程 35kV 海底电缆设计包括一期样机风电机组的接入改造以及二期新建风电机组的接入。按照上述分级原则，风电场集电线路共分为 13 组，根据容量的不同，每组 3～6 台风电机组。

第11章 总结与展望

11.1 总　　结

　　海上风电场建设降本增效途径与实践的研究对我国海上风电场平价化开发建设和未来的发展趋势有着重要的科学意义和实用价值。本书通过理论与工程实践相结合的方式，剖析海上风电项目成本构成的主要部分，对各主要组成部分的影响因素进行分析，并在充分调研主要风机厂家、海缆制造厂家、电气设备厂家、施工企业等单位的基础上，提出我国海上风电项目开发的降本增效具体途径和保障措施。

　　本书围绕"降本"和"增效"两方面，对海上风电场全生命周期的建设开发进行分析。其中"降本"分别从降低建设成本和运维成本两部分展开，全面梳理了海上风电场全生命周期的成本组成以及相应的项目财务评价指标，从建设管理、勘测设计、施工安装以及运行维护等方面进行降本途径的讨论和探索。针对"增效"则从场址区的风能资源测量与评估、风电机组的选型、选址与布置及发电效益的计算方面入手，重点分析影响风电场发电效益的因素，提出相应的增效手段和措施。

　　此外，本书利用三个分布于我国南北不同海域的典型已建海上风电场项目，结合提出的各项降本增效措施，重点从发电效益的提升、风机基础的设计优化、海上升压站设计优化和电气设计优化等方面，论述各海上风电项目的降本增效具体内容，为我国后续的海上风电的"平价时代"建设提供强有力的技术支撑进和工程经验。

　　本书相应的研究成果适用于已完成测风评价、场址初步勘察、海洋水文观测等前期勘测工作的国内海上风电工程，对于尚未完成或未全部完成前期勘测工作的海上风电工程可作为参照。报告研究提出了海上风电项目在不同情况、不同环节的成本下降空间，从技术性和经济性角度形成明确的指导性意见和结论，可为各项目的决策和实施提供一定的理论依据。

11.2 展　　望

　　我国海上风能资源丰富，5～25m水深、50m高度海上风电具备2亿kW的开发潜力，5～50m水深70m高度具备5亿kW的开发潜力，另外近岸潮间带、深远海也具备较为丰富的风能资源。随着我国大规模海上风电场的开发、建设、运行和维护，我国海上风电相关技术获得了重大突破。

（1）大容量海上风电机组开始国产化和批量化。数家国内主要整机设备商都已经完成了 5MW 以上大容量机组的试验和示范，并开始应用于海上风电场规模化建设。

（2）我国在江苏、上海、福建、广东和辽宁等地建成了一批海上风电项目，已经掌握了软土地基、浅覆盖层、台风、海冰等复杂环境条件下海上风电建设技术。

（3）海上风电场从 100MW 级单体开发往 1GW 级的规模化连片开发发展，风电场水深已经由 20m 往 40m 以上发展，风电场最远离岸距离已经超过 50km。

（4）截至 2019 年底我国完成将近 20 座海上升压站建设，并初步完成了深远海大型柔直换流站有关技术的研究工作。

（5）海上风电机组基础设计与施工能力获得显著提升，提出了包括单桩、高承台群桩基础、导管架、吸力筒、重力式等多种技术解决方案，漂浮式海上风电技术获得初步研究成果，一体化设计方法逐步在工程设计中得到推广应用。

（6）海上风电场移动测风和海洋水文测量分析技术获得广泛应用。海上风电场岩土工程勘测设计手段和分析方法取得突出进展，海上支腿勘测平台、CPT 原位测试等手段已经逐步应用到工程建设中。

（7）大型液压打桩锤、岩石钻机、海上风电专业安装船等重大装备获得了普遍应用，在单桩基础施工水平度控制、浅覆盖层桩基础施工、海上风电机组海上整体运输安装等方面取得了突出的成果。

（8）我国海上风电行业技术标准体系不断完善，初步形成了覆盖海上风电各专业技术领域的国家标准、能源行业标准体系。

（9）数字化、信息化等手段开始应用于海上风电行业，形成了智慧化海上风电初步解决方案。

为满足国家节能减排的要求，海上风电的发展随着技术的不断完善、产业的不断成熟，特别是国家海上风电电价退坡政策的逐步实施，对发电企业的技术创新提出了更高的要求。世界很多国家的海岸线都非常广，具有丰富的潜在海上风电开发资源，通过海上风电场建设降本增效途径与实践的研究，对设备储备和技术进行探索，为推动中国产能和装备制造"走出去"具有重大意义。

参 考 文 献

［1］ Martin，Junginger，Andre，等. 海上风电场降低成本前景分析［J］. 上海电力，2007（4）：429 - 437.

［2］ 李晓霞，刘蕴博. 海上风电场建设指南［M］. 武汉：湖北科学技术出版社，2016.

［3］ 杨威. 风电场设计后评估方法研究［D］. 北京：华北电力大学，2010.

［4］ 兰忠成. 中国风能资源的地理分布及风电开发利用初步评价［D］. 兰州：兰州大学，2015.

［5］ 许昌，钟淋涓，等. 风电场规划与设计［M］. 北京：中国水利水电出版社，2014.

［6］ 李伟，姚晖，王焕奇，王志群. 发电量估算不确定性对风电项目投资决策的影响［J］，风能，2014（9）：78 - 81.

［7］ LIRA A. G.，ROSAS P. A. C，ARAÚJO A. M，CASTRO N. J.. Uncertainties in the estimate of wind energyproduction［C］. Energy Economics Iberian Conference，2016.

［8］ 中国能源局. 海上风电场工程设计概算编制规定及费用标准：NB/T 31009—2019［S］. 北京：国家能源局，2019.

［9］ 顾圣平，李晓英，王社亮. 风电场技术经济分析［M］. 北京：中国水利水电出版社，2015.

［10］ International Electrotechnical Commission（IEC）. Design reqirements for fixed offshore wind turbines：IEC 61400 - 3 - 1［S］. 2019.

［11］ 惠琍琍. 基于 BIM 技术的信息化工程全生命周期管理［D］. 南昌：南昌大学，2019.

［12］ 孙振武. 应用 BIM 技术的风力发电工程建设研究［J］. 科技创新导报，2018（26）：18 - 19.

［13］ 程兴. BIM 技术在某 EPC 项目全生命周期中的应用研究［D］. 邯郸：河北工程大学，2019.